设施蔬菜瓜果
安全优质高效栽培技术

孔亚丽　苗保朝　主编

中国农业科学技术出版社

图书在版编目（CIP）数据

设施蔬菜瓜果安全优质高效栽培技术／孔亚丽，苗保朝主编．
—北京：中国农业科学技术出版社，2014.9
ISBN 978 - 7 - 5116 - 1775 - 0

Ⅰ. ①设… Ⅱ. ①孔…②苗… Ⅲ. ①蔬菜园艺 - 设施农业 Ⅳ. ①S626

中国版本图书馆 CIP 数据核字（2014）第 172551 号

责任编辑	崔改泵　涂润林
责任校对	贾晓红

出 版 者	中国农业科学技术出版社
	北京市中关村南大街 12 号　邮编：100081
电　话	(010)82109194(编辑室)　(010)82106624(发行部)
	(010)82109709(读者服务部)
传　真	(010)82106625
网　址	http://www.castp.cn
经 销 者	各地新华书店
印 刷 者	北京富泰印刷有限责任公司
开　本	850mm×1 168mm　1/32
印　张	9.875
字　数	266 千字
版　次	2014 年 9 月第 1 版　2015 年 5 月第 3 次印刷
定　价	25.80 元

《设施蔬菜瓜果安全优质高效栽培技术》
编委会

主　　任　毕俊德

副主任　马　健

主　　编　孔亚丽　苗保朝

副主编　王　丽　刘建新　王素亭

编写人员（按姓氏笔画排序）

王　丽　王　勇　王素亭

孔亚丽　史洪恩　刘建新

刘晓华　江　琳　李　巍

陈　曼　苗保朝　赵志辉

赵淑琴　臧长有

前　　言

　　改革开放 30 多年来，我国农业结构已发生了巨大变化，以蔬菜产业为主的设施农业在我国农业生产中的地位举足轻重，在社会生活中的地位也日渐提升。2013 年我国设施蔬菜面积占设施园艺面积的 90% 以上，设施蔬菜（包括西甜瓜）面积达 380 多万公顷，占世界设施蔬菜面积的 80% 以上，我国设施蔬菜用 20% 的蔬菜生产面积提供了 40% 的产量和 60% 的产值。毋庸置疑，设施蔬菜产业在一部分地区直接影响着农业生产的发展，影响着设施园艺的发展，也影响着城乡居民的生活，并逐渐成为我国发展现代农业的重要平台和支柱产业。

　　我国是世界设施园艺生产大国，但不是世界设施园艺强国。目前我国设施 95% 的面积用来蔬菜生产，平均产量仅为 $15kg/m^2$，设施蔬菜单位面积产量、质量、效益和劳动效率与发达国家相比还有很大的距离。为了提高我国设施蔬菜生产的光、热、水、肥、气等自然资源利用率，在确保蔬菜产品质量安全和生产过程安全的基础上，提高产量、改进品质、增加效益，推动以设施蔬菜产业为代表的现代农业健康发展，我们结合当地的气候条件和生产实际，在引进与试验示范和不断创新的基础上，将理论和实践相结合，潜心研究，不断探索，从温室大棚设施建造技术改进入手，以新品种、新技术、新材料、新模式等关键要素的组装配套为主线，以实现设施蔬菜瓜果生产的优质、高产、高效为目的，编写了《设施蔬菜瓜果安全优质高效栽培技术》一书，供大家参考。不妥之处，恳请提出宝贵意见！

2014 年 8 月 1 日

目　　录

第一章　概述 …………………………………………………（1）

一、设施蔬菜的概念 ……………………………………（1）

二、设施蔬菜的安全生产与质量要求 …………………（6）

三、设施蔬菜优质产品的主要指标 ……………………（7）

四、设施蔬菜安全优质高效技术集成与应用 …………（11）

第二章　设施蔬菜栽培的主要棚室结构类型与环境调控 ……（15）

一、大棚的种类、结构和性能 …………………………（15）

二、日光温室的类型、结构与性能 ……………………（20）

三、蔬菜大棚的环境调控 ………………………………（28）

四、日光温室的环境调控 ………………………………（30）

第三章　无公害蔬菜的概念、认证与管理 …………………（40）

一、无公害蔬菜的概念 …………………………………（40）

二、无公害蔬菜的产地认定与产品认证 ………………（41）

三、无公害农产品（蔬菜）的认证程序 ………………（42）

四、无公害蔬菜产品的管理 ……………………………（43）

第四章　蔬菜标准园创建 ……………………………………（46）

一、蔬菜标准园的概念 …………………………………（46）

二、蔬菜标准园创建的"五化"内容 …………………（46）

三、蔬菜标准园创建的技术规范 ………………………（47）

四、蔬菜标准园创建的机制 ……………………………（52）

第五章　设施蔬菜安全优质高效栽培新技术 ………………（53）

一、水肥一体化技术 ……………………………………（53）

二、嫁接换根技术 ………………………………………（54）

三、伴生栽培技术 ………………………………………… (56)

四、合理调茬技术 ………………………………………… (57)

五、生物肥使用技术 ……………………………………… (58)

六、秸秆生物反应堆使用技术 …………………………… (60)

七、静电喷雾器使用技术 ………………………………… (62)

八、烟雾机使用技术 ……………………………………… (65)

九、防虫网使用技术 ……………………………………… (67)

十、遮阳网使用技术 ……………………………………… (68)

第六章　集约育苗技术 …………………………………… (71)

一、集约育苗的概念 ……………………………………… (71)

二、夏秋穴盘育苗技术 …………………………………… (73)

三、冬春穴盘育苗技术 …………………………………… (76)

四、集约育苗的营销技术 ………………………………… (78)

第七章　生物防治新技术 ………………………………… (81)

一、生物防治的基本概念与原则 ………………………… (81)

二、生物防治的基本模式 ………………………………… (81)

三、生物防治蔬菜病害新技术 …………………………… (82)

四、生物防治蔬菜虫害新技术 …………………………… (83)

第八章　黄瓜栽培技术 …………………………………… (85)

一、黄瓜栽培的生物学基础 ……………………………… (85)

二、日光温室黄瓜越冬一大茬栽培技术 ………………… (95)

三、日光温室黄瓜秋冬茬栽培技术 ……………………… (103)

四、日光温室冬春茬黄瓜栽培技术 ……………………… (106)

五、大棚黄瓜秋延后栽培技术 …………………………… (108)

六、大棚黄瓜春提前种植技术 …………………………… (111)

七、大棚黄瓜夏秋栽培技术 ……………………………… (114)

八、无公害黄瓜病虫害综合防治技术 …………………… (116)

第九章　西葫芦栽培技术 ………………………………… (128)

一、西葫芦栽培的生物学基础 …………………………… (128)

　　二、日光温室西葫芦秋冬茬栽培技术 ……………………（131）

　　三、日光温室西葫芦冬春茬栽培 ……………………………（135）

　　四、大棚西葫芦秋延后栽培 …………………………………（138）

　　五、大棚西葫芦春季提前栽培技术 …………………………（141）

　　六、无公害西葫芦病虫害综合防治技术 ……………………（143）

第十章　西瓜栽培技术 …………………………………………（145）

　　一、西瓜栽培的生物学基础 …………………………………（145）

　　二、西瓜"一茬多收"高效栽培技术 ………………………（151）

　　三、西瓜双膜覆盖简化栽培新技术 …………………………（156）

　　四、无公害西瓜栽培病虫害综合防治技术 …………………（163）

第十一章　甜瓜栽培技术 ………………………………………（166）

　　一、甜瓜栽培的生物学基础 …………………………………（166）

　　二、日光温室甜瓜冬春茬栽培技术 …………………………（170）

　　三、大棚甜瓜春提前栽培技术 ………………………………（175）

　　四、大棚甜瓜秋延后栽培技术 ………………………………（178）

　　五、无公害甜瓜病虫害综合防治技术 ………………………（181）

第十二章　丝瓜栽培技术 ………………………………………（184）

　　一、丝瓜栽培的生物学基础 …………………………………（184）

　　二、日光温室丝瓜冬春茬栽培技术 …………………………（187）

　　三、日光温室丝瓜秋冬茬栽培技术 …………………………（191）

　　四、大棚丝瓜春夏连作栽培技术 ……………………………（193）

　　五、无公害丝瓜病虫害综合防治技术 ………………………（196）

第十三章　苦瓜栽培技术 ………………………………………（198）

　　一、苦瓜栽培的生物学基础 …………………………………（198）

　　二、日光温室苦瓜冬春茬栽培技术 …………………………（201）

　　三、大棚苦瓜春夏连作栽培技术 ……………………………（205）

　　四、无公害苦瓜病虫害综合防治技术 ………………………（206）

第十四章　辣（甜）椒栽培技术 ………………………………（208）

　　一、辣（甜）椒栽培的生物学基础 …………………………（208）

二、日光温室辣（甜）椒秋冬茬高效栽培技术 ··········· (213)

三、日光温室辣椒冬春茬栽培技术 ··········· (216)

四、大棚辣椒秋延后栽培技术 ··········· (217)

五、大棚辣椒春提前栽培技术 ··········· (220)

六、无公害辣（甜）椒病虫害综合防治技术 ··········· (222)

第十五章　番茄栽培技术 ··········· (225)

一、番茄栽培的生物学基础 ··········· (225)

二、日光温室番茄越冬一大茬栽培技术 ··········· (229)

三、日光温室番茄秋冬茬栽培技术 ··········· (232)

四、日光温室番茄冬春茬栽培技术 ··········· (234)

五、大棚番茄春提前栽培技术 ··········· (237)

六、大棚番茄秋延后栽培技术 ··········· (239)

七、无公害番茄病虫害综合防治技术 ··········· (241)

第十六章　茄子栽培技术 ··········· (247)

一、茄子栽培的生物学基础 ··········· (247)

二、日光温室茄子越冬一大茬栽培技术 ··········· (250)

三、大棚茄子三膜覆盖早春栽培技术 ··········· (254)

四、无公害茄子病虫害综合防治技术 ··········· (257)

第十七章　马铃薯栽培技术 ··········· (258)

一、马铃薯栽培的生物学基础 ··········· (258)

二、多层覆盖马铃薯早春优质高效栽培技术 ··········· (262)

三、中棚覆盖秋延后马铃薯栽培技术 ··········· (265)

四、无公害栽培马铃薯病虫害综合防治技术 ··········· (266)

第十八章　芹菜栽培技术 ··········· (268)

一、芹菜栽培的生物学基础 ··········· (268)

二、日光温室秋冬茬芹菜栽培技术 ··········· (275)

三、大棚芹菜秋延后栽培技术 ··········· (279)

四、大棚芹菜越冬栽培早春上市优质高效栽培技术 ··········· (280)

五、无公害芹菜病虫害综合防治技术 ··········· (283)

第十九章 草莓栽培技术 ……………………………………（287）

一、草莓栽培的生物学基础 ……………………………（287）

二、拱棚草莓多层覆盖越冬一大茬优质高效栽培技术 …（292）

三、日光温室草莓越冬一大茬优质高效栽培技术 ………（296）

四、无公害草莓病虫害综合防治技术 …………………（301）

第一章　概　述

一、设施蔬菜的概念

（一）设施蔬菜的内涵

设施蔬菜是指通过人为设施栽培的蔬菜，其生产前提是须具有一定的设施，能在局部范围改善或创造出适宜的气象环境因素，为蔬菜生长发育提供良好的环境条件而进行有效生产。由于蔬菜设施栽培往往是同季节露地生产难以达到的，故通常又将其称为反季节栽培、保护地栽培等。采用设施栽培可以减轻低温、高温、暴雨、强光照射等逆境对蔬菜生产的危害，已经被广泛应用于蔬菜集约育苗、春提前、秋延迟及越冬一大茬黄瓜、番茄、辣椒、茄子等鲜细菜栽培。设施蔬菜生产属高投入、高产出、资金、技术、劳动力密集型产业。设施蔬菜的科技含量高，其发展速度和程度，是一个地方农业现代化水平的重要标志之一。

（二）主要设施类型

设施蔬菜栽培离不开设施，我国目前设施蔬菜的栽培模式主要是连栋大棚、日光温室、塑料大棚、中小棚等。目前，国外发达国家主要是连栋大棚，通过自动化控制、标准化栽培、商品化处理，实现了品牌化销售、产业化经营等。设施农业发达的以色列设施栽培番茄从定植到拉秋全年结果期 10 个月，番茄 20 000kg/亩（1 亩约为 667m²，全书同）以上；连栋大棚及其栽培模式在我国北京、上海等部分大中城市及有关农业科研单位和农业产业化龙头企业等也有引进，但由于一次性投资较大，因此，推广还有一定难度；日光温室、塑料大棚、改良式保温型大棚、中小棚等是我国设施蔬菜栽培的主要类型；从设施园艺各种类型比较来看，玻璃/PC板连栋温室成本最高，投入也最大，塑膜连栋温室、日光温室、温室大棚次之，小拱棚和遮阳棚投资最少。玻璃温室的投资成本在 600 ~ 800 元/m²，PC板温室的造价在 700 ~ 1 000 元/m²。温室主体加上周边道路、加温等配套设施造价在 1 000 元/m² 左右，塑膜连栋温室以钢架结构为主，造价 60 ~ 100 元/m²；日光温室按建筑材料不同，造价在 40 ~ 150 元/m² 不等。竹木大棚的材料及工本费在 10 元/m² 左右；钢管大棚，设备投资成本高，造价 25 元/m² 左右。因此，世界上聚烯烃温室大棚膜覆盖设施园艺占总面积的 97%，我国更高，达 98%，其他为玻璃和 PC 板。聚烯烃膜在日光温室和连栋温室仅占总成本的 1/20 左右，却起到最关键的作用。其他投资成本由高到低依次为骨架—保温墙—保温被等。

（三）经济、社会与生态效益

1. 经济效益

现阶段我国黄淮流域设施蔬菜产业发展技术成熟，经济效益较好，设施栽培平均效益是露地栽培的 5 倍以上。一座栽培面积 1 亩（667m²）的日光温室种植越冬一大茬番茄一般产值可以达到 3 万 ~ 4 万元，实现纯收入 2 万 ~ 3 万元。塑料大棚秋冬茬连冬春茬栽培面积产值为 1.5 万 ~ 2.0 万元/亩，纯收入为 1 万 ~ 1.5 万元/亩；改良式保温型大棚秋冬茬连冬春茬一年两季，栽培面积产值为 2 万 ~ 3 万元/亩，纯收益为 1.5 万 ~ 2.5 万元/亩，中小棚主要用于春提前栽培，产值 0.8 万 ~ 1 万元/亩，纯收入 0.5 万 ~ 0.7 万元/亩。

2. 社会与生态效益

党的十一届三中全会改革开放以来，无论是黄淮流域山东寿光的三元朱还是河南濮阳的李辛庄等都是依靠发展设施蔬菜完成了原始积累，在较短的时间内实现了新型工业化、新型城镇化、新型农业现代化的建设目标；设施蔬菜的发展，使蔬菜单位面积产量得到较大提高，在需求总量相对稳定的情况下，设施蔬菜的发展可以增加总量，有利于节约更多的耕地发展粮食生产；设施蔬菜的发展，由于人为创造了一个适宜蔬菜生长发育的环境，因此更有利于蔬菜产品的质量安全；设施蔬菜的发展，带动了一大批农民成为农业工人，他们分别在栽培、流通、销售等各个环节从事不同的工作，服务于社会，增加了收入；设施蔬菜产业的发展，提高了黄淮流域冬季太阳光的利用率，节约了传统的加热温室冬季加热用的燃煤，有利于减少 CO_2 气体排放；黄淮流域人口密集，蔬菜消费量大，发展设施蔬菜生产，可以实现蔬菜的自给自足，减少物流成本；黄淮流域设施蔬菜的发展，对于满足市场供应，平抑市场物价等意义重大。

（四）"十二五"期间我国设施蔬菜产业的发展目标、任务与重点

农业部有关部门制定的《全国设施农业发展"十二五"规划（2011—2015 年）》对我国"十二五"期间设施农业的发展做了规划，其中，设施园艺（蔬菜）部分包括以下部分。

1. 发展目标

（1）设施规模稳定增长。设施园艺发展规模稳步提高，连栋温室、节能日光温室、塑料大棚以及中小拱棚协调发展。

（2）装备水平显著提高。设施园艺生产的耕种、灌溉、植保等作业机械装备及温室智能化环境控制装备水平不断提高，生产环境明显改善，劳动强度有效降低。

（3）科技创新能力增强。建立完善以企业和科研院所为主体、市场为导向、产学研推相结合的设施农业装备创新体系，基础研究和应用开发研究协调推进，科技成果转化和普及应用加快。

（4）标准体系逐步完善。基本形成满足设施农业发展要求、

涵盖设施园艺、设施畜牧和设施水产的标准体系，提高标准的市场适应性和技术水平，为设施农业规范化发展提供良好基础。

（5）社会化服务能力明显加强。政府公共服务、农民合作服务和公司经营性服务体系进一步完善，服务能力显著增强，从业者组织化程度和抵御市场风险能力进一步提高。

2. 主要任务

（1）整合优化科技资源，建立设施农业技术创新平台。充分调动国内科技创新资源，建立完善中央和地方性的重点实验室、工程研究中心、技术转移中心，组建全国性设施农业技术创新联盟；进一步完善科技创新机制，加强研发机构基础设施建设，提高设施农业的研发能力。

（2）加大关键技术和装备研发，加快设施农业装备的结构升级。根据设施农业装备总体状况和实际生产需要，找准设施农业技术方向，实现关键技术的突破；加强设施农业成套装备技术研发，提高技术成果的集成化、标准化和轻简化水平；注重农机与农艺的融合，促进先进适用装备和农艺技术的有机配套，促进设施农业装备的结构升级。

（3）加快适用标准的制定，提高设施农业装备的标准化水平。加大标准制订力度，加快更新和完善标准体系；围绕提升设施农业装备的质量和安全水平，着力加强设施农业装备的设计、生产、施工、安装和验收以及评价、检测方法的标准化建设；制定完善设施农业装备适用性、安全性和可靠性评价技术规范和鉴定大纲；加强设施农业装备标准宣贯工作。

（4）完善设施农业技术推广体系，创新推广模式和机制。积极培育各类优势龙头企业和合作经营组织，加快设施农业的集约化、市场化进程；探索和创新设施农业技术成果的扩散、保护机制，加快科研成果转化和先进技术普及；根据不同地区生产经营优势和发展重点，建设1 000个设施农业示范点；积极探索非耕地设施农业发展的有效途径；建立完善推广信息平台，充分发挥信息化在示范推广工作中的加速、扩大、提效作用。

（5）加强设施农业技术培训，提高设施农业从业人员素质。结合阳光工程、职业技能培训等，分层次、有类别、多渠道地开展教育培训活动，"十二五"期间培训 100 万人次以上，提高设施农业从业人员的技术水平、经营管理能力和安全操作水平。

3. 发展重点

（1）新技术和新装备研发。重点研究适应中国国情的温室结构设计理论与方法，提高温室标准化设计的理论水平；研制新型的大棚结构和日光温室结构，提高设施的区域适应性、土地利用率、标准化水平和周年生产能力；开发新型保温被、多功能农膜、保温蓄热材料；开发加温、降温以及环境调控智能化装备，提高目前温室的环境调控能力和抵御自然灾害的能力；研制水肥一体化施肥装备和精准施药等装备；研制精量播种机、小型耕整机、智能卷帘机、设施内运输等机械化省力设备。

（2）设施园艺实用装备示范和推广。①以新型骨架、长寿命保温（节能）和透光覆盖材料、高可靠性传动机构、小型智能化控制器、气质调整装备、滴灌系统、小型输送设备、移动式加温设备为主，推广生产用设施园艺装备。②以 CO_2 施肥器、定比施肥器、精准喷施设备、小型土壤消毒设备为主，推广植物营养与植保设备。③以小型耕整机、小型精量播种机、小型预冷设备、清洗分级机械为主，推广设施农机具。④以温室环境控制系统、高效低成本加（降）温系统、LED 新型光源、太阳能、浅层地能等装备在设施农业中的应用为主，推广设施节能与新能源装备。

（3）设施农业装备标准体系建设。①制定设施农业装备标准的发展规划，提出设施农业装备标准的制修订目录和标准实施的具体措施。②加快温室、大棚等设施的设计、施工、安装和验收等标准的研制。③加快推进加温炉、保温被及卷被机构、通风装置、自动清粪机等重要设施农业装备的评价规范和鉴定大纲的研制。

（五）设施蔬菜的发展趋势

我国 2010 年设施蔬菜栽培面积 350 万 hm^2，其中，日光温室 80 万 hm^2，设施蔬菜总产量 1.7 亿 t，占蔬菜总产量的 25%；至 2014 年设施蔬菜面积达 386 万 hm^2。2014 年 5 月下旬，全国北方设施蔬菜现场会在河北秦皇岛召开，会议提出：推进北方设施蔬菜发展，重点要统筹"南菜北运"基地和北方设施蔬菜生产，提高均衡供应水平、质量安全水平和综合生产效益，推进设施优型化、品种专用化、栽培规范化。各地要强化责任落实，抓好试点示范，在标准化方面，重点抓设施装备标准化和栽培技术标准化，在机制创新方面，重点创新经营机制、服务机制和投资机制。会议透露农业部将编制《全国设施蔬菜生产发展规划》，引导资金、技术等要素向优势区聚集，打造区域分工明确、特色突出的设施蔬菜产业集群。参加会议的专家分析，预计到 2020 年，我国北方日光温室将发展到 106.7 万 hm^2，比 2010 年增加 26.7 万 hm^2，相当于增加近 1 600 万 t 的蔬菜，可使北方大中城市自给率达到 80% 以上。

二、设施蔬菜的安全生产与质量要求

设施蔬菜的安全主要有设施的安全、生产过程的安全及蔬菜产品的质量安全 3 个方面。

（一）设施的安全

黄淮流域每年的秋末冬初到冬末春初，或早或晚都会有大风、雨雪等灾害性天气，给设施蔬菜生产造成严重的危害，2008 年元月中、下旬出现的低温雨雪冰冻，很多设施蔬菜大棚受损严重，原因是很多蔬菜大棚的建设不规范、达不到标准；2009 年 11 月上、中旬的大雪，对设施蔬菜的发展都造成了很大影响；2014 年 2 月上旬的大雪对黄淮流域的日光温室、塑料大棚等均造成了较大的危害，这说明我们的设施建设和管理不够规范，亟待加快制定日光温室、塑料大棚等不同棚室结构的建造标准，完善不同地区、不同棚室、不同种植模式及不同栽培时段的棚室管理规范，确保棚室的蔬菜生产安全。

（二）设施生产安全

设施蔬菜生产季节主要是在秋末—冬季—春季，从事设施蔬菜生产的农民此时在棚内作业，由于棚室内温度高、湿度大，而外界气温较低，从事设施蔬菜栽培的生产者棚内出来后要注意避风，否则易患感冒或风湿类职业病；另一方面，冬季个别农户雨雪天采用煤火或炭火给棚室加温，易引起一氧化碳中毒，造成人员伤亡；三是卷苫、机耕等农事作业，没有严格按照技术规程操作，出现人身伤害等。这些都需要尽快加以规范，确保设施蔬菜能够安全生产。

（三）蔬菜质量安全

蔬菜的质量安全主要是指蔬菜的重金属、硝酸盐、亚硝酸盐等有害物质限量及农药最大残留限量符合《农产品安全质量无公害蔬菜安全要求》（GB 18406.1—2001）的国家标准，该标准是一项强制标准，任何一项有害物质或农药残留超标，都会危害消费者的健康，因此，此类产品不能销售。

三、设施蔬菜优质产品的主要指标

优质蔬菜作为一种商品，首先是安全蔬菜，就必须有一定质量标准。只有达到这个质量标准，才能称优质蔬菜或无公害蔬菜。一般说来，质量标准包括感官质量指标和卫生质量指标两类。

（一）感官质量指标

1. 叶菜类

叶菜类包括白菜类、甘蓝类和绿叶菜类的各种蔬菜。属同一品种规格，肉质鲜嫩，形态好，色泽正常；茎基部削平，无枯黄叶、病叶、泥土、明显机械伤和病虫害伤；无烧心焦边、腐烂等现象，无抽薹（菜心除外）；结球的叶菜应结球紧实；菠菜和本地芹菜可带根。花椰菜、青花菜属于同一品种，形状正常，肉质致密、新鲜，不带叶柄，茎基部削平，无腐烂、病虫害、机械伤；花椰菜、花球洁白，无毛花、青花菜无托叶，可带主茎，花球青绿色、无紫花、无枯蕾现象。

2. 茄果类

茄果类包括番茄、茄子、甜椒、辣椒等。属于同一品种规格，色鲜，果实圆整、光洁，成熟度适中，整齐，无烂果、异味、病虫和明显机械损伤。

3. 瓜果

瓜果包括黄瓜、瓠瓜、越瓜、丝瓜、苦瓜、冬瓜、毛节瓜、南瓜、佛手瓜等。属于同一品种规格，形状、色泽一致，瓜条均匀，无疤点，无断裂，不带泥土，无畸形瓜、病虫害瓜、烂瓜，无明显机械伤。

4. 根菜类

根菜类包括萝卜、胡萝卜、大头菜、芜菁甘蓝（苤蓝）等。属于同一品种规格，皮细光滑，色泽良好，大小均匀，肉质脆嫩致密。新鲜，无畸形、裂痕、糠心、病虫害斑，不带泥沙，不带茎叶、须根。

5. 薯芋类

薯芋类包括马铃薯、薯蓣（山药）、芋、姜、豆薯等。属同一品种规格，色泽一致，不带泥沙，不带茎叶、须根，无机械和病虫害斑，无腐烂、干瘪。马铃薯皮未变绿色。

6. 葱蒜类

葱蒜类包括大葱、分葱、四季葱等。属同一品种规格，允许葱和大蒜的青蒜保留干净须根，去老叶，韭菜去根去老叶，蒜头、洋葱去薹去枯叶；可食部分质地细嫩，不带泥沙杂质，无病虫害斑。

7. 豆类

豆类包括豇豆、菜豆、豌豆、蚕豆、刀豆、毛豆、扁豆等。属同一品种规格形态完整，成熟度适中，无病虫害斑。食荚类：豆荚新鲜幼嫩，均匀。食豆仁类：籽粒饱满较均匀，无发芽。不带泥土、杂质。

8. 水生类

水生类包括茭白、藕、荸荠、慈菇、菱角等。属同一品种规格，肉质嫩，成熟度适中，无泥土、杂质、机械伤，不干瘪，不腐烂霉变，茭白不黑心。

9. 多年生类

多年生类包括竹笋、黄花菜、芦笋等。属同一品种规格，幼嫩，无病虫害斑，无明显机械伤。黄花菜鲜花不能直接煮食。

10. 芽苗类

芽苗类包括绿豆芽、黄豆芽、豌豆芽、香椿苗等。芽苗幼嫩，不带豆壳杂质，新鲜，不浸水。

（二）蔬菜卫生质量指标项目

设施蔬菜卫生质量指标参照（GB 18406.1—2001）国家标准执行（参考表1-1、表1-2）。

表1-1　无公害蔬菜的重金属及有害物质限量

蔬菜卫生质量		
项目	条件	指标/（mg/kg）
铬（以 Cr 计）	≤	0.5
镉（以 Gd 计）	≤	0.05

（续表）

蔬菜卫生质量		
项目	条件	指标/（mg/kg）
汞（以 Hg 计）	≤	0.01
砷（以 As 计）	≤	0.5
铅（以 Pb 计）	≤	0.2
氟（以 F 计）	≤	1.0
亚硝酸盐	≤	4.0
硝酸盐	≤	600（瓜果类）
	≤	1 200（根茎类）
	≤	3 000（叶菜类）

表 1-2 无公害蔬菜的农药最大残留限量

通用名称	商品名称	毒性	最高残留限量/（mg/kg）
马拉硫磷	马拉松	低	不得检出
对硫磷	一六零五	高	不得检出
甲拌磷	三九一一一	高	不得检出-
甲胺磷	—	高	不得检出
九效磷	纽瓦克	高	不得检出-
氧化乐果	—	高	不得检出
克百威	呋喃丹	高	不得检出-
涕灭威	铁灭克	高	不得检出
六六六	—	中	0.2
滴滴涕	—	中	0.1
敌敌畏	—	中	0.2
乐果	—	中	1.0
杀螟硫磷	—	中	0.5
倍硫磷	百治署	中	0.05
辛硫磷	肟硫磷	低	0.05
乙酰甲胺磷	高灭磷	低	0.2
敌百虫	—	低	0.1

注：未列项目的卫生指标按有关规定执行

从蔬菜的卫生指标可以看出，蔬菜的卫生指标较蔬菜的感官指标更重要，只有卫生指标达标，才能使消费者吃到"放心菜"，否则，就会对消费者的身体健康造成危害，就不允许到市场上销售。优质蔬菜是在卫生指标达标的基础上，感官质量达标。只有这样的设施蔬菜产业才会得到各级政府的支持，消费者才会认可，事业才会越做越大，越做越强。

四、设施蔬菜安全优质高效技术集成与应用

设施蔬菜生产质量安全最重要，没有质量安全一切都等于零。在确保蔬菜产品质量安全的前提下，提高蔬菜的感官质量，有利于产品的销售，只有蔬菜产品销得出，售得好，卖价高，实现设施蔬菜生产的高效才有保证。要实现设施蔬菜产品质量安全和品质优良，就要集成利用各项新技术，实现我们设施蔬菜安全优质高效的预期目标。

1. 参照 NY/T 5343—2006《无公害食品 产地认定规范》农业行业标准选定设施蔬菜建园基地

该标准规定了基地的大气、土壤、灌溉用水的质量标准，并要求 10 年以内不会因受到污染而搬迁。

2. 设施蔬菜基地建设和休闲农业、采摘农业、都市农业等现代农业发展结合

以南北气候过渡带的驻马店为例，全市辖 8 县 3 区，市内长住人口 50 万，2006 年以来，多层覆盖越冬一大茬草莓、多层覆盖"一栽多收"的西瓜、避雨栽培葡萄等休闲农业生产模式相继在市郊干线公路两侧出现，其效益高出传统销售模式的 2～3 倍；2013年 7 月上旬市内西瓜零售价为 0.8～1.0 元/kg，城市近郊交通方便利于采摘的园区一栽多收西瓜每公斤销售价仍为 2.0 元/kg 以上，至当年 9 月下旬，西瓜售价达到 3.0～4.0 元/kg，每亩产值 1.5 万元以上；葡萄销售也是如此，8 月上旬市场零售价 4.0～6.0 元/

kg，休闲采摘园内葡萄销售价达到 20 ~ 30 元/kg。

3. 规范建棚

（1）日光温室。日光温室是当前黄淮流域设施蔬菜栽培的主要设施。①南北 10m 跨度，前跨 9.0 ~ 9.2m，后跨 1.0 ~ 0.8m，脊高 4.0 ~ 4.2m，后墙高 3.0 ~ 3.2m，采光屋面角 24° ~ 26°，后屋面仰角 45° ~ 47°；②南北 11m 跨度，前跨 10 ~ 10.2m，后跨 1.0 ~ 0.8m，脊高 4.4 ~ 4.7m，后墙高 3.4 ~ 3.6m，采光屋面角 24° ~ 26°，后屋面仰角 45° ~ 47°；③南北 12m 跨度，前跨 11 ~ 11.2m，后跨 1.0 ~ 0.8m，脊高 4.9 ~ 5.2m，后墙高 3.8 ~ 4.0m，采光屋面角 24° ~ 26°，后屋面仰角 45° ~ 47°。

（2）改良式保温型大棚。改良式保温型大棚是在大棚建造的基础上，增加保温被或草苫等覆盖保温材料，使塑料大棚由冷棚变为温棚，它吸收了塑料大棚竹木结构、钢管无立柱、悬索式塑料大棚及日光温室的建造和使用原理，建棚结构类似塑料大棚，使用效果接近日光温室，因此我们将其命名为"改良式保温型塑料大棚"，其建造的主要参数是：南北走向，长 50 ~ 150m，东西跨度 16 ~ 20m 以上，脊高 4 ~ 5m 以上，肩高 1.5m，曲率即高跨比 =（脊高－肩高）÷ 跨度 = 0.15 ~ 0.2 为宜，曲率达 0.15 ~ 0.2 才能有较好的抗风、雪和采光性；每 3.5 ~ 4m 一间，东西两侧每 3m 加一排立柱，跨度愈大，脊高越高，可以根据地势而定，但长不宜低于 50m 或超过 150m，南北两端建有山墙，南部留进出口，脊部用楼板南北纵向连接，楼板用砖圈的拱墙支撑，外部东西两侧安装保温被和卷苫机，棚与棚东西相邻之间留间距 4 ~ 6m，以利棚室管理；改良式保温型塑料大棚建造符合我市南北气候过渡地带的特点，冬季栽培芹菜可以春节上市，而普通塑料大棚通常会造成芹菜的冻害；栽培秋延后番茄可延迟到元旦春节供应市场，早春 2 月中旬即可定植番茄、黄瓜等喜温类蔬菜，有效单位面积收入仅次于日光温室，但远远高于普通塑料大棚；改良式保温型塑料大棚单位建造成本为 50 ~ 60 元/m²，高于普通塑料大棚 20 ~ 30 元/m² 的造价，但低于日光温室 80 ~ 120 元/m² 造价，同时与寿光半地下式日光温室建造相比，改良式保温型塑料大棚节约耕地，建造一座长 110m，内跨 24m，栽培面积 2 640m² 的棚室，占地面积 3 330m² 即可，土地利用率可达 80% 以上，而半地下式日光温室土地利用率一般只有 50% 左右，改良式保温型塑料大棚比半地下式日光温室利用率高出 30%。改良式保温大棚的跨度大小要适当，跨度大，对棚室建造的材料质量要求就越高，否则，抗雪压的能力就会大大降低；一般跨度 20m 为宜；脊高越高，棚室内下部的气温就会降低，热气上升，下部气温低则不利于蔬菜的正常生长。

（3）塑料大棚。塑料大棚是应用年限较长的保护地设施。建造时要选择避风向阳、土质肥沃、排灌方便、交通便利的地块，地块最好北高南低，坡度 8° ~ 10° 为佳。大棚南北向延长受光均匀，适于春秋生产。在建设大面积大棚群时，南北间距 4 ~ 6m，东西间距 2 ~ 2.5m。以便于运输及通风换气，避免遮阴。每栋塑料大棚的面积 300 ~ 600m²，一般跨度 8 ~ 12m，长度 40 ~ 60m，长/宽 ≥ 5 比较好，高跨比 0.15 ~ 0.2；越高承受风的荷载越大；但过低时，棚面弧度小，易受风害和积存雨雪，有压塌棚架的危险。要根据当地条件和各类大棚的性能选择适宜的棚型。建筑材料力求就地取材，坚固耐用。在大棚区的西北侧设立防风障，以削减风力。如果结合温室建设在温室间建大棚配套生产，能够提高土地利用率和经济效益。

4. 选择专用品种

设施栽培的茬口不同，选用品种也不同。如栽培秋延后番茄，就应该选择抗 TY 品种；秋延后黄瓜就应选择前期耐热后期耐低温的品种；越冬一大茬栽培就要选择耐低温、耐弱光的品种；栽培元旦春节上市的秋延后礼品类蔬菜，就要选择特菜品种，如彩椒、水果黄瓜、耐贮番茄等，冬春茬日光温室可选择厚皮甜瓜、番茄等蔬菜品种。

5. 合理安排茬口

日光温室保温效果好，可定植越大一大茬番茄、黄瓜等，也可采用秋冬茬连冬春茬的栽培模式，有利于减轻 1 月的低温寡照等灾害性天气的危害，提高日光温室蔬菜生产的效益；改良式保温型大棚采用秋冬茬连冬春茬效果较好，其保温效果仅次于日光温室，但抗灾能力远远优于塑料大棚；塑料大棚一般是秋延后连春提前，冬季棚内可以种植小白菜等叶菜，夏季可在棚内立体种植苦瓜、丝瓜等。

6. 其他

（1）穴盘集约育苗、嫁接换根。

（2）增施生物有机肥。

（3）高畦栽培、膜下暗灌、合理密植。

（4）肥水一体化使用技术。

（5）设施内温度、湿度、光照、气体及土壤等环境调控技术。

（6）灾害性天气发生与防御技术。

（7）病虫害综合防御技术等。

第二章 设施蔬菜栽培的主要棚室结构类型与环境调控

一、大棚的种类、结构和性能

(一) 大棚的种类与结构

塑料大棚俗称冷棚,是一种简易实用的保护地栽培设施,由于其建造容易、使用方便、投资较少,随着塑料工业的发展,被世界各国普遍采用。利用竹木、钢材等材料,并覆盖塑料薄膜,搭成拱形棚,供栽培蔬菜,能够提早或延迟供应,提高单位面积产量,防御自然灾害,特别是北方地区能在早春和晚秋淡季供应鲜嫩蔬菜。

塑料大棚充分利用太阳能,有一定的保温作用,并通过卷膜能在一定范围调节棚内的温度和湿度。因此,塑料大棚在我国北方地区,主要是起到春提前、秋延后的保温栽培作用,一般春季可提前30~35天,秋季能延后20~25天,但不能进行越冬栽培;在我国南方地区,塑料大棚除了冬春季节用于蔬菜、花卉的保温和越冬栽培外,还可更换遮阴网用于夏秋季节的遮阴降温和防雨、防风、防雹等的设施栽培。

塑料大棚因结构和建造材料的不同,应用较多和比较实用的,主要有3种类型。

1. 简易竹木结构大棚

这种结构的大棚,各地区不尽相同,但其主要参数和棚形基本一致,大同小异。大棚的跨度6~12m、长度30~60m、肩高1~1.5m、脊高1.8~2.5m;按棚宽(跨度)方向每2m设一立柱,立柱粗 6~8cm，顶端形成拱形，地下埋深 50cm，垫砖或绑横木，夯实，将竹片（竿）固定在立柱顶端成拱形，两端加横木埋入地下并夯实；拱架间距 1m，并用纵拉杆连接，形成整体；拱架上覆盖薄膜，拉紧后膜的端头埋在四周的土里拱架间用压膜线或 8 号铁丝、竹竿等压紧薄膜。其优点是取材方便，造价较低，建造容易；缺点是棚内柱子多，遮光率高、作业不方便，寿命短，抗风雪荷载性能差。

2. 焊接钢结构大棚

该钢结构大棚，拱架采用钢筋、钢管或两种结合焊接而成的平面塑料大棚架，上弦用 16mm 钢筋或 6 分管，下弦用 12mm 钢筋，纵拉杆用 9~12mm 钢筋。跨度 8~12m，脊高 2.6~3m，长 30~60m，拱距 1~1.2m。纵向各拱架间用拉杆或斜交式拉杆连接固定形成整体。拱架上覆盖薄膜，拉紧后用压膜线或 8 号铁丝压膜，两端固定在地锚上。这种结构的大棚，骨架坚固，无中柱，棚内空间大，透光性好，作业方便，是比较好的设施。但这种骨架是涂刷油漆防锈，1~2 年需涂刷一次，比较麻烦，如果维护得好，使用寿命可达 6~7 年。

3. 镀锌钢管装配式大棚

镀锌钢管装配式大棚结构的大棚骨架，其拱杆、纵向拉杆、端头立柱均为薄壁钢管，并用专用卡具连接形成整体，所有杆件和卡具均采用热镀锌防锈处理，为工厂化生产的工业产品，已形成标准、规范的 20 多种系列产品。这种大棚跨度 4~12m，肩高 1~1.8m，脊高 0.5~3.2m，长度 20~60m，拱架间距 0.5~1m，纵向用纵拉杆（管）连接固定成整体。可用卷膜机卷膜通风、保温幕保温、遮阳幕遮阳和降温。这种大棚为组装式结构，建造方便，并可拆卸迁移，棚内空间大、遮光少、作业方便；有利作物生长；构件抗腐蚀、整体强度高、承受风雪能力强，使用寿命可达 15 年以上，是目前最先进的大棚结构形式。

（二）性能与特点

1. 温度条件

塑料薄膜具有保温性。覆盖薄膜后，大棚内的温度将随着外界气温的升高而升高，随着外界气温下降而下降。并存在着明显的季节变化和较大的昼夜温差。越是低温期温差越大。一般在寒季大棚内日增温可达 3～6℃，阴天或夜间增温能力仅 1～2℃。春暖时节棚内和露地的温差逐渐加大，增温可达 6～15℃。外界气温升高时，棚内增温相对加大，最高可达20℃以上，因此大棚内存在着高温及冰冻危害，需进行人工调整。在高温季节棚内可产生50℃以上的高温。进行全棚通风，棚外覆盖草帘或搭成"凉棚"，可比露地气温低 1～2℃。冬季晴天时，夜间最低温度可比露地高 1～3℃，阴天时几乎与露地相同。因此，大棚的主要生产季节为春、夏、秋季。通过保温及通风降温可使棚温保持在 15～30℃的生长适温。

蔬菜大棚的逆温现象：聚乙烯覆盖的大棚，冬季有微风晴朗的夜晚，棚内温度有时会出现比棚外还低的现象。其原因是：夜间棚外气温是高处比低处高，由于风的扰动，棚外近地面处可从上层空气中获得热量补充，而大棚内由于覆盖物的阻挡，得不到这部分热量；冬天白天阴凉，土壤贮藏热量少，加上聚乙烯膜对长波辐射率较高，保温性略差，地面有效热辐射大、散热多，从而造成棚内温度低于棚外的现象。

2. 光照条件

新的塑料薄膜透光率可达80%～90%，但在使用期间由于灰尘污染、吸附水滴、薄膜老化等原因、而使透光率减少10%～30%。大棚内的光照条件受季节、天气状况、覆盖方式（棚形结构、方位、规模大小等）、薄膜种类及使用新旧程度情况的不同等，而产生很大差异。大棚越高大，棚内垂直方向的辐射照度差异越大，棚内上层及地面的辐照度相差达20%～30%。在冬春季节以东西延长的大棚光照条件较好、比南北延长的大棚光照条件好，局部光照条件所差无几。但东西延长的大棚南北两侧辐照度可差达10%～20%。不同棚型结构对棚内受光的影响很大，双层薄膜覆盖虽然保温性能较好，但受光条件可比单层薄膜盖的棚减少一半左右。薄膜在覆盖期间由于灰尘污染而会大大降低透光率，新薄膜使用两天后，灰尘污染可使透光率降低14.5%。10天后会降低25%，半个月后降低28%以下。一般情况下，因尘染可使透光率降低10%～20%。严重污染时，棚内受光量只有7%，而造成不能使用的程度。一般薄膜又易吸附水蒸气，在薄膜上凝聚成水滴，使薄膜的透光率减少10%～30%。因此，防止薄膜污染，防止凝聚水滴是重要的措施。再者薄膜在使用期间，由于高温、低温和受太阳光紫外线的影响，使薄膜"老化"。薄膜老化后透光率降低20%～40%，甚至失去使用价值。因此大棚覆盖的薄膜，应选用耐温防老化、除尘无滴的长寿膜，以增强棚内受光、增温、延长使用期。

3. 湿度条件

薄膜的气密性较强，因此在覆盖后棚内土壤水分蒸发和作物蒸腾造成棚内空气高温，如不进行通风，棚内相对湿度很高。当棚温升高时，相对湿度降低，棚温降低相对湿度升高。晴天、风天时，相对温度低，阴、雨（雾）天时相对温度增高。在不通风的情况下，棚内白天相对湿度可达60%～80%，夜间经常在90%左右，最高达100%。棚内适宜的空气相对湿度依作物种类不同而异，一般白天要求维持在50%～60%，夜间在80%～90%。为了减轻病害的危害，夜间的湿度宜控制在80%左右。棚内相对湿度达到饱和时，提高棚温可以降低湿度，如温度在5℃时，每提高1℃气温，约降低5%的湿度，当温度在10℃时，每提高1℃气温，湿度则降低3%～4%。在不增加棚内空气中的水汽含量时，棚温在15℃时，相对湿度约为70%左右；提高到20℃时，相对湿度约为50%左右。由于棚内空气湿度大，土壤的蒸发量小，因此在冬春寒季要减少灌水量。但是，大棚内温度升高，或温度过高时需要通风，又会造成湿度下降，加速作物的蒸腾，致使植物体内缺水蒸腾速度下降，或造成生理失调。因此，棚内必须按作物的要求，保持适宜的湿度。

栽培季节与条件：塑料大棚的栽培以春、夏、秋季为主。冬季最低气温为 −17 ～ −15℃ 的地区，可用于耐寒作物在棚内防寒越冬。高寒地区、干旱地区可提早就在用大棚进行栽培。北方地区，于冬季，在温室中育苗，以便早春将幼苗提早定植于大棚内，进行早熟栽培。夏播，秋后进行延后栽培，1 年种植两茬。由于春提前，秋延后而使大棚的栽培期延长两个月之久。为了提高大棚的利用率，春季提早，秋季延后栽培，往往采取在棚内临时加温，加设二层幕防寒，大棚内筑阳畦，加设小拱棚或中棚，覆盖地膜，大棚周边围盖稻草帘等防寒保温措施，以便延长生长期，增加种植茬次，增加产量。

4. 棚内空气成分

由于薄膜覆盖，棚内空气流动和交换受到限制，在蔬菜植株高大、枝叶茂盛的情况下，棚内空气中的 CO_2 浓度变化很剧烈。早上日出之前由于作物呼吸和土壤释放，棚内 CO_2 浓度比棚外浓度高 2 ～ 3 倍，（330mg/kg 左右）；上午 8：00 以后，随着叶片光合作用的增强，可降至 100mg/kg 以下。因此，日出后就要酌情进行通风换气，及时补充棚内 CO_2。另外，可进行人工 CO_2 施肥，浓度为 800 ～ 1 000mg/kg，在日出后至通风换气前使用。人工施用 CO_2，在冬春季光照弱、温度低的情况下，增产效果十分显著。

5. 土壤湿度和盐分

大棚土壤湿度分布不均匀。靠近棚架两侧的土壤，由于棚外水分渗透较多，加上棚膜上水滴的流淌湿度较大。棚中部则比较干燥。春季大棚种植的黄瓜、茄子特别是地膜栽培的，土壤水分常因不足而严重影响质量。最好能铺设软管滴灌带，根据实际需要随时施放肥水，是一项有效的增产措施。由于大棚长期覆盖，缺少雨水淋洗，盐分随地下水由下向上移动，容易引起耕作层土壤盐分过量积累，造成盐渍化。因此，要注意适当深耕，施用有机肥，避免长期施用含氯离子或硫酸根离子的肥料。追肥宜淡，最好进行测土施肥。每年要有一定时间不盖膜，或在夏天只盖遮阳网进行遮阳栽培，使土壤得到雨水的溶淋。土壤盐渍化严重时，可采用淹水压盐，效果很好。另外，采用无土栽培技术是防止土壤盐渍化的一项根本措施。

二、日光温室的类型、结构与性能

（一）日光温室的类型与结构

我国黄淮流域节能高效日光温室蔬菜安全优质高效栽培已有20多年的历史，日光温室建造技术日趋成熟，形成了较为系统的技术规范，现归类如下。

1. 建造原则

一是结构性能优良。便于调控温度、光照、湿度等环境因素，抗灾能力强。

二是节约建造成本。在保障温室使用安全的前提下，尽量节约土地和建造费用。

三是便于操作。建造的日光温室要方便操作和管理。

四是因地制宜。日光温室建造要结合当地条件，做到因地制宜。

2. 主要结构参数

日光温室的结构参数，要根据棚体的大小，特别是参照棚内跨度的长短，进行合理的设计。按照棚内跨度10m、11m、12m等3种类型，分别列出相应主要结构参数如表2-1所示。

表2-1 日光温室主要结构参数

棚内跨度	前跨/m	后跨/m	脊高/m	后墙高/m	采光屋面角	后屋面仰角
10m	9.0~9.2	1.0~0.8	4.0~4.2	3.0~3.2	24°~26°	45°~47°
11m	10~10.2	1.0~0.8	4.4~4.7	3.4~3.6	24°~26°	45°~47°
12m	11~11.2	1.0~0.8	4.9~5.2	3.8~4.0	24°~25°	45°~47°

3. 墙体建造

（1）土墙建造

①半地下式日光温室，墙底面宽4.0~5.0m，上宽1.5~2.0m。具备土层深厚、土质均匀、地下水位低等条件，最高地下水位超过2m，可采用下挖式棚型结构，下挖深度0.5~0.8m。

②改良式冬暖型日光温室，墙体基部宽1.5m，顶部宽0.8~1m，后墙高3.0m，脊高4m，内跨10m，东西长100~150m，改良式冬暖型日光温室与20世纪90年代建造的节能型日光温室相比，具有墙体厚、且可以使用大型挖掘机建造墙体，省工、省时、费用低、建墙速度快、棚室高大、保温效果好、产出效益高等特点；与半地下式冬暖型日光温室相比，同样具有半地下式冬暖型日光温室保温性好、棚体高、采光好、升温快、抗灾能力强、经济效益高等特点，同时还具有墙体占地少、动用土方小、节约耕地等特点，地下水位高不适宜采用半地下式冬暖型日光温室建造技术的地方，可以采用天中式冬暖型日光温室建造技术，不仅节约了土地，而且在深冬也能够进行反季节鲜细菜生产。

（2）砖混墙建造。墙体具承重、隔热、蓄热功能，厚度100cm左右。砖砌空心墙内外墙均为37cm，中间留20~30cm空心。随砌墙随填蛭石、珍珠岩、炉渣等，或添加聚苯板。为使墙体坚固，内外墙体之间每隔3m左右砌砖垛，连接内外墙，也可用水泥预制板拉连。

4. 后屋面建造

后屋面（后坡）具承重、隔热、蓄热、防雨雪等功能，应由蓄热材料、隔热材料、防漏材料组成。

土墙结构，其后坡建造按照由内到外，依次为薄膜、玉米秸、薄膜、土等4层结构，上部厚30~50cm，下部厚60~80cm。有条件的，整个后墙和后坡都用薄膜覆盖。

砖混结构，其后坡建造由内到外依次为预制水泥板、炉渣（或蛭石、旧草苫等）、聚苯板、毛毡等，用水泥抹面防雨雪渗漏。厚度达50~60cm。

5. 骨架结构

室内跨度加大，应加强温室抗压能力。若用钢架结构，需在前后屋面交界处（即脊高处）设一排立柱，并在前屋面距前沿3m处设一排活动立柱，以防大雪压垮温室前屋面。

6. 覆盖材料

（1）棚膜。选用透光性好、抗老化，保温性能优良，无滴持效期长，机械性能优良的棚膜，推荐使用多功能复合膜。

（2）草苫、保温被。草苫厚度要求5cm以上；若使用保温被，其保温性能应与草苫保温效果相当。

（二）日光温室的环境特点

1. 光照

温室内的光照环境不同于露地，由于是人工建造的保护设施，里面的光照条件受温室方位、结构类型，透光屋面大小、形状，透明覆盖材料的特性及洁净程度等多种因素的影响。使日光温室光照条件表现呈光照不足、分布不均，前强后弱、上强下弱的特点。

（1）光照强度。温室内的光照强度，比自然光弱，这是因为自然光是透过透明屋面覆盖材料才能进入温室内，这个过程中会由于覆盖材料吸收、反射、覆盖材料内表面结露的水珠折射、吸收等而降低透光率。尤其在寒冷的冬季、早春或阴雪天，透光率只有自然光的50%~70%，如果透明覆盖材料不清洁，使用时间长而染尘、老化等因素，使透光率甚至不足自然光强的50%。

（2）光照时数。温室内的光照时数，是指受光时间的长短，温室内的光照时数一般比露地要短，因为在寒冷季节为了防寒保温，覆盖的保温被、草帘揭盖时间直接影响温室内光照时数。

（3）光质。由于受透明覆盖材料性质、成分、颜色等的影响，温室内光组成（光质）就与露地不同。光质影响蔬菜的着色、品质等，例如紫外光促进维生素 C 的合成，红光控制开花及果实颜色。因为在温室内光质被削弱，所以温室生产的瓜、果、菜的颜色风味都比露地差。

（4）光分布。温室内由于受墙体与骨架结构、立柱、栽培作物种类等的影响，温室内不同部位光分布有差异，水平分布呈现南部强，中间次之，北部最弱；垂直分布呈上强下弱的特点。光分布的不均匀性，使得作物的生长也不一致。

2. 温度

（1）气温特点。正常情况下室内的最低温度在 10℃以上，1月份的平均温度应达到可以随时定植喜温果菜的温度水平，在外界气温 -20℃左右的情况下，室内外温差可达 30℃左右。在冬季遭遇数十天连阴雪天的情况下，土墙温室内的最低气温一般不低于8℃，或出现略低于 8℃的气温，但连续时间不超过 3 天。日光温室的温度是随着太阳的升降而变化。晴天上午适时揭苦后，温度有个短暂的下降过程，然后便急剧上升，一般每小时可升高 6～7℃；在 14：00 左右达到最高，以后随着太阳的西下温度降低，到17：00～18：00 温度下降比较快。盖苦后，室温有个暂时的回升过程，然后一直处于缓慢地下降状态，直至次日的黎明达到最低。

（2）地温特点。土壤是能量转换器，也是温室热量的主要贮藏地方。白天阳光照射地面，土壤把光能转换为热能，一方面以长波辐射的形式散向温室空间，另一方面以传导的方式把地面的热量传向土壤的深层。晚间，当没有外来热量补给时，土壤贮热是日光温室的主要热量来源。土壤温度垂直变化表现为晴朗的白天上高下低，夜间或阴天为下高上低，这一温度的梯度差表明了在不同时间和条件下热量的流向。温室的地温升降主要是在 0 ~ 20cm 的土层里。水平方向上的地温变化在温室的进口处和温室的前部梯度最大。地温不足是日光温室冬季生产普遍存在的问题,提高 1℃ 地温相当于增加 2℃ 气温的效果。

(3)地温与气温的关系。日光温室中的空气主要是靠土地热量来提温的,有足够的地中热量通过温室效应就可以保持较高的空气温度。地、气温的协调是日光温室优于加温温室的一个显著特点。土壤的热容量明显比空气大。晴天的白天,在温室不放风或放风量不大的情况下,气温始终比地温高。夜间,一般都是地温高于气温。早晨揭苫前是温室一日之中地温和气温最低的时间。日光温室最低地、气温的差距因天气情况而有差别:在连续晴天的情况下,最低地温始终比气温高 5 ~ 6℃;连阴天时,随着连阴天的持续,地、气温的差距越来越小,直到最后只有 2 ~ 3℃ 或更小。连阴天气温虽然没有达到可能使植株受害的程度,但地温却降到了使根系无法忍受以至受到冻害程度。

3. 湿度

温室内的湿度环境,包含土壤湿度和空气湿度两个方面。

(1)土壤湿度。日光温室生产期间的土壤水分主要依赖人工灌溉,因此,土壤湿度只能由灌水量、土壤毛细管上升水量、土壤蒸发量以及作物蒸腾量的大小来决定。土壤蒸发出来的水分受到棚膜的限制,较少蒸发到大气中,所以,生产相同的产量时,比露地用水量要少。水汽在棚膜上凝结后,水滴会受棚膜弯曲度的限制而经常滴落到相对固定的地方,因而造成温室土壤水分的相对不均匀性。

(2)空气湿度。由于温室是密闭环境,室内空气湿度主要受土壤水分的蒸发和植物体内水分的蒸腾影响。温室内作物由于生长势强,代谢旺盛,作物叶面积指数高,通过蒸腾作用释放出大量水蒸汽,在密闭情况下水蒸气很快达到饱和,空气相对湿度比露地栽培要高得多。高湿,是温室湿度环境的突出特点。特别是室内夜间随着气温的下降相对湿度逐渐增大，往往能达到饱和状态。多数蔬菜光合作用适宜的空气相对湿度为 60% ~ 85%，低于 40% 或高于 90% 时，光合作用会受到阻碍，从而使生长发育受到不良影响。

4. 气体

温室内的气体条件不如光照和温度条件那样直观地影响蔬菜作物的生长发育，温室内空气流动不但对温、湿度有调节作用，并且能够及时排出有害气体，同时补充 CO_2，对增强作物光合作用，促进蔬菜的生长发育有重要意义。因此，为了提高作物的产量和品质，必须对设施环境中的气体成分及其浓度进行调控。目前认为，日光温室里的有害气体主要是氨气、亚硝酸气和聚氯乙烯薄膜不当的填充料释放物，实际上还应包括弱光低温下的高 CO_2 浓度危害。

由于温室内是一个封闭环境，空气流动性差，其气体构成与露地也有较大差异。

(1) 氧气（O_2）。任何植物种子萌发、各器官形成及生长都离不开氧气。在不与外界进行气体交换的情况下，温室内白天氧气含量较高，而夜间氧气含量较少，影响植物正常的呼吸作用。

(2) 二氧化碳（CO_2）。CO_2 是植物进行光合作用的原料，一般露地大气中 CO_2 含量约为 0.03%，而植物所需 CO_2 浓度可达 0.1%，如果可以提高空气 CO_2 浓度至 0.1%，则作物的光合速率可提高一倍。日光温室内 CO_2 浓度，在太阳升起后，随着时间的推移急剧下降，并呈现降低的总体变化，期间因风口的开关而有所起伏。日出时，温室中的 CO_2 浓度最高，随着光照强度的加强，CO_2 浓度迅速下降，约 3h 左右降至最低点，甚至低于大气中 CO_2 浓度含量，之后降低速度趋于平缓。15 时左右，随着光合速率的降低，CO_2 消耗的减少以及作物和土壤呼吸释放出 CO_2，温室中 CO_2 的浓度又呈现逐渐升高的变化。若能增加空气中的 CO_2 浓度，将会大大促进光合作用，从而大幅度提高产量，称之"气体施肥"。露地栽培难以进行"气体施肥"，而设施栽培因为空间有限，可以形成封闭状态，进行"气体施肥"并不困难。

（3）有害气体。温室内由于空气流动性差，有毒有害气体成分的浓度较高。主要成分有：

①氨气（NH_3）：氨气的产生主要是施用未经腐熟的人粪尿、畜禽粪、饼肥等有机肥（特别是未经发酵的鸡粪），遇高温时分解发生。追施化肥不当也能引起氨气危害，温室内禁用碳铵、氨水等。氨气呈阳离子状态（NH_{4+}）时被土壤吸附，可被作物根系吸收利用，但当它以气体从叶片气孔进入植物时，就会发生危害。当温室内空气中氨气浓度达到 0.0005%（$5mL/m^3$,）时，就会不同程度地危害作物。其危害症状是：叶片呈水浸状，颜色变淡，逐步变白或褐，继而枯死。一般发生在施肥后几天。番茄、黄瓜对氨气反应比较敏感。

②二氧化氮（NO_2）：二氧化氮是施用过量的铵态氮而引起的。施入土壤中的铵态氮，在亚硝化细菌和硝化细菌作用下，要经历一个铵态氮→亚硝态氮→硝态氮的过程。在土壤酸化条件下，亚硝化细菌活动受抑，亚硝态氮不能转化为硝态氮，亚硝态氮积累而散发出二氧化氮。施入铵态氮越多，散发二氧化氮越多。当空气中二氧化氮浓度达 0.002‰（$2mL/m^3$）时可危害植株。危害症状是：叶面上出现白斑，以后褪绿，浓度高时叶片叶脉也变白枯死。番茄、黄瓜、莴苣等对二氧化氮敏感。

③二氧化硫（SO_2）：二氧化硫又称亚硫酸气体，是由燃烧含硫量高的煤炭或施用大量的肥料而产生的，如未经腐熟的粪便及饼肥等在分解过程中，也可释放出二氧化硫。二氧化硫对作物的危害主要是由于二氧化硫遇水（或湿度高）时生产亚硫酸，能直接破坏作物的叶绿体，轻者组织失绿白化，重者组织灼伤，脱水，萎蔫枯死。

④乙烯（C_2H_4）和氯气（Cl_2）：温室内乙烯和氯气的来源，主要是使用有毒的农用塑料薄膜或塑料管。因为这些塑料制品选用的增塑剂、稳定剂不当，在阳光暴晒或高温下可挥发出如乙烯、氯气等有毒气体，危害作物生长。受害作物叶绿体解体变黄，重者叶

缘或叶脉间变白枯死。

5. 土壤

土壤是作物赖以生存的基础，作物生长发育所需要的养分和水分，都需从土壤中获得，所以温室内的土壤营养状况直接关系作物的产量和品质，是十分重要的环境条件。

土壤环境特点：温室内温度高，空气湿度大，气体流动性差，光照较弱，而作物种植茬次多，生长期长，故年施肥量大，根系残留量也较多，因而与露地土壤相比，温室土壤易产生土壤盐渍化、酸化及连作障碍，影响温室作物的生长发育。

（1）土壤盐渍化：土壤盐渍化是指土壤中由于盐类的聚集而引起土壤溶液浓度的提高，在温室栽培中土壤盐渍化，是一种十分普遍现象，其危害极大，不仅会直接影响作物根系的生长，而且通过影响水分、矿质元素的吸收、干扰植物体内正常生理代谢活动，从而影响作物的生长发育。土壤盐渍化现象发生主要有两个原因：第一，设施内温度较高，土壤蒸发量大，盐分随水分的蒸发而上升到土壤表面；同时，由于大棚长期覆盖薄膜，灌水量又少，加上土壤没有受到雨水的直接冲淋，于是，这些上升到土壤表面（或耕作层内）的盐分也就难以流失。第二，大棚内作物的生长发育速度较快，为了满足作物生长发育对营养的要求，需要大量施肥，但由于土壤类型、土壤质地、土壤肥力以及作物生长发育对营养元素吸收的多样性、复杂性，很难掌握其适宜的肥料种类和数量，所以常常出现过量施肥的情况，没有被吸收利用的肥料残留在土壤中，时间一长就大量累积。土壤盐渍化随着设施利用时间的延长而提高。肥料的成分对土壤中盐分的浓度影响较大。氯化钾、硝酸钾、硫酸铵等肥料易溶解于水，且不易被土壤吸附，从而使土壤溶液的浓度提高；过磷酸钙等不溶于水，但容易被土壤吸附，故对土壤溶液浓度影响不大。

（2）土壤酸化：由于化学肥料的大量施用，特别是氮肥的大量施用，使得土壤酸度增加。因为，氮肥在土壤中分解后产生硝酸留在土壤中，在缺乏淋洗条件的情况下，这些硝酸积累导致土壤酸化，降低土壤的 pH 值。由于任何一种作物，其生长发育对土壤 pH 值都有一定的要求，土壤 pH 值的降低势必影响作物的生长；同时，土壤酸度的提高，还能制约根系对某些矿物质元素（如 P、Ca、Mg 等）的吸收，有利于某些病害（如青枯病）的发生，从而对作物产生间接危害。

（3）连作障碍：设施蔬菜栽培连作障碍是一个普遍存在的问题。这种连作障碍主要包括以下几个方面：第一，病虫害严重。设施连作后，由于其土壤理化性质的变化以及设施温湿度的特点，一些有益微生物（如铵化菌、硝化菌等）的生长受到抑制，而一些有害微生物则迅速得到繁殖，土壤微生物的自然平衡遭到破坏，这样不仅导致肥料分解过程的障碍，而且病害加剧；同时，一些害虫基本无越冬现象，周年危害作物。第二，根系生长过程中分泌的有毒物质得到积累，并进而影响作物的正常生长。第三，由于作物对土壤养分吸收的选择性，土壤中矿物质元素的平衡状态遭到破坏，容易出现缺素症状，影响产量和品质。

三、蔬菜大棚的环境调控

（一）光照

不同蔬菜对光照强度和光照时数有不同要求，大棚蔬菜生产要充分利用日光能，改善光照条件，满足蔬菜对光的需求，大棚内的自然光照始终比棚外少，大棚的透光率取决于棚的方向和棚顶的角度。塑料大棚的建造走向一般南北延长为宜，棚顶的角度在不影响棚顶排水的前提下，角度小一些有利于提高棚膜的透光率；及时更新棚膜有利于提高棚内透光率；同时在保证棚内温度的前提下，尽量减少防寒覆盖的时间，早揭晚盖，延长采光时间，阴雨天加挂补光灯对棚室升温、降低棚室内空气湿度减轻病害都有较好的效果。

（二）温度

大棚的温度调控主要通过通风换气、多层覆盖和加温来进行。利用揭膜进行通风换气是降低和控制白天棚内气温最常用的方法，采用遮阳材料，减少大棚的受光量，也能防止棚内气温过高。冬天，为了减少热量损失，提高气温和土温，棚膜要尽量盖严。可在大棚四周设置风障，大棚内设小棚再采用草片、无纺布、泡沫塑料等多层覆盖等措施。也可采用加温措施提高温度，如用电热线提高土温，有条件地区可以利用工厂余热、地热水或煤炉等提高棚内温度。大棚内置放水袋（充满水的塑料袋），利用水比热大的特点，白天水袋大量吸收太阳光能，并转化成热能贮藏起来，夜间逐渐释放出来，可提高棚温。增施腐熟有机肥或秸秆反应堆技术也能有效提高地温和气温 $2 \sim 3 ℃$；夏季在大棚的上方撑起遮阳率为 $50\% \sim 60\%$ 的遮阳网则能有效降低棚内气温 $3 \sim 5 ℃$。

（三）湿度

大棚内空气湿度过大，不仅直接影响蔬菜的光合作用和对矿质营养的吸收，而且还有利于病菌孢子的发芽和侵染。因此，要进行通风换气，促进棚内高湿空气与外界低湿空气相交换，可以有效地降低棚内的相对湿度。棚内地热线加温，也可降低相对湿度。采用滴灌技术，并结合地膜覆盖栽培，减少土壤水分蒸发，可以大幅度降低空气湿度 20% 左右；阴雨天加挂补光灯则能有利于提高棚内的气温降低棚内的空气湿度，减轻低温高湿环境条件下的病害发生。

（四）气体

在低温季节，大棚经常密闭保温，很容易积累有毒气体，如氨气、二氧化氮、二氧化硫、乙烯等造成危害。当大棚内氨气达 $5mg/kg$ 时，植株叶片先端会产生水浸状斑点，继而变黑枯死；当二氧化氮达 2.5~3mg/kg 时，叶片发生不规则的绿白色斑点，严重时除叶脉外，全叶都被漂白。氨气和二氧化氮的产生，主要是由于氮肥使用不当所致。一氧化碳和二氧化硫产生，主要是用煤火加温，燃烧不完全，或煤的质量差造成的。由于薄膜老化（塑料管）可释放出乙烯，引起植株早衰，所以，过量使用乙烯产品也是原因之一。为了防止棚内有害气体的积累，不能使用新鲜厩肥作基肥，也不能用尚未腐熟的粪肥作追肥；严禁使用碳酸铵作追肥，用尿素或硫酸铵作追肥时要掺水浇施或穴施后及时覆土；肥料用量要适当不能施用过量；低温季节也要适当通风，以便排除有害气体。另外，用煤质量要好，要充分燃烧。有条件的要用热风或热水管加温，把燃后的废气排出棚外。

四、日光温室的环境调控

（一）光照

温室内栽培作物要求光照充足且分布均匀。

1. 改进温室结构、提高透光率

（1）选择适宜的建棚场地及合理的方位角，应选择南面开阔，东西无巨大遮阴物，避风向阳的地块，黄淮流域方位角是南偏西 5°~10° 为宜。

（2）设计合理的屋面坡度和长度，日光温室后屋面仰角 45°~47° 为宜。采光屋面角 24°~26°，后坡长度 1.56m。既要保证透光率又要兼顾保温效果。

（3）合理的透明屋面形状，采用拱圆形屋面采光效果好。

（4）骨架材料，在确保温室结构牢固的前提下尽量少用材、用细材，最好采用无立柱全钢架结构，以减少遮阴挡光。

（5）选用透光率高的透明覆盖材料，应选用防雾滴且持效期长、耐候性强、耐老化性强等优质多功能薄膜，漫反射节能膜、防尘膜、光转换膜。

2. 加强温室管理措施

（1）保持透明屋面清洁干净，经常清除灰尘以增加透光，适时放风减少结露，减少光的折射率，提高透光率。

（2）在保温前提下，保温覆盖材料尽可能早揭迟盖，增加光照时间。在阴雨雪天，也应揭开不透明的覆盖物，在确保防寒保温的前提下时间越长越好，以增加散射光的透光率。

（3）适当稀植，合理安排种植行向。作物行向以南北行向较好，没有死角阴影。若是东西行向，则行距要加大。

（4）加强植株管理，对黄瓜、番茄等高秧作物适时整枝打杈，吊蔓或插架。进入盛产期时还应及时将下部老叶摘除，以防止上下叶片相互遮阴。

（5）张挂反光膜，反光膜是指表面镀有铝粉的银色聚酯膜，幅宽 1m，厚度在 0.005mm 以上，在早春和秋冬季，挂在日光温室离后墙 50cm 左右的地方，可将照到北部的阳光反射到前面，能提高北部的光质量，并可增加室内温度。

3. 人工补光

为满足作物光周期的需要，采用人工补光。当黑夜过长而影响作物生育时，应进行补充光照。另外，为了抑制或促进花芽分化，调节开花期，也需要补充光照。这种补充光照要求的光照强度较低，称为低强度补光。由于人工补光成本较高，生产上很少采用，主要用于育种、引种、育苗等。

4. 遮光

遮光主要有两个目的：①满足作物光周期的需要；②降低温室内的温度。

利用覆盖各种遮阴物，如遮阳网、无纺布、苇帘、竹帘等；进行遮光能使室内温度下降 2~4℃。初夏中午前后，光照过强，温度过高，超过作物光饱和点，对生育有影响时应进行遮光；在育苗过程中移栽后为了促进缓苗，通常也需要进行遮光。遮光材料要求有一定的透光率，较高的反射率和较低的吸收率。

（二）温度

温室内温度调控要求达到能维持适宜于作物生育的设定温度，温度的空间分布均匀，时间变化平缓。其调控措施主要包括保温、加温和降温 3 个方面。

1. 保温

温室内散热有 3 种途径：一是经过覆盖材料的围护结构（墙体、透明屋面等）传热；二是通过缝隙漏风的换气传热；三是与土壤热交换的地中传热。这三种传热量分别占总散热量的 70% ~ 80%，10% ~ 20% 和 10% 以下。各种散热作用的结果，使单层不加温温室和塑料大棚的保温能力比较小。即使它们的密封性很好，其夜间气温最多也只比外界气温高 2 ~ 3℃。在有风的晴夜，有时还会出现室内气温反而低于外界气温的逆温现象。具体保温措施如下。

①减少通风换气量。

②多层覆盖保温。可采用温室或大棚内套小拱棚、小拱棚外套中拱棚、大拱棚两侧加草帘，温室、大拱棚内加活动式的保温幕等多层覆盖方法，都有明显的保温效果。

③把日光温室建成半地下式或适当降低棚室的高度，缩小夜间保护设施的散热面积，也利于提高室内昼夜气温和地温。

④温室内采用秸秆反应堆技术、多施生物有机肥，少施化肥，高垄覆膜栽培高垄覆膜栽培等，因为有机肥再分解过程释放大量热量，提高温室内温度，化肥则反之。

⑤进入秋季温室宜早扣膜，保持历经一个夏季土壤当中蓄积下来的热量；在温室的前底部设置防寒沟，减少横向热量传导损失；尽量浇用经过在温室内预热的水，不在阴天或夜间浇水。

2. 加温

加温措施主要有：①炉灶煤火加温；②锅炉水暖加温；③热风

炉加温；④地热线育苗加温。

一般大多采用炉灶煤火加温，近年来也有采用锅炉水暖加温或地热水暖加温的。也可采用热水或蒸汽转换成热风的采暖方式，热风炉加温简便易行，对提高棚室气温，降低棚室空气湿度，减轻病害等效果显著；对提早上市，提高产量和产值有明显效果。用液化石油气经燃烧炉的辐射加温方式，对大棚防御低温冻害也有显著效果；地热线育苗加温是确保冬季育苗成功的一项主要措施，地热线和控温仪连接，设定温度一般为25℃，低于这个温度控温仪自动连接，高于这个温度控温仪自动断开，安全、节能、高效，易于被群众接受。

3. 降温

温室内降温最简单的途径是通风，但在温度过高，依靠自然通风不能满足作物生育的要求时，必须进行人工降温。

（1）遮光降温法。遮光20%～30%时，室温相应可降低4～6℃。在与温室大棚屋顶部相距40cm左右处张挂遮光幕，对温室降温很有效。遮光幕的质地以温度辐射率越小越好。考虑塑料制品的耐候性，一般塑料遮阳网都做成黑色或墨绿色，也有的做成银灰色。温室内用的白色无纺布保温幕（透光率在70%左右），也能兼做遮光幕用，可降温2～3℃。

（2）屋面流水降温法。流水层可吸收投射到屋面的太阳辐射的8%左右，并能用水吸热来冷却屋面，室温可降低3～4℃。采用此方法时需考虑安装费和清除棚室表面的水垢污染的问题。水质硬的地区需对水质做软化处理再使用。

（3）喷雾降温法。使空气先经过水的蒸发冷却降温后再送入室内，达到降温的目的。

①细雾降温法：在室内高处喷以直径小于0.05mm的浮游性细雾，用强制通风气流使细雾蒸发达到全室降温，喷雾适当时室内可均匀降温。②屋顶喷雾法：在整个屋顶外面不断喷雾湿润，使屋面下冷却了的空气向下对流。

（4）强制通风。大型日光温室因其容积大，利用风机需强制通风降温。

（三）湿度

1. 土壤湿度的调控措施

土壤湿度的调控应当依据作物种类及生育期的需水量、体内水分状况以及土壤湿度状况而定。高畦栽培、膜下暗灌、实施肥水一体化技术，这样可以有效地阻止地面水分蒸发，降低温室内的空气湿度，防止病害发生；在冬季日光温室蔬菜浇水时，掌握"三不浇三浇三控"技术，即阴天不浇晴天浇，下午不浇上午浇，明水不浇暗水浇；苗期控制浇水，连阴天控制浇水，低温控制浇水；浇水时间最好选择晴天的上午进行，此时水温与地温比较接近，浇水后根系受到的刺激小，并且容易适应，同时地温恢复快，有足够的时间排出温室内湿气，若午后浇水，会使地温骤变，影响根系的生理机能；温室内冬季浇水，不宜大水漫灌。原因一是明显降低地温，严重阻碍根系对养分的吸收，影响其正常生长；二是更容易增加温室内的空气湿度，引发病害发生与流行；因此，浇水量一定要根据天气和植株生长情况而定。在浇水的当天，为尽快恢复地温，要封闭温室以提高室内温度，以气温促进地温。待地温上升后，及时通风排湿，使室内的空气湿度降到适宜的范围内，以利于植株的健壮生长。

2. 空气湿度的调控措施

（1）通风换气。设施内造成高湿原因是密闭所致。为了防止室温过高或湿度过大，在不加温的设施里进行通风，其降湿效果显著。一般采用自然通风，从调节风口大小、时间和位置，达到降低室内湿度的目的，但通风量不易掌握，而且室内降湿不均匀。在有条件时，可采用强制通风，可由风机功率和通风时间计算出通风量，而且便于控制。

（2）加温除湿是有效措施之一。湿度的控制既要考虑作物的

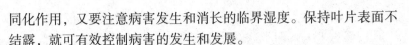

同化作用，又要注意病害发生和消长的临界湿度。保持叶片表面不结露，就可有效控制病害的发生和发展。

（3）覆盖地膜。覆盖地膜即可减少由于地表蒸发所导致的空气相对湿度升高。据试验，覆膜前夜间空气湿度高达95%～100%，而覆膜后，则下降到75%～80%。

（4）科学灌水。采用滴灌或地膜灌溉，根据作物需要来补充水分，同时灌水应在晴天的上午进行，或采取膜下灌溉等。

（5）加湿。大型温室在高温季节也会遇到高温、干燥、空气湿度过低的问题，就要采取加湿的措施。主要有：喷雾加湿、湿帘加湿等措施，在加湿的同时也可降温。

（6）病虫害防治。采用烟雾机喷雾或烟雾剂，在防病治病的同时不会增加棚室空气湿度，有利于提高防病治病的效果。

（7）行间覆草。冬季行间覆草可以减少棚内地面土壤水分蒸发，降低棚内空气湿度，有利于提高地温；夏季棚内覆草可以降低地温，有利于蔬菜根系的健壮生长，同时冬夏覆草均有利于增加土壤有机质。

（四）气体环境的调控措施

1. CO_2 浓度的调控

CO_2 施肥方法可分两种：

①采用秸秆反应堆技术可有效提高棚室 CO_2 气体浓度4～8倍，光合效率提高50%以上，水分利用率提高127%以上，肥料利用率提高60%以上；可使晚秋、冬季、早春20cm地温增加4～6℃，气温增加2～3℃；可使土壤有机质提高10倍以上，根条数增加136%，根系鲜度增加1.25倍；在以上四大效应的影响下，农产品上市期提前15～20天，收获期延长30～45天，综合投资成本下降60%，增效65%以上。结果证明，该技术是一项兼具经济效益、生态效益、社会效益的创新技术。

②施用成品 CO_2，可以是液态 CO_2（为酒精工业的副产品，经

压缩装在钢瓶内，可直接在设施内释放，容易控制用量，肥源较多）或固态 CO_2（即干冰，放在容器内，任其自身的扩散，可起到施肥的效果，但成本较高，适合于小面积试验用）。

③CO_2 施用时期和时间一般在早上揭帘后 $30 \sim 40min$ 以后，阴天适当推后，并且用量减半，雨雪天不施用。

2. 预防有害气体

（1）合理施肥。

①施用完全腐熟的有机肥；②不施用挥发性强的肥料（如碳酸氢铵、氨水）；③施肥要做到基肥为主，追肥为辅；④追肥要做到"少量多餐"，要穴施、深施；⑤施肥后要覆土、浇水，并进行通风换气。

（2）及时通风换气。每天应根据天气情况，及时通风换气，排出有害气体。

（3）选用优质农膜。选用厂家信誉好、质量优的农膜、地膜进行设施栽培。

（4）安全燃烧。加温炉体和烟道要设计合理，保密性好。应选用含硫量低的优质燃料进行加温。

（五）土壤环境的调控措施

1. 科学施肥

科学施肥是解决设施土壤盐渍化等问题的有效措施之一。科学施肥的要点有：①增施有机肥和生物有机肥，有机肥和化肥配合施用，提高土壤有机质的含量和保水保肥性能；②选用尿素、硝酸铵、磷铵、高效复合肥和颗粒状肥料，避免施用含硫、含氯的肥料；③基肥为主，追肥为辅，基肥和追肥相结合；④适当补充微量元素。

2. 实行必要的休耕

对于土壤盐渍化严重的设施，应当安排适当时间进行休耕，以改善土壤的理化性质。在农闲时节深翻土壤，使其风化，夏季高温时深翻暴晒土壤。

3. 灌水洗盐

一年中选择适宜的时间（最好是多雨季节），去除温室顶膜，使土壤接受雨水的淋洗，将土壤表面或表土层内的盐分冲洗掉。必要时，可在温室内灌水洗盐。

4. 更换土壤

对于土壤盐渍化严重，或土壤传染病害严重的情况下，可采用更换客土的方法。当然，这种方法需要花费大量劳力，一般是在不得已的情况下使用。

5. 严格轮作

轮作是一种科学的栽培制度，能够合理地利用土壤肥力，防治病、虫、杂草危害，改善土壤理化性质，使作物生长在良好的土壤环境中。如推广粮菜轮作，可有效控制病害（如青枯病、枯萎病）的发生；还可将深根性与浅根性及对养分要求差别较大的作物实行轮作，消耗氮肥较多的叶菜类可与消耗磷钾肥较多的根、茎菜类轮作，根菜类、茄果类、豆类、瓜类（除黄瓜）等深根性蔬菜与叶菜类、葱蒜类等浅根性蔬菜轮作。

6. 高温闷棚

日光温室设施蔬菜由于接茬紧凑、连年种植，所以生产上普遍存在土传病害和根结线虫及地下害虫发生量大，危害十分严重，不仅严重影响蔬菜的正常生长发育，而且已成为制约蔬菜产量和品质提高的重要因素。实践证明，抓住设施蔬菜换茬之机，即6~9月份高温季节，采用"高温闷棚"的方法，能有效地防止其连作障碍。"高温闷棚"不仅可以收到熟化土壤，增加有机质含量，改善土壤结构效果，尤其能杀灭各种土传病菌和虫卵（蛹），收到活化土壤，清洁棚室，一举多得的效果。其主要方法如下。

（1）高温闷棚的准备。

①清整棚室，清除残枝落叶。在上茬作物收获后，要及时清除病残体，铲除田间杂草，带出棚外集中深埋或烧毁。②施入发酵物，以利土温的提高。高温发酵物有玉米、小麦秸秆等，将其切碎

成 3 ~ 5cm 小段，均匀铺于棚内（可铺 5 ~ 10cm 厚）。每亩（667m²）还可撒施腐熟、晾干、碾碎过筛的鸡粪 3 000kg，石灰 200kg。均匀撒入以上发酵物，随即进行深耕（30cm）。③浇水覆膜，确保闷棚效果。深翻土壤后随即大水漫灌，水面要高出地面 3 ~ 5cm，待水渗入土壤后，再加用地膜平面覆盖并压实。

（2）高温闷棚的操作。

①密闭大棚，快速升温。要关好大棚风口，盖好大棚膜，防止雨水进入，以确保棚室迅速升温，使地表 10cm 温度达到 70℃以上，20cm 地温达到 45℃以上。②闷棚时间，宜长不宜短。闷棚时间可根据歇茬期长短确定，一般至少闷棚 20 ~ 30 天，愈长愈好，以达到杀死深根性土传病菌和地下害虫卵（蛹）的目的。③配合做好闷棚的善后工作，提高闷棚效果。闷棚结束后，要及时翻耕土壤，翻耕后一般要晾晒 10 ~ 15 天方可迎茬种植（播种或移栽）作物。

（3）高温闷棚的优点。

①能杀死大部分真菌、细菌和部分病毒；②能闷死大部分地下害虫；③能热死部分杂草；④施入的有机肥能得到很好的腐熟；⑤降低了成本。在不增加成本的基础上起到了很好的作用；⑥有利于土壤养分的分解；⑦还能提高地温，有利于培育壮苗；⑧不对土壤和蔬菜造成污染，是无公害蔬菜生产的基本措施之一。

7. 地菌消土壤消毒

地菌消化学名称为 36% 三氯异氰尿酸可湿性粉剂，它是一种快速杀灭土传病菌的消毒剂，消毒深度 20 ~ 40cm，调节土壤 pH 值，可以满足无公害蔬菜栽培土壤杀菌消毒的基本需求。

（1）喷雾杀菌消毒方法。杀灭土壤病菌时，土壤温度须在 5℃以上，将土地翻耕 20 ~ 40cm 深时，地菌消稀释成 1 000 倍液，用喷雾器均匀喷至翻耕处，喷后即可平整，再在平整的土壤表层喷雾一次，即可达到杀菌消毒的目的，用量 500 ~ 1 000g/亩，4h 后该土壤可使用，无须盖膜。

（2）拌土撒施杀菌消毒方法。翻耕土地 20～40cm 深时，将地菌消 500g 拌细土 10kg，戴皮手套或用小铲均匀直接撒入翻耕土壤层面，撒后即可平整土地、可达到杀菌消毒目的，用量为 500～1 000g/亩，4h 后该土壤可使用，无须盖膜。

（3）浇灌杀菌消毒方法。地菌消用足够清水稀释后，可采用喷灌、滴灌、微灌、直接浇灌的方式，可直接对土壤靶标目标实施杀菌消毒，本品用量 500～1 000g/亩。

（4）培养土病菌杀菌消毒时。培养土（基肥）施"地菌消"消毒剂 100g/m³，拌匀后用薄膜覆盖 1～2 天，揭膜后待药味挥发掉即可。

第三章 无公害蔬菜的概念、认证与管理

一、无公害蔬菜的概念

(一)无公害蔬菜的定义

无公害蔬菜产品是指使用安全的投入品，按照规定的技术规范生产，产地环境、产品质量符合国家强制性标准并使用特有标志的安全农产品。无公害农产品的定位是保障消费安全、满足公众需求。无公害农产品认证是政府行为，采取逐级行政推动，认证不收费。

根据《无公害农产品管理办法》（农业部、国家质检总局第12号令），无公害农产品由产地认定和产品认证两个环节组成。产地认定由省级农业行政主管部门组织实施，产品认证由农业部农产品质量安全中心组织实施。

(二)无公害蔬菜生产的产地环境要求

无公害蔬菜生产的产地环境要符合国标《农产品安全质量 无公害蔬菜产地环境要求》（GB/T 18407.1—2001）的要求，该标准对影响无公害蔬菜生产的水、空气、土壤等环境条件按照现行国家标准的有关要求，结合无公害蔬菜生产的实际做出了规定，为无公害蔬菜产地的选择提供了环境质量依据。

（三）无公害蔬菜的质量安全要求

无公害蔬菜的质量安全要符合国标《农产品安全质量 无公害蔬菜安全要求》（GB 18406.1—2001）的要求，本标准对无公害蔬菜中重金属、硝酸盐、亚硝酸盐和农药残留给出了限量要求和试验方法，这些限量要求和试验方法采用了现行的国家标准，同时也对各地开展农药残留监督管理而开发的农药残留量简易测定给出了方法原理，旨在推动农药残留简易测定法的探索与完善。

（四）无公害蔬菜、绿色蔬菜与有机蔬菜的区别

（1）无公害蔬菜是按照相应生产技术标准生产的、符合通用卫生标准并经有关部门认定的安全蔬菜。严格来讲，无公害是蔬菜的一种基本要求，普通蔬菜都应达到这一要求。

（2）绿色蔬菜是我国农业部门推广的认证蔬菜，分为 A 级和 AA 级两种。其中 A 级绿色蔬菜生产中允许限量使用化学合成生产资料，AA 级绿色蔬菜则较为严格地要求在生产过程中不使用化学合成的肥料、农药、兽药、饲料添加剂、食品添加剂和其他有害于环境和健康的物质。从本质上讲，绿色蔬菜是从普通蔬菜向有机蔬菜发展的一种过渡性产品。

（3）有机蔬菜是指以有机方式生产加工的、符合有关标准并通过专门认证机构认证的农副产品及其加工品。

二、无公害蔬菜的产地认定与产品认证

按照农业部农产品质量安全中心《无公害农产品产地认定与产品认证一体化推进工作流程规范》，无公害蔬菜产地认定与产品认证的工作流程进一步简化，目前的运行模式如下。

（1）将产地认定与产品认证申请书合二为一。将目前产地认定的"县级—地级—省级"和产品认证的"县级—地级—省级—

部直分中心—部中心"两个工作流程 8 个环节整合为"县级—地级—省级—部直分中心—部中心"一个工作流程 5 个环节。申请人提交一次申请书，即可完成产地认定和产品认证申请。

（2）将产地认定与产品认证申请材料合二为一。将目前产地认定和产品认证需要分别提交的两套申请材料共 20 个附件合并简化为一套申请材料 7 个附件，一套申报材料同时满足产地认定和产品认证两个方面的需要。

（3）将产地认定和产品认证审查工作合并进行。在整个产地认定和产品认证过程中需要技术审查与现场检查的，同步安排，技术审查和现场检查的结果在产地认定与产品认证审批发证时共享。

（4）改单一产品独立申报为多产品合并申报。同一产地、同一申请人可以通过一份申请书和一套申报材料一次完成多个产品认证的同时申报。

（5）放宽申请人资格条件。凡是具有一定组织能力和责任追溯能力的单位和个人，都可以作为无公害农产品产地认定和产品认证申报的主体，包括部分乡镇人民政府及其所属的各种产销联合体、协会等服务农民和拓展农产品市场的服务组织。

三、无公害农产品（蔬菜）的认证程序

凡符合无公害农产品认证条件的单位和个人，可以向所在地县级农产品质量安全工作机构（简称"工作机构"）提出无公害农产品产地认定和产品认证申请，并提交申请书及相关材料。

县级工作机构自收到申请之日起 10 个工作日内，负责完成对申请人申请材料的形式审查。符合要求的，报送地市级工作机构审查。

地市级工作机构自收到申请材料、县级工作机构推荐意见之日起 15 个工作日内（直辖市和计划单列市的地级工作合并到县级一并完成），对全套材料（申请材料和工作机构意见，下同）进行符合性审查。符合要求的，报送省级工作机构。

省级工作机构自收到申请材料及推荐、审查意见之日起20个工作日内，完成材料的初审工作，并组织或者委托地县两级有资质的检查员进行现场检查。通过初审的，报请省级农业行政主管部门颁发《无公害农产品产地认定证书》，同时将全套材料报送农业部农产品质量安全中心各专业分中心复审。

各专业分中心自收到申请材料及推荐、审查、初审意见之日起20个工作日内，完成认证申请的复审工作，必要时可实施现场核查。通过复审的，将全套材料报送农业部农产品质量安全中心审核处。

农业部农产品质量安全中心自收到申请材料及推荐、审查、初审、复审意见之日起20个工作日内，对全套材料进行形式审查，提出形式审查意见并组织无公害农产品认证专家进行终审。终审通过符合颁证条件的，由农业部农产品质量安全中心颁发《无公害农产品证书》。

四、无公害蔬菜产品的管理

根据《中华人民共和国农产品质量安全法》（2006年4月29日第十届全国人民代表大会常务委员会第二十一次会议通过）第一章第三条"县级以上人民政府农业行政主管部门负责农产品质量安全的监督管理工作；县级以上人民政府有关部门按照职责分工，负责农产品质量安全的有关工作"。我国县级以上农业行政主管部门负责蔬菜产品质量安全的监管，农业部及省、市、县均先后成立了农产品质量安全监管和农产品质量安全检测等部门，依鲜食蔬菜为代表的无公害蔬菜产地认定和产品认证、蔬菜产品的定期抽检等已成为各级农业行政主管部门监测蔬菜质量安全的一项日常工作，确保了我国蔬菜产品的质量安全。

《中华人民共和国农产品质量安全法》共八章五十六条，分别是：总则、农产品质量安全标准、农产品产地、农产品生产、农产品包装和标识、监督检查、法律责任和附则；《中华人民共和国农产品质量安全法》的实施，使我国农产品质量安全的监管走上了法制化轨道。

《无公害农产品管理办法》（中华人民共和国农业部、中华人民共和国国家质量监督检验检疫总局2002年第12号令）的制定是为加强对无公害农产品的管理，维护消费者权益，提高农产品质量，保护农业生态环境，促进农业可持续发展。

（一）农业部、国家质量监督检验检疫总局、国家认证认可监督管理委员会和国务院有关部门根据职责分工依法组织对无公害农产品的生产、销售和无公害农产品标志使用等活动进行监督管理。

（1）查阅或者要求生产者、销售者提供有关材料。

（2）对无公害农产品产地认定工作进行监督。

（3）对无公害农产品认证机构的认证工作进行监督。

（4）对无公害农产品的检测机构的检测工作进行检查。

（5）对使用无公害农产品标志的产品进行检查、检验和鉴定。

（6）必要时对无公害农产品经营场所进行检查。

（7）认证机构对获得认证的产品进行跟踪检查，受理有关的投诉、申诉工作。

（8）任何单位和个人不得伪造、冒用、转让、买卖无公害农产品产地认定证书、产品认证证书和标志。

（二）无公害蔬菜产品产地条件与生产管理

1. 无公害农产品产地条件

（1）产地环境符合无公害农产品产地环境的标准要求。

（2）区域范围明确。

（3）具备一定的生产规模。

2. 无公害农产品的生产管理条件

（1）生产过程符合无公害农产品生产技术的标准要求。

（2）有相应的专业技术和管理人员。

（3）有完善的质量控制措施，并有完整的生产和销售记录档案。

（4）从事无公害农产品生产的单位或者个人，应当严格按规定使用农业投入品。禁止使用国家禁用、淘汰的农业投入品。

（5）无公害农产品产地应当树立标示牌，标明范围、产品品种、责任人。

（三）无公害农产品的标志管理

（1）农业部和国家认证认可监督管理委员会制定并发布《无公害农产品标志管理办法》。

（2）无公害农产品标志应当在认证的品种、数量等范围内使用。

（3）获得无公害产品认证证书的单位或个人，可以在证书规定的产品、包装、标签、广告、说明书上使用无公害农产品标志。

第四章　蔬菜标准园创建

一、蔬菜标准园的概念

（一）蔬菜标准园的定义

蔬菜标准园创建，就是集成技术、集约项目、集中力量，在优势产区建设一批规模化种植、标准化生产、商品化处理、品牌化销售、产业化经营的生产基地，示范带动蔬菜产品质量提升和经济效益提高。

（二）蔬菜标准园创建的内涵

目的：通过建立高标准、高水平的样板，树立标杆，引领产业发展，推动产业提档升级。

目标："两提高"即提高质量和效益。

基本原则："四得"即农民看得见、学得会、用得上、得实惠。

主要内容："五化"即规模化种植、标准化生产、商品化处理、品牌化销售和产业化经营。

二、蔬菜标准园创建的"五化"内容

（一）规模化种植

在重点区域，选择集中连片的生产基地，开展标准园创建，推进蔬菜规模化种植，发展适度规模经营，露地蔬菜标准园集中连片1 000亩以上，设施蔬菜集中连片200亩（设施内面积）以上。

（二）标准化生产

推广防虫网、粘虫板、杀虫灯等生态栽培技术，减少农药用量；推进标准化生产，规范生产者生产行为，实现科学安全用药；建立投入品管理、生产档案、产品检测、基地准出、质量追溯等5项质量管理制度，构建产品质量安全管理长效机制。

（三）商品化处理

大力发展园艺产品清洗、分等分级、包装等采后商品化处理和贮运保鲜，长途运输要进行预冷处理。有条件的地区建立冷链系统，实行商品化处理、运输、销售全程冷藏保鲜。

（四）品牌化销售

搞好无公害、绿色、有机产品及GAP（良好农业规范）认证，加大园艺产品品牌建设。通过品牌扩大影响，开拓市场，标准园的产品做到100%品牌销售。

（五）产业化经营

标准园创建，以农民专业合作组织或龙头企业为载体，把一家一户的农民组织起来，实行"六统一管理"（统一品种、统一购药、统一标准、统一检测、统一标识、统一销售），重点抓好病虫害统防统治。

三、蔬菜标准园创建的技术规范

农业部办公厅印发农业部园艺作物标准园创建规范（农办农[2010] 61号文）。该规范，既是标准园创建工作的规范，也是统一验收的标准,包括园地、栽培管理、采后处理、产品、质量管理、其他工作等 6 个方面二十六条要求。

(一)园地要求

1. 环境条件

标准园的土壤、空气、灌溉水质量符合相关蔬菜产地环境条件行业标准;废旧农膜须全部回收。

2. 标准园规模

设施蔬菜标准园集中连片面积(设施内面积)200 亩以上;露地蔬菜标准园集中连片面积 1 000 亩以上。

3. 功能区布局(具备必要的设施设备)

统一规划、科学设计、合理布局。包括功能区划分与布局:农资供应与仓储体系、生产体系、技术服务体系、营销服务体系、信息网络系统;菜田基础设施布局,包括水电路;生产设施布局。

4. 菜田基础设施

园内水、电、路设施配套,确保涝能排、旱能灌、主干道硬化。

5. 温室与大棚

日光温室按照合理采光时段和异质复合蓄热保温体结构原理设计建造,严冬季节室内外最低温度之差达到 25℃ 以上。塑料大棚按照合理轴线方式设计建造,坚固耐用、性能优良、经济实用。

(二)栽培管理要求

1. 耕作制度

合理安排茬口,科学轮作,有效防治连作障碍。适宜蔬菜全面推行垄或高畦覆盖地膜栽培。

2. 品种选择

选用抗病、优质、高产、抗逆性强、商品性好,适合市场需求的品种,良种覆盖率达到 100%。

3. 育苗要求

利用专门的育苗设施，采用穴盘或泥炭营养块等集约化育苗方式，集中培育、统一供应优质适龄壮苗，标准园内需要育苗的蔬菜100%采用集约化育苗。

4. 设施覆盖材料

设施栽培全面应用防雾滴耐老化功能棚膜，通风口及门覆盖防虫网防虫，夏秋覆盖塑料薄膜避雨和遮阳网遮阴，冬春多层覆盖保温节能。

5. 水肥管理

全面应用滴（喷）灌、测土配方施肥技术。基肥施用适量充分腐熟的优质有机肥，禁止使用城市垃圾、污泥、工业废渣和未经无害化处理的有机肥。

6. 病虫防控

采用综合措施防控病虫害，露地蔬菜全面应用杀虫灯和性诱剂，设施蔬菜全面应用防虫网、黏虫色板及夏季高温闷棚消毒等生态栽培技术。科学安全用药，农药以高效低毒生物药剂为主，严格控制农药用量和采收安全间隔期，禁止使用高毒高残留及来源不明、成分含量标注不清的农药。实行病虫害专业化统防统治。

7. 采收上市

按照兼顾产量、品质、效益和保鲜期的原则，适时采收；严格执行农药、氮肥施用后采收安全间隔期，不合格的产品不得采收上市。

8. 田园清理

将残枝落叶等废弃物和杂草清理干净，集中进行无害化处理，保持田园清洁。

（三）采后处理要求

1. 设施设备

配置专门的整理、分级、包装等采后商品化处理场地及必要的设施，长途运输要有预冷处理设施。有条件的地区建立冷链系统，实行商品化处理、运输、销售全程冷藏保鲜。

2. 净菜整理

叶菜、根菜的修整净菜过程与采收同时进行。叶菜只采收符合商品质量标准要求的部分，根菜要清除须根、外叶等。整理留下的废弃物要集中进行无害化处理。

3. 分等分级

按照蔬菜等级标准，统一进行，分等分级，确保同等级蔬菜的质量、规格一致。

4. 包装与标识

产品须经统一包装、附加标识后方可销售。标识要按照规定标明产品的品名、产地、生产者、采收期、产品质量等级、产品执行标准编号等内容。包装材料不得对产品造成二次污染。

（四）产品要求

1. 安全质量

产品符合食品安全国家或行业标准。

2. 产品认证

通过无公害蔬菜产地认定和产品认证，有条件的积极争取通过绿色食品、有机食品和 GAP 认证及地理标志登记。

3. 产品品牌

产品须统一品牌，且有一定市场占有率和知名度。商标通过工商部门注册。

（五）质量管理要求

1. 农药管理制度

农药购买、存放、使用及包装容器回收处理，实行专人负责，建立进出库档案。

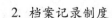

2. 档案记录制度

统一印发生产档案本，详细记载使用农业投入品的名称、来源、用法、用量和使用、停用的日期，病虫草害发生与防治情况，产品收获日期。档案记录保存二年以上。

3. 产品检测与准出制度

配备必要的农药残留检测仪器，对标准园蔬菜进行检测，凡不符合食品安全国家或行业标准的不得采收，检测不合格的产品一律不准销售，销售的产品要有准出证明。

4. 质量追溯制度

对标准园内生产者和产品实行统一编码管理，统一包装和标识，有条件的要实现产品质量信息自动化查询。

（六）其他要求

1. 明确实施主体

标准园创建的主体是农民专业合作组织或龙头企业。农民专业合作组织要按照《中华人民共和国农民专业合作社法》的要求注册登记，并规范运行。标准园要确定技术员和指导专家，负责技术指导和菜农培训等相关工作。

2. 树立创建标牌

按照农办农〔2009〕120号文要求的标牌大小、格式和内容，树立标牌，标明创建规模、目标、关键技术、技术负责人、工作责任人等。

3. 普及技术规程

标准园生产的每种蔬菜都要制定先进、实用、操作性强的生产技术规程；生产技术规程要印发到每个农户，张挂到标准园醒目位置及每个温室、大棚；标准园要切实按照生产技术规程进行农事作业。

4. 建立工作档案

创建方案、产品质量安全标准、技术规程、生产档案、产品安全质量检测报告、工作总结等文件资料要齐全、完整，并分类立卷归档。

四、蔬菜标准园创建的机制

（一）项目运行机制

包括项目组织实施单位是县级蔬菜生产业务主管部门，负责技术指导及培训等；项目承担单位是农民专业合作组织或企业，是项目实施的载体；项目收益者是农民，享受物化技术补贴，是项目实施的受体。

（二）创建标准园的经营机制

（1）提高组织化程度。要规模经营，成立菜农专业合作社，创建龙头企业。

（2）完善社会化服务机制。统一供应优质种苗与技术指导；统一防治病虫害；统一品牌价格销售。

（三）产品质量安全管理长效机制

重点建立和完善五项制度，形成园艺产品质量安全管理长效机制。

（1）建立投入品管理制度，确保不购买、不使用禁限用投入品，科学安全使用投入品。

（2）建立生产档案制度，确保产品质量全程可追溯。

（3）建立基地产品检测制度，确保安全期采收。

（4）建立基地准出制度，确保不合格的产品不采收、不出售，严把基地准出关。

（5）建立质量追溯制度，确保责任可追究。

第五章　设施蔬菜安全优质高效栽培新技术

一、水肥一体化技术

设施蔬菜水肥一体化技术是将灌溉与施肥融为一体的农业新技术。它是借助压力灌溉系统，将可溶性固体肥料或液体肥料配兑而成的肥液与灌溉水一起，均匀、准确地输送到作物根部土壤。采用灌溉施肥技术，可按照作物生长需求，进行全生育期需求设计，把水分和养分定量、定时、按比例直接提供给作物。

其技术要点为：

1. 水肥一体化灌溉制度的确定

根据设施蔬菜的需水量确定灌水定额。水肥一体化的灌溉定额应比大水漫灌减少40%~50%。灌溉定额确定后，依据作物的需水规律及土壤墒情确定灌水时期、次数和每次的灌水量。根据土壤水分和养分条件、设施蔬菜需水需肥特点，确定出设施蔬菜滴灌施肥条件下的经济灌溉水量和养分的合理用量、养分比例关系，制定出施肥配方，配制出专用滴灌肥，进行统一滴灌配方施肥。

2. 制定施肥方案

滴灌技术和传统施肥技术存在显著的差别。合理的水肥一体化施肥，应首先根据设施蔬菜的需肥规律、地块的肥力水平及目标产量确定总施肥量、氮磷钾比例及底、追肥的比例。根据大棚栽培时间，制定设施蔬菜滴灌施肥技术方案，施肥为基肥、追肥结合。撒施腐熟鸡粪为基肥，数量3 000~4 000kg。追肥施用专用滴灌肥，要根据作物生长状况和土壤状况确定滴灌量、间隔时间和施肥量。

3. 水肥一体化肥料的选择

水肥一体化技术追肥的肥料品种必须是可溶性肥料，纯度较高，杂质较少，溶于水后不会产生沉淀。首先将肥料溶解在桶中，灌水时肥料溶液随水注入到灌溉系统中，施在近根处。追施所用肥料为尿素、磷酸一铵、硫酸钾等。施肥时间控制在 40 ~ 60min。防止由于施肥速度过快或者过慢造成的施肥不均或者不足。一般在 16：00 以后，滴灌总用时间为 2.5 ~ 4h。加肥结束后，灌溉系统要继续运行 30min 以上，以清洗管道，防止滴管堵塞，并保证肥料全部施于土壤，并渗到要求深度，提高肥效。

4. 维护保养

每次施肥时应先滴清水，待压力稳定后再施肥，施肥完成后再滴清水清洗管道。施肥过程中，应定时监测灌水器流出的水溶液浓度，避免肥害。要定期检查、及时维修系统设备，防止漏水。及时清洗过滤器，定期对离心过滤器集沙罐进行排沙。作物生育期第一次灌溉前和最后一次灌溉后应用清水冲洗系统。冬季来临前应进行系统排水，防止结冰爆管，做好易损部件保护。

农业部已于 2013 年 3 月组织专家制定《水肥一体化技术指导意见》，水肥一体化技术将改变我们过去的施肥习惯，改过去的为土壤施肥变为作物施肥，改过去的浇地为给作物浇水，肥水一体化技术的推广应用，将推动节水、节肥、生态、环保、安全、优质、高效等现代农业的健康发展。

二、嫁接换根技术

蔬菜嫁接换根技术是利用茄科、葫芦科蔬菜砧木品种抗性，不仅能减少病虫害发生而且能提高作物抗逆能力和肥水利用率，增加产量和改善品质，是一项周期短、投资少、见效快的无公害栽培技术。

嫁接换根技术操作规程：根据瓜果类蔬菜生育特点及其砧木优

良特性，在众多嫁接方法基础上经过试验示范和探讨，最终筛选出了高效、快捷、简单易学、成活率高的3种嫁接方法。

1. 插接法

插接法又称顶接法，即在砧木顶部（生长点）把接穗插进去以达到嫁接目的。西瓜、黄瓜等作物用此方法嫁接成活率达95%以上。主要方法及技术要点：先用刀片削除砧木生长点，然后用竹签在砧木口斜戳深约1cm孔，取接穗在子叶以下削长约1cm楔形面插入砧木孔中即完成嫁接。嫁接时砧木苗以真叶出现时为宜，接穗苗以子叶充分展平为宜。为使砧木与接穗适期相遇，砧木应提前5~7天播种出苗后移入营养钵中，同时播种接穗7~10天即可嫁接。

2. 靠接法

适宜于黄瓜、西（甜）瓜等蔬菜，嫁接成活率为90%~95%。茄果类蔬菜也可采用此法，但成活率一般在80%~85%。主要方法及技术要点：砧木苗与接穗苗大小、茎粗要接近削掉砧木生长点，并在下胚轴靠近子叶1cm处用刀片向下斜削刀口长0.8~1.0cm深度达茎粗2/3，然后再取接穗苗在与子叶垂直方向用刀片自子叶节下2.5cm处，向上斜削一刀，刀口长0.8~1.0cm，深度达茎粗2/3，最后将2种苗按刀口方向插靠在一起，用专用嫁接夹夹好后定植到苗床内即可，接穗应比砧木提前播种7~10天。

3. 劈接法

最适应于茄子、番茄、辣椒等茄科类作物，嫁接成活率一般都在95%~98%。主要方法及技术要点：当砧木长到5~6片真叶时进行嫁接，嫁接位置在第2片真叶上位处先将砧木苗在第2片真叶上方切断，去掉顶端，用刀片从中间劈开，向下切入深1.0~1.5cm切口。然后将接穗苗拔下保留二叶一心，用刀片削成双面楔形，斜面长与砧木切口深相当，随即将接穗插入砧木切口中，对齐后用专用圆形嫁接夹固定即完成嫁接。砧木与接穗播种应根据品种特性确定，一般除托鲁巴姆要比接穗提前播种1个月以外，其他茄科类砧木比接穗提前播种7~10天即可。不论采用哪种方式，注意嫁接用具和苗子必须要洁净，动作要稳、准、快，嫁接后要及时遮阴防止萎蔫。

三、伴生栽培技术

随着设施蔬菜生产的不断发展，设施土壤连作障碍的问题日益严重，已成为设施蔬菜生产可持续发展的主要制约因素之一，因此，解决设施蔬菜连作障碍的问题迫在眉睫。间套混作、轮作以及植物源土壤修复剂的开发应用正是解决这一问题的有效途径和措施。伴生栽培也是有效减轻设施蔬菜栽培连作障碍的有效措施之一。伴生栽培就是利用植物相生相克的关系，在主栽作物一侧栽种经过特殊挑选具有某种相生相克的植物，一方面提高主栽作物的产量，另一方面可以预防病害。

（一）设施栽培番茄伴生葱蒜

番茄苗的大小为5~7片真叶时，定植番茄苗；同时在番茄苗搭架的外侧，在与番茄苗同穴距之3~8cm处，播种伴生葱蒜类作物，播种后覆土压实；田间管理以番茄为中心实施生产管理，伴生种植的葱蒜类作物任其自然生长，番茄生产中后期可根据实际情况将半生作物随时采收或清除。

（二）设施栽培黄瓜伴生小麦

黄瓜苗（3叶1心）定植，定植后10天左右（播种过早会影响主作作物生长）在搭架两垄黄瓜秧苗的外侧，距黄瓜秧苗5cm处点播20~30粒小麦种子（或开深5cm的沟，条播），黄瓜田间管理同常规生产，整个栽培期使小麦与黄瓜相伴生长，当小麦生长到30cm左右时留5cm茬割掉，以不影响主作作物生长为准。所割下小麦秧铺在垄间，自然腐烂，待再整地时翻入土壤，每半垄

（垄长 5.5 ~ 6m）的伴生小麦用量 25g。霜霉病、角斑病、枯萎病发病率降低 15% 以上，提高产量 10% 以上。

通过伴生栽培模式，可以改善土壤生态环境和小气候环境，控制病害的发生，提高蔬菜产量和品质。其他模式还有：豆角是主栽作物，在它边上 5cm 的地方，栽种毛葱效果也很好；万寿菊能散发一种杀除线虫的化学物质，因此，是番茄、青椒等易遭线虫攻击的蔬菜的良伴；大蒜的强烈气味使得害虫不敢靠近，特别是可用于蚜虫的防除等，伴生作物与主栽作物的根部应有一定的距离，这样才能取得预期的效果。

四、合理调茬技术

（1）根据蔬菜作物不同的需肥特点，安排不同种植的茬口。不同的蔬菜所需要的肥料种类是不同的，如白菜、菠菜等叶菜类蔬菜，需要氮肥较多；瓜类、番茄、辣椒等果菜类蔬菜，需要磷肥较多；马铃薯、山药等根茎类蔬菜需要钾肥较多。根据这些蔬菜作物的特点，把它们连作栽培，可以充分利用土壤中的各种养分，提高肥料的利用率。

（2）根据蔬菜作物不同的生长深度安排茬口。不同的蔬菜品种，根的深浅程度也不相同，对肥料的吸收空间不尽相同。因此，应根据不同蔬菜的根的深浅，合理地安排茬口。例如将深根性的茄、豆类蔬菜同浅根性的白菜、葱蒜类蔬菜进行轮作，土壤中不同层次的肥料都能够得到利用。

（3）利用不同蔬菜对病虫的不同抗性安排茬口。因蔬菜要求的环境有所不同，进行不同种类的蔬菜轮作，能够改变病虫的生活条件，达到减轻病虫害，不用或少用农药的目的。比如，粮菜轮作、水旱轮作，可以控制土传病害；种葱蒜类蔬菜之后再种大白菜，可以大大减轻大白菜软腐病的发生。

（4）根据各种蔬菜要求的酸碱性安排茬口。各种蔬菜对土壤碱度的要求是不同的，比如，包菜、马铃薯等种植后，能够减少土壤酸度，所以对土壤酸度敏感的洋葱，作为包菜、马铃薯后茬的轮作品种，可以达到增产的目的。

（5）根据各种蔬菜的种植年限安排茬口。如白菜、芹菜、花菜、葱、蒜等在没有严重发病的地块可以连作几茬，同时需要增施底肥。另外，从间隔时间来看，西瓜栽培的间隔时间是 2 ~ 3 年。马铃薯、山药、生姜、黄瓜、辣椒等是 1 ~ 2 年，番茄、芋头、茄子、香瓜和豌豆等是 3 ~ 4 年。

五、生物肥使用技术

无公害蔬菜生产中，微生物肥料具有增产、改善品质的功能，还有显著减少蔬菜体内硝酸盐、亚硝酸盐和重金属含量，提高化肥利用率以及培肥土壤等作用。要使微生物肥料在无公害蔬菜生产中真正发挥增产增效环保的作用，不仅要让菜农了解微生物肥料的特性和种类，还必须掌握以下技术要点。

（1）在有效期内选用质量有保证的产品根据其对改善作物营养元素的不同，可分成根瘤菌肥料、固氮菌肥料、磷细菌肥料、钾细菌肥料、复合微生物肥料等5类。在选用这些肥料时，一是要注意产品是否有严格的检测登记程序，是否有农业部颁发的生产许可证。二是最好选用当年生产的产品。因为微生物肥料有效期一般标明1~2年，但是产品中有效微生物数量是随保存时间、保存条件的变化逐步减少的。若数量过少起不到效果，特别是霉变或超过保存期的产品更不能选用。

（2）妥善贮存保证微生物在适宜范围内生长繁殖，要避免阳光直晒，防止紫外线杀死肥料中的微生物。贮存的环境温度以15 ~ 28℃为最佳。

（3）巧妙搭配有机肥等肥料。禁止与土壤杀菌剂混用。微生物肥料与有机肥混合沤制（但要严格控制高温），能起到增效作用。在蔬菜整个生育期内应避免使用土壤杀菌剂，防止降低微生物肥料肥效。在播种前做好种子处理，最好不用带种衣剂的种子播种。

（4）合理利用农业技术措施。改善土壤环境条件，微生物的活动和繁殖对土壤的温湿度、酸碱度和土壤通气状况要求较严格，同时还要求土壤中能源物质和营养供应充足，从而发挥肥效互补。因此，土壤要采取深耕翻措施，搞好中耕和排涝防旱工作，还要抓好秸秆还田、增施有机肥等措施，始终保持耕作层的碳源充足和疏松湿润的环境，从而发挥微生物肥料增产增效的作用。

（5）严格操作规程。因地制宜，采取恰当的施肥方法。各种微生物肥料在使用中所采用的拌种、基肥、追肥等方法，应严格按照使用说明书操作。如根瘤菌肥适宜于中性微碱性土壤，多用于拌种，每亩用量 15～25g，加适量水混匀后拌种。拌种时及拌种后要防止阳光直射，播后立即覆土。剩余种子放在 20～25℃阴凉处保存。若用农药拌种，可提前 2～3 周。固氮菌肥特别适合叶菜类，作基肥应与有机肥配施，施后立即覆土；作追肥用水调成稀泥浆状，施后覆土；作种肥加适量水混匀后与种子混拌，稍后即可播种。磷细菌肥拌种时随用随拌，拌种量为 1kg 种子加菌肥 0.5g 和 4g 水，不能与农药及生理酸性肥料一起施用。基肥每亩用 1.5～5kg，施后覆土；追肥宜在蔬菜开花前施用。钾细菌肥作基肥与有机肥混施，每亩用量 10～20kg，施后覆土；拌种时加适量水，制成悬浊液喷在种子上拌匀；蘸根时 1kg 菌肥加清水 5kg，蘸后立即栽植覆土，避免阳光直射。

（6）根据蔬菜种类正确施用。如茄果类、瓜菜类、甘蓝类等蔬菜，每亩可用微生物菌剂 2kg 与育苗床土混匀后播种育苗，也可每亩用微生物菌 2kg 与农家肥或化肥混合后作底肥或追肥；西瓜、番茄、辣椒等需育苗移栽的蔬菜，每亩施入复合微生物肥料 100kg，也可与有机肥、化肥配施，施用时避免与植株直接接触。芹菜、小白菜等叶菜类，可将复合微生物肥料与种子一起撒播，施后及时浇水。

微生物肥料只是一种辅助增产肥料，不可替代化肥和有机肥，无公害蔬菜生产的施肥还应以有机肥为主。生物有机肥的推广应用于2014年被农业部列为预防设施蔬菜连作障碍的主要配套技术之一。

六、秸秆生物反应堆使用技术

所谓秸秆生物反应堆技术，就是采用生物技术，将秸秆转化为作物所需要的二氧化碳、热量、生防效应、矿物元素、有机质等，进而获得高产、优质、无公害农产品的效果。使用该项技术，可加快农业生产要素的有效转化，使农业资源多层次充分再利用，减少农作物秸秆资源废弃和焚烧，从而改善生态环境，达到农业生态进入良性循环。

（一）秸秆生物反应堆技术效能

生物反应堆对作物生长产生四大效应。

（1）二氧化碳效应。可使浓度提高4~8倍，光合效率提高50%以上，水分利用率提高127%以上，肥料利用率提高60%以上。

（2）热量效应。可使晚秋、冬季、早春20cm地温增加4~6℃，气温增加2~3℃。

（3）生物防治效应。可减少发病率80%~96%。

（4）有机改良土壤效应。可使土壤有机质提高10倍以上，根条数增加136%，根系鲜度增加1.25倍。

在以上四大效应的影响下，农产品上市期提前15~20天，收获期延长30~45天，综合投资成本下降60%，增效65%以上。结果证明，该技术是一项兼具经济效益、生态效益、社会效益的创新技术。

（二）秸秆生物反应堆技术应用对作物生长影响

在反应堆产生的高浓度 CO_2 条件下，农作物在生理生态、形态结构及化学组成等方面发生了一系列的显著变化：根茎比增大，日增长量加快，生育期提前，主茎变粗，节间缩短，叶片面积增大，叶片变厚，叶色加深，开花结果增加，千粒重显著增高，果实明显增大，个体差异缩小，整齐度提高，果皮着色加深，含糖量升高，口感变甜，抗病虫害能力增强。若用于花卉，可使花卉的花朵增大，花期延长，花色更鲜艳，观赏价值更高。

（三）秸秆生物反应堆操作规程

1. 开沟

在大棚内横向开沟，沟宽 60cm，深 40cm，沟与沟的中心距离为 120cm。

2. 铺秆

在开好的沟内铺满秸秆（干秸秆），厚度约为 40cm，将秸秆在沟的两端各出槽 10～15cm，以便于灌水。每亩大棚所用秸秆量约为 4 000kg。

3. 撒菌

秸秆铺好后，应按照秸秆总量干基的 0.2％ 的用量撒入专用微生物菌剂，同时按照 0.3％～0.5％ 的用量撒入尿素（或者用9％～15％的农家肥代替），以加速秸秆的腐解并培养出定向微生物。

4. 覆土

在铺好的秸秆上面覆盖种植土 15～20cm。

5. 覆膜

减少水分蒸发，覆土后，应覆膜。

6. 灌水

完成上述工作后，应顺大棚内地势较高的一方将水灌入槽内，灌水程度应达到秸秆吸水饱和为止，上层所覆盖的土有水洇湿。

7. 打孔

在进入发酵后的第 4 天，顺生物发酵沟方向以 30cm 一行，20cm 一个，用 12 号钢筋打孔，打孔时应穿透秸秆。

操作过程中应注意"一露、三足、三避免"。

一露：内置发酵沟两端秸秆要露出茬头。

三足：①秸秆用量要足；②菌种用量要足；③第一次浇水要足。

三避免：①避免开沟过深；②避免覆土太厚；③避免打孔太晚。

（四）秸秆生物反应堆技术应用的效益

秸秆生物反应堆技术在蔬菜日光温室及塑料大棚等设施栽培上应用，经济效益明显；1 亩蔬菜大棚可增产 15% ~45%，节约农药化肥投入 30% 以上，净收益平均增长 80% 以上。同时可使产品提前成熟上市 10 ~ 15 天；改善作物生长环境，由于 CO_2 供应充足，气温、地温提高，有益微生物大量繁殖，及秸秆腐熟后产生大量的有机、无机养分，使作物生长健壮，抗病抗逆性能力增强，土壤得到快速改良，优质高产，蔬菜外观和口味极大改善。使用秸秆生物反应堆技术的投入产出比可达 1：13，而每亩大棚投资年折旧成本 750 元，可增加收益 9 500 元左右，可消化秸秆约 5 000kg，具有良好的经济、社会和生态效益。

七、静电喷雾器使用技术

（一）工作原理

静电喷雾器应用静电技术，在喷头与喷洒作物局部区域建立起静电场，药液经喷头雾化后形成群体荷电雾滴，在静电场力作用下，微细雾滴被强力吸附到作物叶片正面、反面和隐蔽部位，药液雾滴在目标上，沉积效率高、散布均匀，飘移散失少。

（二）主要特点

1. 药效高

该喷雾器喷出的雾滴带有静电，雾滴细而吸附力强，微风情况下药液基本都被吸附到目标上，不但使叶片正面，而且在叶片反面和植株隐蔽部位均能受药，因此杀虫、消毒效果好，药效高。

2. 省农药

由于雾化程度高，吸附力强，无需反复喷洒，用药量少，同时，药液被叶片吸附后不易被雨水冲刷掉或蒸发，可延长药效期，减少喷药次数，因此可节省农药 50% ~ 70% 。

3. 省人工

由于药效高，作物单位面积施药量减少，因此，工作效率大为提高，针对各种不同作物，可喷洒 3 ~ 10 亩/h。

4. 节能源

由于用药、用水量减少，因此配套的动力小，消耗的能源大为减少，本产品更采用新型锂电池，一次耗电仅 0.8kW·h，可作业 8h。

5. 环保好

由于静电场力的吸附作用，药液雾滴绝大部分被吸附作物上，在空气中飘逸散失少，药液也不会流淌到地面，因此对大气、大地和水源污染极少，环保效果好。

6. 机器轻

整机净重 2.9kg，操作轻便省力，可大大减轻劳动强度。

（三）应用范围

（1）水稻、小麦、小麦（中、前期）和棉花等农作物病虫害防治。

（2）蔬菜、茶树、低矮果树和其他经济作物等病虫害防治。

（3）植物生长激素、药肥等喷洒。

（4）家禽、家畜等养殖场的防疫消毒。

（5）医院、宾馆、公园和其他室内外公共场所等防疫消毒。

（四）静电喷雾器注意事项

1. 使用前的注意事项

（1）给蓄电池充电时不要用湿手等危险方式来操作充电，避免触电。

（2）首先将充电器的连接头与喷雾器连接好，然后再将充电器的插头与电源插座连接好，确保使用的电源电压为稳定电压220V，如果电压波动变化大，将有可能损坏充电器。

（3）前三次使用充电时间要在12h左右，以后使用充电时间保持在5~7h，不宜时间过长，如果充电时间过长，电池发热，会减少电池的活性液，会降低电池的容量，影响电池的使用时间。

2. 试喷检测

（1）检查各连接部位是否有漏药现象，如果存在跑、冒、滴、漏现象，请连接校正或更换密封垫，防止药液伤害身体或给作物造成药害。

（2）检查喷雾是否均匀、连续，如果药泵压力不稳定，可能会出现间断喷雾或者出药不细，呈水柱状，这时可能是滤网、管道、喷头等被杂质堵塞住，或者是由于电池电量不足。

3. 使用时的注意事项

（1）不能喷洒非水溶性的粉剂和浓度太高的药剂，因为容易堵塞单向阀和单向阀座之间的配合面，导致机器的压力下降或者堵塞出水口；

（2）按到"－"处于静电喷雾状态，按到"O"处于普通喷雾状态。当处于静电喷雾状态时不需要对喷淋农作物上下部反复喷洒。相对湿度较大的环境，会影响静电效果，不宜进行静电喷雾，此时须改为普通喷雾；

（3）当处于静电喷雾状态时要保持桶身外壁干燥，严禁触摸喷头和药液，接地线保持接地，关机后将喷头和地面接触一下以消除残余静电。往桶内添加农药时，要关闭静电。

4. 使用后的注意事项

（1）施药完毕后要将没有喷洒完毕的药液倒入专门的容器，然后向机器药箱内加入一部分清水，让机器自动运转 1～2min，这样可以自动清洗一下管道和泵体，避免机器受药液的腐蚀，以便以后长久正常的使用。

（2）清洗完机器后，一定要关闭机器的红色电源开关，将药箱内的液体倒置安全的地方，避免水源的污染。

（3）喷洒人员一定要进行自身的清洗，避免药液对自身的伤害或者由于饮食将有害物带入体内。

八、烟雾机使用技术

烟雾机也称烟雾打药机，喷药机，属于便携式农业机械。烟雾机分触发式烟雾机、热力烟雾机、脉冲式烟雾机、燃气烟雾机，燃油烟雾机/背负式烟雾机等。广泛用于森林、苗圃、果园、茶园的病虫害防治，棉花、小麦、水稻、玉米等大田作物及大面积草场的病虫害防治，城市、郊区的园林花木、蔬菜园地和料大棚中植物的病虫害防治。

（一）烟雾机主要特点

（1）烟雾机产生的雾粒直径很小，众所周知，农药雾粒小，防治效果好。多种实验证明，烟雾穿透性可谓无孔不入，能把茂密树冠乃至树皮缝隙内的害虫杀死。

（2）烟雾粒径小，雾粒数也就多。实验证明，单位面积上的雾粒数量越多则防治效果越好。车载烟雾机大量雾粒在空间弥漫，分布均匀，大大增加了与病菌和害虫接触的机会，有利提高防治效果。在室（棚）内防治时这一优势极为显著。

（二）烟雾机使用技术

（1）打药要选择上午 7 时以前，下午 5 时以后无风或微风时进行（有露水无碍）。用药量：本经验是按苹果树的耐药程度配比的，其他作物要根据它们的耐药程度作适当的增减。第一次用药量和虫灾严重时的用药量不要低于传统的每亩地的药量，400～500倍量。热力烟雾机第二遍及以后打药，用量不要超过传统药泵打药用药量 70%（280～350 倍量），晚上大气压较低时、老弱作物、葡萄地、洼地、通风不畅、作物生长速度较快的、大棚果菜类和耐药教差作物的地块用烟雾机打药时应减小施药量，一般用传统药量的 1/4～1/3 的药量。液体药加水后与扩散剂的比例是：3kg：0.75kg，可喷洒 1～1.2 亩，可根据作物的高矮和密度适当调节烟雾剂的用量。要根据药液混配时是否会起化学反映和药液的含量合理配药，以避免不必要的损失和伤害。

（2）粉剂药在喷药前，应二次稀释，以防不溶化的颗粒喷到植物上造成药害。背负式烟雾机若药物中粉剂过多应适当多加水稀释，以防药液过稠影响喷药效果［粉剂药：水：扩散剂的比例（0.6～0.8）：（8～9）：（1.5～2）］。过稠易堵塞喷管造成喷不出药或喷出大滴药物造成药害。

（3）喷药时要均匀，覆盖作物要全面。药雾在空间盘旋 5～10min 即可达到最佳效果。

（4）喷药时喷口要远离作物（80～100cm），以防损害作物。正确的喷洒方法是把药雾喷向树干和树冠之间，车载烟雾使药雾遇到地面阻力后，向上升腾达到树叶的背面普遍粘着上药物，烟雾到达树头上方 1～2m 后，再向下飘落，使树头和树叶的正面同时落上药物，药物高矮与行走的速度成反比，达到最佳杀虫灭菌的效果。

（5）选药时要避免使用遇热力变质的农药。特殊药物在喷施前要做试喷无碍后再使用。

九、防虫网使用技术

（一）防虫的原理

防虫网是一种形似窗纱的新型农用覆盖材料，以物理阻隔的方式防虫保菜，常用规格有20、24、32、40、50、60目等，有白色、黑色、银灰色等不同颜色。覆盖防虫网是害虫综合防治的重要措施。

（二）效果与特点

1. 防虫效果好

防虫网可以控制甚至杜绝蚜虫、跳甲、菜青虫、小菜蛾、斑潜蝇、甜菜夜蛾、斜纹夜蛾等害虫发生和为害，管理得当防效可达95%以上。

2. 解决病毒病防控难题

防虫网通过阻隔蚜虫、烟粉虱等媒介昆虫，控制番茄黄化曲叶病毒病等蔬菜病害的传播，效果显著。

3. 功能多样

除防虫外，还具有遮阳降温、覆盖增温、减轻暴雨狂风冲击、防飞鸟为害、防止释放的天敌昆虫和授粉蜂逃逸等作用。

4. 应用方式多

常用模式包括大棚整体覆盖，日光温室、大棚对通风口等部位局部覆盖，网膜结合覆盖，全封闭式覆盖形成防虫网室，小拱棚覆盖防虫网进行叶菜生产和蔬菜育苗等。

5. 效益显著

防虫网一般可使用4~5年，覆盖后用药大幅减少，省工省力增产，利于生产有机、绿色和无公害蔬菜，售价提高，综合效益显著。

（三）使用要点

1. 全程、全面覆盖

蔬菜播种前盖网，直至收获，设施栽培通风口全覆盖，露地栽培全封闭覆盖，不留空隙。

2. 选择适宜的规格

针对防治目标确定防虫网目数，20～32 目较常用，可阻隔菜青虫、斜纹夜蛾等鳞翅目成虫，防烟粉虱、斑潜蝇等小型害虫应选用 40～60 目防虫网，还应考虑蔬菜生长需求，如喜光蔬菜宜选用目数少的防虫网；合理选择颜色，需加强遮光可选深色的防虫网，驱避蚜虫可选银灰色防虫网。

3. 清洁环境

盖网前清洁棚室，去除病叶杂草，采用喷药、高温闷棚等方式，消灭土壤中的害虫、虫卵和病菌。

4. 加强配套管理

夏季使用防虫网应栽培耐热耐湿品种，配合滴灌控制湿度，高温时喷水降温；网脚压紧，防止强风掀开，进出棚室随手关门，以防昆虫飞入，经常检查虫网有无破洞，及时修补，确保无害虫侵入，并与粘虫色板等措施配合使用。

十、遮阳网使用技术

遮阳网是一种新型农用覆盖材料，其种类按颜色分有黑色、白色、银灰色、绿色、蓝色、黄色等 7 种。按生产的幅宽分有 90cm、140cm、150cm、160cm、1 200cm 五种，国外在 20 多年前就开始试验应用，并得到迅速发展，我国从 1983 年试产，近年在蔬菜生产上推广速度很快。

（一）遮阳网覆盖效果的技术要点

（1）根据不同栽培季节选用适宜种类的遮阳网。一般而言，喜弱光的蔬菜、生产期短的蔬菜、夏秋蔬菜的幼苗期宜选用黑色遮阳网；而喜中强光的蔬菜或生长期较长的蔬菜选择白色遮阳网，就不同栽培季节而言，夏季遮光降温宜选择黑色遮阳网，冬季防冻宜选择白色遮阳网。

（2）根据不同的生育进程选择合适的覆盖方式。夏秋季降温栽培，播种至出苗前进行浮面覆盖，出苗后的幼苗期应改用小工棚覆盖，定植大田后宜采用平棚覆盖；果菜类蔬菜的中后期延后栽培，既可采取浮面覆盖，又可采取搭平棚覆盖。

（3）根据不同颜色遮阳网的透光率差异，合理利用混合覆盖的交叉效应。采取大中棚覆盖时，棚顶宜覆盖黑色遮阳网，两侧可覆盖白色遮阳网，这样在上午和下午可利用两侧的白色网保证透光率；而在中午前后可利用棚顶黑色网减少直射强光透光率，提高降温效果。

（4）根据生长环境的变化，相应调整水肥管理措施。遮阳网覆盖后，因土壤蒸发量减少，相对露地栽培而言，浇水量与供水方式有所改变。一般应采取勤浇少浇的原则，且供水总量适当减少。

（二）遮阳网覆盖的几点注意事项

（1）播种至出苗前进行畦面覆盖，不揭网，但在出苗后应及时于傍晚揭网。移苗定植后至活棵也可进行浮面覆盖，但应进行日盖夜揭管理。

（2）出苗及定植成活后进行棚架覆盖。

（3）早春瓜茄豆类蔬菜定植后可进行防霜覆盖，在小工棚或大棚内的小工棚上均可覆盖，如果在薄膜小工棚上在盖上遮阳网，防霜效果更好，但应进行日揭夜盖管理。

（4）夏季覆盖要根据气候和蔬菜品种、生长情况，及时上网、揭网。如遇阴雨天要揭网，晴天早晚也可以揭网，30℃以上温度一般从上午9时盖网，下午4时揭网。

第六章　集约育苗技术

一、集约育苗的概念

在我国蔬菜和经济作物的种植，一直采用育苗移栽的种植方式。传统的育苗方式，用工多、劳动强度大，主要依靠人工作业，其中所涉及的各个环节，如从土壤筛选、运输、制钵成型到钵上播种、施肥、浇水到钵苗的搬运以及分苗等，几乎全部由手工完成，劳动强度大、费工费时、效率低下。为此，必须对传统的育苗方式进行改革，实施集约育苗是提高我国蔬菜和经济作物产量的必然选择。

（一）集约育苗的定义

所谓集约育苗是指在人工控制的环境条件下，充分利用自然资源，采用科学化、标准化的技术措施，运用机械自动化的手段，使幼苗集中生产，达到快速、优质、高效成批量而又稳定成苗的一种现代工厂化育苗方式。

工厂化育苗是随着现代农业的发展，农业规模化经营、专业化生产、机械化和自动化程度不断提高而出现的一项先进农业技术，是现代化农业的重要组成部分。工厂化育苗技术与传统的育苗方式相比，具有用种量减少，育苗周期短，土地利用率高；采用有机营养基质，使用安全，减少土传病害，避免破坏土壤生态，适于机械化操作，省工省力，实现规模生产，可人为控制环境，不受外界条件干扰，病虫害轻，苗壮且成功率高。工厂化育苗在当前的蔬菜生产中具有十分广泛的前景，也是今后蔬菜育苗的发展方向。

（二）蔬菜工厂化育苗的特点及前景

1. 蔬菜工厂化育苗的特点

蔬菜工厂化育苗是蔬菜育苗技术发展到目前的最高层次，其特点有以下几个方面。

（1）育苗设施现代化，设备智能化。实现蔬菜育苗工厂化，必须拥有先进的育苗设施、设备。应用这些现代化的设施、智能化的设备为蔬菜育苗创造良好的生态环境，保证种苗的质量，不断提高蔬菜生产效率，以获得更大的生产、经济效益，推动农业现代科学技术的应用。

（2）生产技术标准化，工艺流程化。育苗工厂化的重要特征之一是技术标准化，不实行标准化生产，就不可能生产出符合产品规格的蔬菜种苗。要实现标准化生产，一方面要制定出科学的指标，另一方面还要有保证实现指标的工艺流程及相应的条件。不过，各技术环节指标的确定，整个育苗技术体系的建立，以及育苗生产流程的选择，都必须是建立在对各种主要蔬菜种苗生长发育规律及生理生态研究的基础之上。

（3）生产管理的科学化。工厂化育苗的效果要求具有标准化技术实施的设施与设备，否则，再好的生产工艺流程只能是一纸空文；相反，设施与设备的先进性必须符合实现工厂化育苗技术的指标。设施、设备和生产工艺流程有着密切的联系，共同影响着种苗生产，这就需要科学的管理，才能获得最佳的育苗效果。

2. 蔬菜工厂化育苗的前景

在蔬菜生产中，有 60% 以上的蔬菜种类都需要育苗，人们对育苗设施的改进和技术的提高都非常重视。从 20 世纪 70 年代末，以电热控温技术为中心的电热温床育苗开始，各地开始对传统育苗技术进行了一系列的改革，主要内容为：催芽室的应用、电热温床的应用、合理配制营养土、无土育苗、用大中棚代替小棚育苗、改善光照条件、适当缩短育苗期、多层覆盖等。改革后的育苗技术形成了一套新的育苗程序，采用这些新的育苗方法，建立并应用了初步科学化、标准化的技术规范。

20世纪80年代末，北京、上海等地先后引进一些蔬菜工厂化育苗的设施设备，国内的一些院校及科研单位在消化吸收引进技术和推广应用方面做了大量的工作，在利用简易设施进行育苗方面，也积累了丰富的经验，取得较大的社会和经济效益。

进入20世纪90年代后，随着农业种植结构的改革和调整，蔬菜的种植面积越来越大，特别是蔬菜保护地生产发展更快，日光温室、塑料大棚等犹如雨后春笋。但是由于生产技术水平的差异，不少地方出现了"育苗难"或"育不出好苗"的现象，以至于影响蔬菜的生产。因此，有不少生产者热切希望能获得高质量的种苗。

农业生产在很大程度上受规模效应的影响，蔬菜的种类、品种一旦能形成应有的规模，则将有利于生产技术的提高，推动商品化生产和产业化进程；对于这一点，人们已逐渐认识到。近年，很多地方已形成专业化、集约化、规模化生产的蔬菜基地，蔬菜商品化生产基地的迅速扩大和发展，就需要有高效、高质量、高水平的工厂化育苗基地产生。蔬菜商品化生产已使蔬菜产业体系中的很多部门如种子的采后处理、加工、贮藏和运输等得到很大的发展，同样也使蔬菜工厂化育苗成为一个重要的产业。

工厂化育苗最主要的育苗方式是采用基质穴盘育苗。我国于1985年从美国引进该项技术，最近几年在设施、基质、穴盘、苗期管理以及种苗质量标准等研究方面取得突破性进展，核心技术逐步国产化，推广应用步伐加快。蔬菜基质穴盘育苗与营养泥炭块育苗相比，具有节省育苗设施、便于远距离运输的优点，有利于实现规模化、专业化、商品化生产，代表着蔬菜育苗发展的方向。

二、夏秋穴盘育苗技术

夏秋季节气温高，光照强烈，暴雨、干旱频发，对播种育苗十分不利；穴盘育苗对技术要求较高，此时期进行穴盘育苗如果管理不善，易导致出苗率低，死苗率高，苗子弱，甚至使整个育苗失败。为此，夏秋穴盘育苗要掌握好种子处理，穴盘、基质准备，以及苗床降温保湿等关键环节，才能培育出壮苗。

（一）播前育苗棚的消毒

在播种前的 7～10 天清除棚内、棚外杂草，通风口及进出口处扣上防虫网，并用硫磺粉对育苗棚进行消毒灭菌。每亩用硫磺粉 1kg 加锯末混匀，拌匀后在晚上分放在育苗棚的各个点，点燃后密闭育苗棚熏蒸一夜，第二天早上打开风口，排除育苗棚内的有害气体。

（二）穴盘选择与基质的配制

一般情况下，穴盘的孔径越大越有利于培育壮苗，越小越容易造成苗子后期因密度过大而导致徒长。但是，由于大的穴盘会使同样面积、相同成本条件的育苗数量减少，导致经济效益过低。生产中要综合考虑分析，结合作物实际生产操作进行选择。夏秋季节苗龄较短，如瓜类蔬菜可选择 50 孔，茄果类蔬菜可选择 72 孔穴盘。

育苗基质要求具有良好的物理性状和持久的肥力。常用育苗基质常采用草炭、蛭石、珍珠岩，这些既可单独使用也可复合使用，一般采用复合基质；以有机无机复合基质效果较优，要求基质要有利于根系缠绕，便于起坨。基质的配比如下：草炭：蛭石：珍珠岩 =3：1：1 混匀，每 1m³ 基质加入绿亨 2 号或 100g 多菌灵进行消毒，以防苗期病害，同时每 1m³ 基质加入 15：15：15 的氮磷钾三元素复合肥 1kg。混配后的基质要求 pH 值为 6.0～6.5，EC 0.5mS/cm，基质偏酸偏碱可分别用石灰粉和硫酸亚铁进行调节，1.5kg 石灰粉可调高每 1m³ 基质 pH 值 0.5～1.0 单位；0.9kg 硫酸亚铁可调低每 1m³ 基质 pH 值 0.5～1.0 单位。基质的含水量对苗期的养护管理和苗的整齐度影响很大，对水的适宜度，以用手抓起一把基质，用力捏成团，如果有水从指缝间渗出而不下滴，说明基质的含水量适宜，反之会过干或过湿。

（三）播种

高质量的种子可以直接播种，穴盘育苗对种子的质量要求较高，由于一穴一粒，如果种子的发芽率不好，不仅浪费穴盘和种子，而且生产出的种苗整齐度差，质量不好，所以播前要检查发芽率，用高质量的种子进行直播。播种时基质装盘要松紧适宜，太松则浇水后基质下陷，太紧则影响秧苗生长。播种种子的深度，根据品种的不同，掌握在 1～1.5cm，播后用基质覆盖，然后浇水，放入苗床，进行保温、保湿以利出苗。

一般种子温烫浸种催芽后播种，就是把种子放入 50～55℃ 的温水中迅速搅拌，使水温下降至 30℃ 左右，再进行浸泡，浸泡后用湿布包好，置于催芽箱内。温度控制在 25～30℃，催芽 1～5 天，种子露白尖即可播种，播种方法同直播相同。

（四）播种后的管理

温湿度是夏秋季穴盘育苗的关键，要时刻关注穴盘内基质的温度、湿度，以防穴盘内基质温度过高烧坏种子。当穴盘出苗率达到 50% 以上时，及时去掉遮阴物，同时加大苗床的通风量，防止幼苗徒长。

温度过高时要进行覆盖降温，覆盖以利用大棚骨架，或搭建高度为 1m 的平架，通过遮阳网，或草苫进行遮阴降温。夏秋育苗既要防止大雨冲刷，又要防止高温干旱危害。育苗期处于高温季节，基质蒸发量大，浇水要勤，根据品种、苗情、天气情况，每天浇水 1～2 次。容易旺长的品种浇水以清晨为主，下午或傍晚避免浇水。蔬菜幼苗必须有充足的光照，本来夏秋季光照充足，但采用遮阳网等设施进行遮阴，易造成光照不足，引发徒长。因此，遮阳网应在晴天上午 10 点至下午 4 点覆盖，其余时间揭开，阴天全天都不要覆盖，使幼苗有充足适宜的光照。

在真叶刚发出时，应尽快进行分苗、拼苗，将空的穴盘格子补齐，同时检查每穴中的苗子，多于 1 株的进行间苗。

（五）病虫害的防治

夏季育苗易受害虫危害，一旦发生，要及时防治。苗期易得猝倒病、叶霉病、立枯病等，病害发生时可用 75% 的百菌清可湿性粉剂 800 倍液或 72.2% 的普力克 800～1 000 倍加农用链霉素 3 000 倍液喷雾防治。害虫主要有潜叶蝇、蓟马、白粉虱、蚜虫等，可采用悬挂粘虫板，在风口处覆防虫网等措施进行防治；一旦虫害发生要及时喷药，可用 1.8% 的阿维菌素乳液 6 000～8 000 倍液喷雾防治。

三、冬春穴盘育苗技术

冬春季节温度较低，光照较弱，因而，在育苗品种选择时首先要选耐弱光、低温、抗病虫害的蔬菜品种，其次在育苗技术环节上要采取综合精细的管理方法。

（一）品种选择

选用优质丰产、耐低温、弱光、适应性广、商品性好、抗病虫的保护地栽培品种。

（二）穴盘选择与基质的配制

1. 穴盘

一般情况下，穴盘的孔径越大越有利于培育壮苗，越小越容易造成苗子后期因密度过大而导致徒长。但是由于孔径大的穴盘会使同样面积、相同成本条件的育苗数量减少，导致经济效益过低。生产中要综合考虑分析，结合作物实际生产操作进行选择；冬春季节苗龄较长，如瓜类蔬菜可选 32 孔或 50 孔，茄果类蔬菜选择 50 孔。

2. 基质

基质的配制参照夏秋穴盘育苗基质的配制。

3. 催芽播种

催芽播种参照夏秋穴盘育苗的催芽播种。

4. 适时播种

根据不同蔬菜苗龄及计划定植时间进行适时播种，苗龄不易过长和过短，苗龄过短易使植株定植后，生长势弱。苗龄过长易造成老化苗，抵抗力差，易染病。一般冬春穴盘蔬菜育苗的适宜苗龄为：黄瓜 30～35 天，番茄 55～60 天，辣椒 60～65 天，西葫芦 30～35 天，茄子 70～75 天。

5. 加温保暖

冬春茬育苗主要解决夜间地温低的问题。采用地热线加热，提高基质温度，将一盘功率为 1 000W 的地热线，铺成一个长 6m、宽 1.6m 的苗床内，将地热线两端与一台控温仪连接好，然后在铺好地热线的畦面上铺上一层 3cm 左右的细沙，以利于导热均匀，把播种后的穴盘摆在上面。一般白天不使用地热线加温，出苗前，夜间将控温仪温度调至 20～25℃，出苗后夜间地温可调至 15℃。

6. 苗期管理

在冬春较寒冷的季节育苗，温度管理是培育壮苗的关键，出苗前基质温度控制在 28～30℃，出苗后白天温度控制在 25～28℃，夜间 15～18℃。出苗后还要控制水分，防止徒长，如遇干旱可用 10～20℃ 的温水喷洒幼苗；之后随着苗子的生长逐渐增加大需水量，苗期一般不追肥，可喷叶面肥 1～2 次。出苗后尤其在 1 叶 1 心期，如遇低温连阴天气，应开通白炽灯或日光灯进行补光，强度 4 000lx，从 17 时开始，直至午夜。定植前一星期，应逐渐降低温度，进行低温炼苗。

7. 病虫害防治

首先是立枯病和猝倒病的防治，出苗后可用 72.2% 的普力克

800～1 000倍液加农用链霉素3 000倍液喷雾防治；若发现病株要及时清除并深埋地下，同时要及时撒100倍70%甲霜灵锰锌药土。其次是防治虫害，蚜虫和白粉虱，叶面喷施1 000倍吡虫啉或1 500倍扑虱灵，连喷2次，可达到彻底根除的目的。

8. 冬春穴盘育苗常见问题及防治措施

（1）沤根苗。由苗床湿度大、温度低所致。防治措施：①采用地热线育苗，使苗床温度白天保持在20～25℃，夜间保持在15℃；②控制浇水；③一旦发生沤根，要及时通风排湿。

（2）徒长苗。由出苗后弱光、高温、高湿所致。防治措施：①严格控制温度和浇水量；②尽量增加光照，即使在阴天也要适当揭苫，使秧苗多见光；③叶面喷施0.2%～0.3%磷酸二氢钾溶液，促使秧苗健壮。

（3）冻害苗。由苗床温度过低所致。防治措施：①改进育苗手段，采用人工控温育苗，如穴盘下铺地热线，育苗棚内悬挂空气加热线提高温度；②在寒流来临前加强夜间保温措施，如加厚草苫、覆盖纸被、加盖小拱棚等，并尽量保持干燥，防止雨雪淋湿；③对冻害苗喷施营养液，营养液配方为：禾欣液肥30mL，加白糖250g、赤霉素1g、生根粉0.3g，对水15kg。

（4）萎蔫苗。由连续阴雨雪天气突然转晴后全部揭苫所致。防治措施：①遇连续阴天突然转晴后，要使幼苗逐渐见光，切勿立即全部揭开盖物，应分批揭除，逐渐增加光照；②揭苫后不久如有幼苗萎蔫，要立即盖苫，待幼苗恢复正常后再揭苫，如基质过干可适当喷水。

四、集约育苗的营销技术

蔬菜种苗作为一种商品，在地区间流通也是常有的事，长期以来，由于我国蔬菜商品苗生产不太发达，蔬菜种苗产销体制基本上是"就地生产，就地供应"。随着蔬菜种苗商品化生产的发展，特别是蔬菜育苗产业的发展，以及交通条件的改善，育苗中心或企业的规模化、集约化生产，异地运输销售也随之兴起。

（一）异地育苗运输销售

异地育苗运输销售的意义主要表现在以下几个方面。

（1）可以利用纬度差、海拔高度差或地区间小气候差进行育苗。这样可以节约育苗能耗、提高种苗质量，降低育苗成本，我国冬季南北方之间温差很大，南方可以用简易保护地育苗时，北方可能还要在加温温室育苗，利用这种差异发展异地育苗运输是可行而有效益的。相反，也可在夏季气候比较温和的地区或海拔较高的山区为夏季炎热的平原地区提供夏秋季、秋延迟栽培种苗；这种异地育苗可以明显提高种苗质量，减轻苗期病害的发生。

（2）可以利用地区的资源及技术优势培育成本较低、品质较好的蔬菜种苗。蔬菜育苗的集约化、机械化程度越高，对设施及技术要求也越严格；一般在新发展的菜区，如远郊或技术比较落后的地区，要建设水平较高、育苗设施完善的育苗基地或中心是比较难的，而在资源优势及技术优势较强的地区，发展蔬菜育苗业运输至上述地区，会对当地蔬菜发展起到一定的推动作用。

（3）有利于形成较为完善的蔬菜产业技术体系，推动蔬菜商品性生产的发展。蔬菜产业技术体系的形成是促进集约育苗产业发展的重要条件之一，就一个地区来看，在较短的十年间，建立起完善的蔬菜产业技术体系，仍难度较大。如果利用地区间资源的差异和市场范围，建立较大范围内的产业体系结构，就有可能加快产业体系建设的进程，促进蔬菜育苗业的发展，取得较大的经济和社会效益。

近些年来，随着我国蔬菜商品性生产的发展，各地先后建立起一些蔬菜育苗中心，生产批量的商品苗进行销售，其中有的也运往外地栽植，但运输距离较短，除少数育苗中心在育苗前签订购苗合同或外销协议，不少还是临时性的，缺乏长期的计划。但是，由于异地育苗的优越性及可能获得较高的效益，随着各地蔬菜育苗中心的发展及技术的提高，特别是交通及运输条件的改善，异地育苗运输销售，包括远距离的长途运输也在逐渐兴起。

（二）蔬菜商品苗运输销售

蔬菜商品苗与其他商品的运输销售一样，要根据用户签订的合同，按时运到用户所在地，又因蔬菜商品苗是活的幼嫩个体，运输条件、方法与技术等都会对运输过程中的种苗产生一定的影响。所以运输、销售商品苗必须做好以下两方面的工作。

（1）做好运输前的准备工作。①做好运输计划，其中包括运输数量、种类及方法，并通知用户方作好定植的准备。②注意天气预报，确定具体起程日期，通知育苗场户，做好运输前的防护准备，特别在冬春季节从南向北运苗，应做好种苗防寒防冻准备。

（2）采用合适的包装容器及运输工具。种苗运输用的包装箱有许多种，有专为运输种苗特制的包装箱，但一般都是用纸箱、木箱、塑料箱等包装：作为一个长年进行种苗生产的育苗公司，必须制作本公司较适用的包装箱。包装箱质量和运输距离可以不同，距离较近的，可用简易的纸箱或木箱，以降低成本。远距离运输的，应考虑箱的容量，能多层摆放的应充分利用空间，且容器应有一定的强度，能经受一定压力和运输过程中的颠簸。从快速、安全、保质的角度看，运输工具以恒温、保温的汽车为好，具有调温、调湿装置的汽车更为理想，由育苗基地运送至异地的过程中无须多次搬动，以免种苗受损，种苗重量不大，但装箱后体积不小，为节约运输费用，可采用大容量的运输汽车，以降低运输成本。对于价格较高的种苗或运输成本合算的情况下，也可采用飞机空运。

第七章 生物防治新技术

一、生物防治的基本概念与原则

生物防治是指运用有益生物、生物提取物以及仿生产品对有害生物进行防控的技术手段。生物防治必须遵循坚持以农业防治为基础，栽培健康作物；保护和利用农田生态系统的生物多样性为方向，确保有益生物繁衍空间；科学合理应用生物防治手段的指导原则。

二、生物防治的基本模式

1. 利用天敌防控有害生物

最为常见的是在虫害的防控上，其基本作用机制有扑食性和寄生性两大类。

2. 利用寄生生物防控有害生物

这主要指利用真菌、细菌、病毒感染寄生有害生物进行防控。

3. 利用生物提取物质防控有害生物

通常可利用一些植物提取物防控有害生物，其作用机制有直接杀灭有害生物、干扰和抑制有害生物正常生长发育、驱避有害生物等几大类型。

4. 人工合成仿生产品防控有害生物

这项技术近年来取得了较为丰硕的成果，诞生了众多的防控效果较为显著的仿生产品，其作用机制几乎涵盖了过去农药的所有方式，如胃毒、触杀、驱避、拒食、诱导、抑制、绝育、寄生等。

三、生物防治蔬菜病害新技术

1. 以病毒对抗防控病毒病

蔬菜生产上常用弱病毒株系微创接种大田植株防控病毒病，如用 M52 弱毒株系防控番茄花叶病、黄瓜花叶病。其作用机制是利用病毒寄生的排他性，以致病性较弱的病毒优先寄生在健康植株，以达到阻止强制性病毒入侵的目的。

2. 以细菌对抗细菌性病害

蔬菜生产上常用多黏类芽孢杆菌防治辣椒、番茄、茄子青枯病，不仅能杀灭和抑制病原菌，还能诱导蔬菜植株产生抗病性。

3. 以细菌对抗多种真菌性病害

生产上常用枯草芽孢杆菌、地衣芽孢杆菌、蜡质芽孢杆菌，防治茄科、瓜类、豆类作物的根腐病、枯萎病和生姜姜瘟病，不仅能杀灭和抑制病原菌，还能诱导植物产生抗病性。

4. 以真菌对抗多种真菌病害

生产上应用最为广泛的是木腐菌和寡雄腐霉菌，常用来防控蔬菜灰霉病、晚疫病、枯萎病、根腐病、炭疽病、立枯病、黑茎病等，利用盾壳霉菌（*Coniothyrum minitans*）的专一寄生性防控十字花科蔬菜和莴苣菌核病。

5. 以天然植物源提取物防控病害

蔬菜生产上常用 1% 蛇床子素防控蔬菜作物白粉病、锈病、灰霉病；利用苦参碱防控瓜类病毒病、霜霉病；大蒜素（401）防控窖藏期红薯黑斑病；用木酢液防治灰霉病。

6. 人工合成或萃取抗菌素防控病害

生产上常用农用链霉素、菜丰宁 B1（丰宁）、新植霉素等防控蔬菜细菌性软腐病、黑腐病、角斑病；用农抗 120 防治蔬菜白粉病、瓜类炭疽病、瓜类枯萎病、番茄叶霉病等；用武夷菌素（B0—10）防治黄瓜白粉病、番茄叶霉病、番茄灰霉病，韭菜灰霉病等；用多氧霉素（Poiyoxin）防控蔬菜白粉病、赤星病、黄瓜靶斑病；用1%申嗪霉素防控茄果类蔬菜疫病、瓜类枯萎病、用宁南霉素防治病毒病、白粉病；用春雷霉素、华光霉素防治枯萎病。

7. 利用作物免疫诱抗剂提高作物抗性

目前生产上应用最多的是寡糖植物免疫诱抗剂与蛋白植物免疫诱抗剂，如葡聚糖、壳寡糖制剂海岛素、几丁质、壳聚糖、激活蛋白质剂等。其作用机制是诱导作物产生抗病免疫性，激发作物自身的抗病基因表达，并能促进作物生长，提高作物产量和品质。

四、生物防治蔬菜虫害新技术

1. 以扑食性天敌防控害虫

采用保护天敌生存环境或人工饲养害虫天敌并释放天敌的方式控制虫口基数，如利用七星瓢虫、龟纹瓢虫、草蛉、小花蝽、食蚜瘿蚊、扑食性小姬蜂、丽蚜小蜂等蚜虫天敌控制蚜虫危害；利用扑食螨防控蔬菜蓟马、叶螨、红蜘蛛等；利用赤眼蜂防治小菜蛾、菜青虫、棉铃虫、烟青虫、菜螟等；利用丽蚜小蜂防控日光温室蔬菜白粉虱、烟粉虱等。

2. 以寄生性天敌防控害虫

采用保护天敌生存环境或人工饲养害虫天敌并释放天敌的方式控制虫口基数，如利用小姬蜂、蚜茧蜂、寄生性食蝇等防控蚜虫、鳞翅目的多种害虫。

3. 以微生物防控害虫

生产上应用最为广泛的要数 Bt 乳剂（苏云金杆菌），常用于防控多种鳞翅目害虫，如小菜蛾、菜青虫、棉铃虫、烟青虫、斜纹夜蛾等；用白僵菌、绿僵菌乳粉剂防控鳞翅目的多种害虫，如小菜蛾、菜青虫、棉铃虫、烟青虫、斜纹夜蛾等；利用昆虫病毒类杀虫剂防控害虫，如用核型多角体病毒和颗粒体病毒等杆状病毒防控甘蓝夜蛾、斜纹夜蛾、甜菜夜蛾、小菜蛾等。

4. 以昆虫信息素诱杀、诱捕害虫

性诱剂、趋食剂两大类应用较为广泛，如多种鳞翅目昆虫性诱剂，其作用机制是利用昆虫的特异趋偶性引诱同类前来，以达到集中扑杀目的，或诱导害虫远离作物而避免其危害，以及引诱其取食带有不育药物的蔬菜，使害虫丧失繁育能力。由于该类产品具有专一性，在使用该类产品时要针对不同种类的害虫选择相对应的性诱剂。

5. 以仿生产品防控害虫

保幼激素、蜕皮激素、昆虫毒素三大类应用较为广泛，其作用机理是干扰昆虫正常生长发育。保幼激素主要抑制昆虫几丁质的正常形成，使其不能正常蜕皮或昆虫变态不完全，形成半幼虫半蛹中间型，或是形成半蛹半成虫中间型；二蜕皮激素则是刺激昆虫大量异常形成几丁质，使其反复异常蜕皮，过早蜕皮，使之不能发育成熟影响卵子发育、胚胎发生和阻滞发育，导致发育异常而死亡；如用抑太保（定虫隆）、农梦特、除虫脲、灭幼脲、卡思克（氟虫脲）等防控鳞翅目、双翅目、螨类等多种害虫；昆虫毒素中最早得到应用的是沙蚕毒素，如巴丹曾被广泛用于防控鳞翅目、鞘翅目、半翅目双翅目等多种害虫。

6. 以天然植物源提取物防控害虫

天然植物源提取物防控害虫最早以除虫菊为代表，产生了大量的菊酯类和拟菊酯农化产品，并被广泛用于多种害虫的防控中；生物碱类紧跟其后，如苦参碱、烟碱（阿克泰）、毒扁豆碱、黄连碱、辣椒碱、藜芦碱等用于防控鳞翅目、半翅目、双翅目等多种害虫；萜烯类被广泛开发利用，如苦皮藤素、印楝素、川楝素、蛇床子素、辣椒素、夹竹桃素、闹羊花素、黄杜鹃花素等被广泛用于防控鳞翅目、鞘翅目、半翅目、双翅目、螨类等多种害虫；黄酮类突破传统应用领域，如鱼藤酮（鱼藤精）、雷公藤、小毒兰、胡桃醌等用于防控鳞翅目、半翅目、双翅目等害虫；这些天然植物源提取物在生物防控害虫中的大量广泛应用，有力地促进了无公害蔬菜生产的健康发展。

第八章　黄瓜栽培技术

黄瓜原产于印度的喜马拉雅山脉南麓热带雨林带地区。最初的黄瓜为野生，瓜带黑刺，味剧苦不能食用。经过长期的栽培、驯化，苦味变轻，开始食用。此后，黄瓜便传播到世界各地，并且通过自然选择。人工选择和引变，形成很多变种或生态型。再经过各地不断淘汰和改良，发展成为现在的多种栽培品种。

根据我国历史记载，在公元前2世纪汉武帝时，张骞出使西域，从印度带回黄瓜种子，经新疆传到北方，经驯化形成华北系统的黄瓜。

黄瓜是我国北方蔬菜当中主要的一种，也是保护地栽培当中最主要的一种。目前，我国塑料温室和大棚栽培的黄瓜都各占其总面积的70%以上。由于露地、大棚和温室黄瓜的生产，使新鲜黄瓜达到周年供应。

一、黄瓜栽培的生物学基础

（一）形态特征

1. 根

黄瓜的根由主根、侧根、须根、不定根组成。黄瓜属浅根系，通常主根向地伸长，可延伸到1m深的土层中，但主要集中在30cm的土层。主根上分生的侧根向四周水平伸展，伸展宽度可达2m左右，但主要集中于半径30~40cm，深度为6~10cm，黄瓜的上胚轴培土之后可分生不定根。

黄瓜根系好气性较强，抗旱力、吸肥力都比较弱，故在栽培中要求定植要浅，土壤要求肥沃疏松，并保持土壤湿润，干旱时注意灌水。黄瓜根系的形成层（维管束鞘）易老化，且发生早而快。所以幼苗期不宜过长，10 天的苗龄，不带土也可成活，30~50 天的苗龄带土坨、纸袋不伤根，也能成活，如根系老化后或断根，很难生出新根。所以在育苗时，苗龄不宜过长。定植时，要防止根系老化和断根，保全根系。

2. 茎

茎蔓生，中空，4 棱或 5 棱，生有刚毛。5~6 节后开始伸长，不能直立生长。第 3 片真叶展开后，每一叶腋均产生卷须。茎的长度取决于类型、品种和栽培条件。早熟的春黄瓜类型茎较短，一般茎长 1.5~3m；中、晚熟的半夏黄瓜和秋黄瓜类型茎较长，可长达 5m 以上。茎的粗细、颜色深浅和刚毛强度是植株长势强弱和产量高低的标志之一。茎蔓细弱、刚毛不发达，很难获得高产；茎蔓过分粗壮，属于营养过旺，会影响生育。一般茎粗 0.6~1.2cm，节间长 5~9cm 为宜。

3. 叶

黄瓜的叶分为子叶和真叶。子叶贮藏和制造的养分是秧苗早期主要营养来源。子叶大小、形状、颜色与环境条件有直接关系。在发芽期可以用子叶来诊断苗床的温、光、水、气、肥等条件是否适宜。真叶为单叶互生，呈 5 角形，长有刺毛，叶缘有缺刻，叶面积较大。黄瓜之所以不抗旱，不仅因为根浅，而且也与叶面积大、蒸腾系数高有密切关系。就一片叶而言，未展开时呼吸作用旺盛，光合成酶的活性弱。从叶片展开起净同化率逐渐增加，展开约 10 天后发展到叶面积最大的壮龄叶，净同化率最高，呼吸作用最低。壮龄叶是光合作用的中心叶，应格外用心加以保护。叶片达到壮龄以后净同化率逐渐减少，直到光合作用制造的养分不够呼吸消耗，及时摘除，以减轻壮龄叶的负担。叶的形状、大小、厚薄、颜色、缺刻深浅、刺毛强度和叶柄长短，因品种和环境条件的差异而不同。

生产上可以用叶的形态表现来诊断植株所处的环境条件是否适宜，以指导生产。

4. 花

黄瓜基本上是雌雄同株异花，偶尔也出现两性花。黄瓜为虫媒花，依靠昆虫传粉受精，品种间自然杂交率高达53%～76%。因此在留种时，不同品种之间应自然隔离4～5km。花萼绿色有刺毛，花冠为黄色，花萼与花冠均为钟状、5裂。雌花为合生雌蕊，在子房下位，一般有3个心室，也有4～5个心室，侧膜胎座，花柱短，柱头3裂。黄瓜花着生于叶腋，一般雄花比雌花出现早。雌花着身节位的高低，即出现早晚，是鉴别熟性的一个重要标志。不同品种有差异，与外界条件也有密切关系。

5. 果实与种子

黄瓜的果实为假果，是子房下陷于花托之中，由子房与花托合并形成的。果面平滑或有棱、瘤、刺。果形为筒形至长棒状。黄瓜的食用产品器官是嫩瓜，通常开花后8～18天达到商品成熟，时间长短由环境条件决定。黄瓜可以不经过授粉受精而结果，称为单性结实，但授粉能提高结实率和促进果实发育。所以，在阴雨季节和保护地栽培时，人工授粉可以提高产量。

黄瓜种子为长椭圆形、扁平、黄白色。一般每个果实有种子100～300粒，种子千粒重16～42g。种子寿命2～5年。生产上采用1～2年的种子。

黄瓜新、陈种子的鉴别方法：新的黄瓜种子表皮有光泽。乳白色或白色，种仁含油分、有香味，尖端的毛刺（即种子与胎座连接处）较尖，将手插入种子袋内，抽出手时手上往往挂有种子。陈旧黄瓜种子，表皮无光泽。常有黄斑，顶端的毛刺钝而脆，用手插入种子袋再抽出手时种子往往不挂在手上；播种前最好先做种子发芽试验，以此定种子的质量。

（二）生长发育周期

黄瓜的生长发育周期大致可分为发芽期、幼苗期、初花期和结果期四个时期。

1. 发芽期

由种子萌动到第一真叶出现为发芽期，为5～10天。在正常温度条件下，浸种后24h胚根开始伸出1mm，48h后可伸长1.5cm，播种后3～5天可出土。发芽期生育特点是主根下扎。下胚轴伸长和子叶展平。生长所需养分完全靠种子本身贮藏的养分供给，为自养阶段。所以，生长要选用成熟充分、饱满的种子，以保证发芽期生长旺盛。子叶拱土前应给以较高的温湿度，促进早出苗、快出苗、出全苗；子叶出土后要适当降低温湿度，防止徒长。此期末是分苗的最佳时期，为了护根和提高成活率，应抓紧时间分苗。

2. 幼苗期

从真叶出现到4～5片真叶为幼苗期，为20～30天。幼苗期黄瓜的生育特点是幼苗叶的形成，主根的伸长和侧根的发生，以及苗顶端各器官的分化形成。由于本期以扩大叶面积和促进花芽分化为重点，所以首先要促进根系的发育。黄瓜幼苗期已孕育分化了根、茎、叶、花等器官，为整个生长期的发展，尤其是产品产量的形成及产品品质的提高打下了组织结构的基础。所以，生产上创造适宜的条件，培育适龄壮苗是栽培技术的重要环节和早熟丰产的关键。在温度和肥水管理方面应本着"促"、"控"相结合的原则来进行，以适应此期黄瓜营养生长和生殖生长同时并进的需要。此阶段中后期是定植的适期。

3. 初花期

由真叶5～6片到根瓜坐住为初花期，15～25天，一般株高1.2m左右，已有12～13片叶。黄瓜初花期发育特点主要是茎叶形成，其次是花芽继续分化，花数不断增加，根系进一步发展。初花期以茎叶的营养生长为主，并由营养生长向生殖生长过渡。栽培上的原则是，既要促使根的活力增强，又要扩大叶面积，确保花芽的数量和质量，并使瓜坐稳。避免徒长和化瓜。

4. 结果期

从根瓜坐住到拉秧为结果期。结果期的长短因栽培形式和环境条件的不同而异。露地夏秋黄瓜只有 40 天左右；日光温室冬春茬黄瓜长达 120 ~ 150 天；高寒地区能达 180 天。黄瓜结果期生育特点是连续不断地开花结果，根系与主、侧蔓继续生长。结果期的长短是产量高低的关键所在，因而应千方百计地延长结果期。结果期的长短受诸多因素的影响，品种的熟性是一个影响因素，但主要取决于环境条件和栽培技术措施。管理温度的高低；肥料的充足与否；不利天气到来的早晚和多少；特别是病害发生与否都对黄瓜结果期的长短起着决定作用。结果期由于不断地结果，不断地采收，物质消耗很大，所以生产上一定要及时供给足够肥水。

（三）对环境条件的要求

1. 温度

黄瓜是典型的喜温植物，生育适温为 10 ~ 32℃。白天适温较高，为 25 ~ 32℃，夜间适温较低，为 15 ~ 18℃。光合作用适温为 25 ~ 32℃。黄瓜所处的环境不同生育适温也不同。据有关资料介绍，光照强度在 1 万 ~ 5.5 万 lx 范围内，每增加 3 000lx，生育适温提高 1℃。另外，空气湿度和 CO_2 浓度高的条件下生育适温也会提高。所以生产上要根据不同环境条件采用不同温度管理指标。光照弱应采用低温管理。增施 CO_2 应采用高温管理。由播种到果实成熟需要的积温为 800 ~ 1 000℃。一般情况下，温度达到 32℃ 以上则黄瓜呼吸量增加，而净同化率下降；35℃ 左右同化产量与呼吸消耗处于平衡状态；35℃ 以上呼吸作用消耗高于光合产量；40℃ 以上光合作用急剧衰退，代谢机能受阻；45℃ 下 3h 叶色变淡，雄花落蕾或不能开花，花粉发芽力低下，导致畸形果发生；50℃ 下 1h 呼吸完全停止。在棚室栽培条件下，由于有机肥施用量大，CO_2 浓度高，湿度大，黄瓜耐热能力有所提高。黄瓜制造养分的适温为25～32℃。黄瓜正常生长发育的最低温度是10～12℃。在10℃以下时，光合作用、呼吸作用、光合产物的运转及受精等生理活动都会受到影响，甚至停止。

黄瓜植株组织柔嫩，一般 -2～0℃为冻死温度。但是黄瓜对低温的适应能力常因降温缓急和低温锻炼程度而大不相同。未经低温锻炼的植株，5～10℃就会遭受寒害，2～3℃就会冻死；经过低温锻炼的植株，不但能忍耐3℃的低温，甚至遇到短时期的0℃低温也不致冻死。

黄瓜对地温要求较严格，最低发芽温度为12.7℃，最适发芽温度为28～32℃，35℃以上发芽率显著降低。黄瓜根的伸长温度最低为8℃，最适宜为32℃，最高为38℃；黄瓜根毛的发生最低温度为12～14℃，最高为38℃。生育期间黄瓜的最适宜地温为20～25℃，最低为15℃左右。

黄瓜生育期间要求一定的昼夜温差。因为黄瓜白天进行光合作用，夜间呼吸消耗，白天温度高有利于光合作用，夜间温度低可减少呼吸消耗，适宜的昼夜温差能使黄瓜最大限度地积累营养物质。一般白天25～30℃，夜间13～15℃，昼夜温差10～15℃较适宜。黄瓜植株同化物质的运输在夜温16～20℃时较快，15℃以下停滞。但在10～20℃范围内，温度越低，呼吸消耗越少。所以，昼温和夜温固定不变是不合理的。在生产上实行变温管理时，生育前期和阴天，宜掌握下限温度管理指标，生育后期和晴天，宜掌握上限管理指标。这样既有利于促进黄瓜的光合作用，抑制呼吸消耗，又能延长产量高峰期和采收期，从而实现优质高产高效益。

2. 光照

黄瓜对日照长短的要求因生态环境不同而有差异。一般华南型品种对短日照较为敏感，而华北型品种对日照的长短要求不严格，已成为日照中性植物，但8～11h的短日照能促进性器官的分化和形成。黄瓜的光饱和点为5.5万lx。光补偿点为1 500lx。黄瓜在果菜类中属于比较耐弱光的蔬菜，所以，在保护地生产，只要满足了温度条件，冬季仍可进行。但是，冬季日照时间短，光照弱，黄瓜生育比较缓慢，产量低。炎热夏季光照过强，对生育也是不利的。在生产上夏季设置遮阳网，冬春季覆盖无滴膜和张挂反光幕，都是为了调节光照，促进黄瓜生长发育。

黄瓜的同化量有明显的日差异。每日清晨至中午较高，占全日同化总量的 60%～70%，下午较低，只占全日同化总量的 30%～40%。因此在日光温室生长黄瓜时应适当早揭苫。

3. 湿度

黄瓜根系浅，叶面积大，对空气湿度和土壤水分要求较严格。黄瓜的适宜土壤湿度为土壤持水量的 60%～90%，苗期 60%～70%，成株 80%～90%。黄瓜的适宜空气相对湿度为 60%～90%。理想的空气湿度应该是：苗期低，成株高；夜间低，白天高。低到 60%～70%，高到 80%～90%。

黄瓜喜湿怕旱又怕涝，所以，必须经常浇水才能保证黄瓜正常结果和取得高产。但一次浇水过多又会造成土壤板结和积水，影响土壤的透气性，反而不利于植株的生长。特别是早春、深秋和隆冬季节，土壤温度低、湿度大时极易发生寒根、沤根和猝倒病。故在黄瓜生产上浇水是一项技术要求较严格的管理措施。

黄瓜对空气相对湿度的适应能力较强，可以忍受 95%～100% 的空气相对湿度。但是空气相对湿度大很容易发生病害，造成减产。所以棚室生产阴雨天以及刚浇水后，空气湿度大，应注意放风排湿。在生产上采用膜下暗灌等措施使土壤水分较充足，湿度较适宜，此时即使空气相对湿度低，黄瓜也能正常生育，且很少发生病害。

黄瓜在不同生育阶段对水分的要求不同。幼苗期水分不宜过多，水多容易发生徒长，但也不宜过分控制，否则易形成老化苗。初花期对水分要控制，防止地上部徒长，促进根系发育，为结果期打好基础。结果期营养生长和生殖生长同步进行，叶面积逐渐扩大，叶片数不断增加，果实发育快，对水分要求多，必须供给充足的水分才能获得高产。

4. 土壤

栽培黄瓜宜选富含有机质的肥沃土壤。这种土壤能平衡黄瓜根系喜湿而不耐涝、喜肥而不耐肥等矛盾，黏土发根不良；沙土发根较旺，但易老化。

黄瓜喜欢中性偏酸性的土壤，在土壤 pH 值 5.5～7.2 的范围内都能正常生长发育，但以 pH 值 6.5 为最适。pH 值过高易烧根死苗，发生盐害；过低易发生多种生理障碍，黄化枯萎，pH 值4.3 以下黄瓜就不能生长。

5. 肥料

黄瓜吸收土壤营养物质的量为中等，一般每生产 100kg 果实需吸收氮 2.8kg，五氧化二磷 0.9kg，氧化钾 9.9kg，氧化钙 3.1kg，氧化镁 0.7kg。对五大营养要素的吸收量以氧化钾为最多，氧化钙其次，再次是氮，五氧化二磷和氧化镁较少。

黄瓜播种后 20～40 天，也就是育苗期间，磷的效果特别显著，此时绝不可忽视磷肥的施用。氮、磷、钾各元素的 50%～60% 在采收盛期吸收，其中，茎叶和果实中三元素的含量各占 1/2。一般从定植至定植后 30 天，黄瓜吸收营养较缓慢，而且吸收量也少。直到采收盛期，对养分的吸收量才呈增长的趋势。采收后期氮、钾、钙的吸收量仍呈增加的趋势，而磷和镁与采收盛期相比都基本上没有变化。生产上应在播种时施用少量磷肥作种肥，苗期喷洒磷酸二氢钾，定植 30 天前后（即根瓜采收前后）开始追肥，并逐渐加大追肥量和增加追肥次数。

由于黄瓜植株生长快，短期内生产大量果实，而且茎叶生长与结瓜同时进行，这必然要耗掉土壤中大量的营养元素，因此，用肥比其他蔬菜要大些。如果营养不足，就会影响黄瓜的生育。但黄瓜根系吸收养分的范围小，能力差，施肥应以有机肥为主，只有在大量施用有机肥的基础上提高土壤的缓冲能力，才能施用较多的速效化肥。施用化肥要配合浇水进行，以少量多次为原则。

6. 气体

大气中氧的平均含量为 20.79%。土壤空气中氧的含量因土质、施有机肥多少、含水量大小而不同，浅层含氧量多。黄瓜适宜的土壤空气中氧含量为 15%～20%，低于 2% 生长发育将受到影响。黄瓜根系的生长发育和吸收功能与土壤空气中氧的含量密切相关。生产上增施有机肥、中耕都是增加土壤空气氧含量的有效措施。

CO_2 的含量和氧相反，浅层土壤比深层中少。在常规的温度、湿度和光照条件下，在空气中 CO_2 含量为 0.005%～0.1% 的范围内，黄瓜的光合强度随 CO_2 浓度的升高而增高。也就是说在一般情况下，黄瓜的 CO_2 饱和点浓度为 0.1%，超出此浓度则可能导致生育失调，甚至中毒。黄瓜的 CO_2 补偿点浓度是 0.005%，长期低于此限可能因饥饿而死亡。但在光照强度、温度、湿度较高的情况下，光合作用的 CO_2 饱和点浓度还可以提高。空气中 CO_2 的浓度约为 0.03%。露地生产由于空气不断流动，CO_2 可以源源不断地补充到黄瓜叶片周围，能保证光合作用的顺利进行。保护地栽培，特别是日光温室冬春茬黄瓜生产，严冬季节很少放风，室内 CO_2 不能随时得到补充，影响光合作用。增施有机肥和人工施放 CO_2 的方法补充。

（四）保护地黄瓜环境条件适应性

黄瓜喜湿、又能适应温暖多雨气候，但不耐霜冻。在所有蔬菜中，黄瓜是对环境反应比较敏感的蔬菜。

黄瓜是根系发达而分布较浅的浅根蔬菜。在黄瓜幼苗期和根瓜采收之前，它的根系容易发生烂根或烧根损伤，造成植株生育不良或早衰减产。因此，在保护地栽培中，黄瓜育苗的关键是幼苗根群发达，茎叶鲜润，花芽分化早，并且雌花多。

黄瓜幼苗的同化面积大大超过营养面积，且能够迅速形成大量雄花、雌花和分枝，构成了黄瓜特有的丰产性。在温室的温暖潮湿环境和黄瓜密植肥培条件下，应该充分发挥这些特性。为了保证黄瓜正常生长发育，经常要协调黄瓜根、茎、叶和瓜的平衡关系。从叶片的大小、厚薄、色泽、植株生长点、瓜条的形态表现，可以看出温室环境条件的调节和黄瓜栽培管理是否得当，及时采取相应措施协调这些关系。

黄瓜是雌雄异花同株，采收嫩瓜的蔬菜。它的第一朵雌花着生节位高低以及后来是否连续着生雌花，除与品种特性有关外，主要还与保护地育苗技术和定植以后的栽培管理有关。在温室环境适宜，肥水充分供应条件下，可以结成丰硕的顺直的无籽嫩瓜。如果保护地内光照不足、温湿度不正常，肥水不能及时供应，造成植株早衰易病，出现畸形瓜条而减产。这是黄瓜冬季温室生产的主要问题。

由于黄瓜喜温不耐低温，它的生长适温范围是 17～29℃。温室昼夜变温管理，可使黄瓜充分发育，早熟、优质、高产。黄瓜要求地温也比较严格。保护地栽培主要依靠太阳辐射提高地温，采取人工补充加温方法提高室内气温，也可相应提高一些地温。温室生产上采取高畦栽培或在栽培床底填充酿热物或用加温管道提高地温。冬季温室地温是黄瓜栽培中一个关键问题。

黄瓜是丰产蔬菜，它有较多而大的叶片，蒸腾面积大，又有连续结瓜、连续采收嫩瓜的特点。这些特点与根系吸收能力较弱是相矛盾的，再加上它对土壤溶液浓度忍耐力也弱，这就决定了保护地黄瓜栽培应当大量施用营养完全的有机肥料为基肥；在定植后随着黄瓜生长发育要求勤浇水，轻浇水，勤追肥，轻追肥。

黄瓜要求空气相对湿度 80%～90%，结瓜期要求土壤湿度也在 80% 以上。随着提高土壤湿度，也可增强对干旱的忍耐力，即使空气相对湿度下降到 60%，黄瓜仍然正常生育，还可防病。因此，在保护地中栽培要经常通风换气，保持室内有一定的温湿度。

黄瓜喜光，又耐弱光。有充足的光照，又有其他环境条件配合得当，更有利于温室黄瓜生长发育。

由于黄瓜具有喜温暖、耐湿润和适应弱光的特性，因此，能够适应大棚的环境条件，其生长发育还能盛过温室或露地栽培的黄瓜。所以在大棚中栽培黄瓜，如果条件管理得好，它的产量可以超过温室或露地，而且增产的潜力很大。

二、日光温室黄瓜越冬一大茬栽培技术

日光温室黄瓜越冬一大茬栽培，也称黄瓜的一大茬栽培。黄淮地区一般播期在当年 9 月下旬至 10 月上旬，11 月中旬至 12 月上旬定植，12 月中下旬开始采瓜，翌年 6 月下旬以后拉秧。此茬黄瓜产量一般在 11 000kg/亩左右。

由于这茬黄瓜栽培生育期较长，期间经历一年当中外界气温由高到低，再由低到高和光照强弱、时间长短的较大变化，特别是从定植到盛瓜期基本处在一年当中最寒冷最低温寡照的季节，生产上推广应用的日光温室嫁接栽培、酿热温床、滴渗灌以及病虫害综合防治配套等项技术，也主要是用于日光温室黄瓜越冬一大茬栽培。

（一）品种选择

日光温室黄瓜一大茬栽培的品种选择应遵循：品种自身既耐低温寡照，同时又耐高温高湿，表现为第一雌花出现早，单性结实能力强，瓜码密，品质优、抗病、丰产。生产上选用较多的有新泰密刺、山东密刺、长春密刺，近年来以采用津春、津优系列的居多。

（二）嫁接育苗

日光温室黄瓜越冬一大茬栽培，生产周期长达 8 ~ 9 个月，产量往往是冬春及早春日光温室黄瓜产量的 2 ~ 3 倍，所以，提高根系抗逆性、强化吸收功能、采用嫁接换根技术、培育嫁接适龄壮苗是实现黄瓜丰产的基础。试验表明，嫁接育苗不仅可以预防土传病害，还能提高黄瓜整体抗低温能力，通常嫁接苗比自根苗根系的耐低温能力可提高 2℃ 左右，而且发达的砧木根系吸水吸肥能力强。因此，黄瓜嫁接能够促进植株生长并提高产量 20% 左右。

黄瓜嫁接的整个过程都应在预先准备好的日光温室内进行。目前，生产上黄瓜嫁接采用较多的是舌形靠接嫁接技术。砧木品种以采用亲和力强、嫁接成活率高、抗逆性及抗土传病害能力强、不改变黄瓜原有品质的云南黑籽南瓜。一般用种量接穗黄瓜 150 ~ 200g/亩，砧木品种云南黑籽南瓜 1 500 ~ 2 000g，其具体方法是：

1. 营养土配制

一般要求营养土的土质疏松肥沃、细致、养分充足，pH 值 6.5 ~ 7.0 且没种植过黄瓜等葫芦科蔬菜的土壤为宜。生产上多采用肥沃园田土 5 ~ 6 份，优质腐熟粪肥 4 ~ 5 份，并配以速效性肥料，每立方米营养土加磷酸二铵 0.5kg + 过磷酸钙 2kg + 氯化钾 1kg；或磷酸二铵 0.5kg + 硫酸钾 1kg，然后混匀过筛。注意不准掺入碳酸氢铵或尿素。如果园田土较黏重，可酌情加入 2 ~ 4 份腐熟马粪，或腐熟麦糠，或少量炉灰渣。营养土中最好不掺入鸡粪。因鸡粪中含肥料浓度高，使用时易烧苗或诱发微量元素缺乏症。若肥源不足，必须使用鸡粪，用量应掌握在不超过总量 1% 的比例，而且鸡粪要充分腐熟过筛细碎，与营养土掺匀。

2. 装钵

边装钵边摆放在事先打好的育苗畦内，缝隙用细土弥严。育苗畦为南北向，长度视日光温室栽培床宽而定，5 ~ 8m，宽 1.0 ~ 1.1m，深 0.20 ~ 0.25m。苗床摆满后浇透水扣日光温室膜提温，以备嫁接后移苗。

3. 浸种催芽

采用靠接法嫁接，接穗黄瓜应比砧木黑籽南瓜，早播 3 ~ 5 天，其目的是尽可能缩小两者苗高的差距，使黄瓜幼苗与黑籽南瓜幼苗做到基本匹配。所以，应以黄瓜接穗的播期为准，推算砧木黑籽南瓜的浸种催芽和种子处理时间。

黄瓜在播种前需对种子进行必要的处理，包括温汤浸种和催芽后种子的低温锻炼：方法是先将种子做适当晾晒，然后，将种子放入55℃的热水（两份开水对一份凉水）中，并用小木棍不停搅动，10min后当水温降到30℃时，再浸泡4～6h，之后捞出反复清洗，搓去黏液。再用湿纱布包好，放在瓦盆里置于25～30℃的地方催芽，每隔4～5h用清水冲洗1次，因此时气温较高，一般经12～18h即可，当大部分种子发芽后即可放在低温（-1～1℃）的地方5～7天，进行低温锻炼，以加强抗逆性，增加瓜码密度，所以低温锻炼主要是针对接穗黄瓜而言。黑籽南瓜浸种催芽方法可参照上述方法进行，只是黑籽南瓜种子具有一定的休眠性，当年的新种子发芽率只有40%左右。为打破休眠，提高发芽率，可先将种子用温水浸泡1～2h，然后用150mg/kg的赤霉素浸泡24h，或用25%的双氧水浸泡20min，再用温水浸泡24h后捞出催芽。2～3年的陈种子，可在温汤浸种后，用温水浸种6～12h后再行催芽。

4. 播种

播种可选择在育苗床或育苗盘内，营养土厚3～5cm，浇透水以备播种。播种采用点播，黄瓜密度按3cm见方一粒，黑籽南瓜按5cm见方一粒平放，然后覆盖一层湿土，黄瓜0.5cm，黑籽南瓜1.5cm。播种后幼苗出土前，温室内温度可保持在25～30℃，5～7天，当70%幼苗出土，子叶展平时，要加大放风量适当降低室温，保持白天25℃，夜间17℃左右，防止幼苗的徒长。如黑籽南瓜幼苗出现徒长后，往往加剧髓部的中空，导致愈合面积减小，降低嫁接成活率。

5. 嫁接

当黑籽南瓜幼苗7～12天，苗高5～6cm，第一片真叶半展开，黄瓜幼苗11～15天，第一片真叶长到约2cm大小时，为嫁接适期。嫁接时，应先将两者苗子分别取出，注意要尽量减少根系损伤，然后再用扁竹签将黑籽南瓜真叶（生长点）去掉，再在两子叶间下方1cm处下刀（靠接用刀片尽量采用较薄锋利的剃须刀片，刀片要干净无泥土），刀口呈 45°角向下斜切，深度不超过上胚轴粗度的 1/3，刀口过深达到髓部后，会影响成活率。刀口长度以 0.5~0.6cm 为宜，且不可过长。切好后先暂放在干净的湿布上。然后再取黄瓜幼苗，选择幼苗茎凸起（棱角处）的一侧，在子叶下面 1.3cm 处以 30℃ 角向上斜切，深度可达胚轴粗度的 2/3，长度与砧木的切口基本相等，切时动作要迅速平稳，一气呵成，刀口面越平，靠接时的接触面就越大，越容易形成愈伤组织，从而提高嫁接成活率。刀口切好后，再将两株幼苗的舌形切口互相插入，并用小嫁接夹子夹住吻合处，使切口密切接触并将嫁接苗逐一栽在准备好的营养钵中。栽好后浇水，水要浇透，浇水时尽量不要触及接口，随后将营养钵重新放回育苗畦内，畦上加设塑料小拱棚，主要是白天保湿、遮光（覆盖遮阴物），夜间保温，以促进切口愈合，提高成活率。

6. 嫁接后管理

嫁接前 3h 小拱棚内的白天温度，应保持在 25~30℃，夜间温度应在 20~25℃，地温 20℃以上。相对湿度 90%~95%，以膜上常有水滴为宜。否则当小拱棚内比较干燥时，可选择在上午用喷雾器喷水 2~3 次，以保持空气湿度。喷水时可结合喷肥、喷药（1%白糖 + 0.5%尿素 + 75%百菌清 500 倍液）防病菌侵入。10：00~16：00 用草帘遮光防止嫁接苗蒸腾萎蔫。3 天以后逐渐降低温湿度，白天 22~25℃，夜间 15~17℃，相对湿度降至 70%~80%并逐渐增加光照，7 天左右黄瓜新叶开始萌发即可去掉覆盖；同时，进行接穗黄瓜的断根准备，即有意识地用手掐伤黄瓜的胚轴（对接口下 1cm 左右处）以减少自身根系的养分供给，并及时清除以后黑籽南瓜顶端再次长出的真叶或侧芽，起到迫使黑籽南瓜根系吸收的水分和养分输送到接穗黄瓜的作用。约两天以后，即嫁接后的第 10 天左右，再用小剪刀将紧靠小夹子下面的黄瓜根系切断，使接穗完全依靠砧木的根系生长。值得注意的是在黄瓜近地面胚轴附近易生不定根，定植后不定根的形成将使黄瓜失去嫁接效果。因此，在两者苗高相匹配的情况下应把南瓜下胚轴培育的适当长一些。嫁接苗断根后表明嫁接过程结束，并进入定植前的管理，一般白天 25~28℃，夜间 15~18℃；定植前 7 天，可进一步降低夜间温度至 12℃ 左右，实现低温炼苗。

（三）定植

1. 定植前的准备

由于日光温室黄瓜越冬一大茬栽培，占地周期长达 6~8 个月，总产量高，所以黄瓜植株需从土壤当中吸收大量的氮、磷、钾，据试验分析，每形成 1 000kg 果实，需吸收氮 2.00kg，磷 0.92kg、钾 2.32kg，比例为 1：0.46：1.16，氮、磷、钾吸收量最大为盛瓜期，约占总量的 80% 以上。因此，遵循施肥三原则即：①以施足底肥为主，追肥为辅；②以腐熟细碎的有机肥为主，化肥为辅；③以根施为主，叶面喷施为辅。一般在 8~9 月结合翻地（深度 40cm 左右），每亩施充分腐熟过筛有机肥（圈肥、鸡粪或马粪与人粪等量混合）8 000~10 000kg，磷酸二铵或过磷酸钙 50kg，硫酸钾 30kg，结合整地做畦。畦为半高垄，垄高 12~15cm，垄间距采用大小行间隔形式做畦，大行距 75cm，小行距 55cm 的马鞍形高畦。定植前 15 天，依据土壤墒情，洇地造墒，日光温室扣好塑料膜，烤地升温。

为提高深冬季节栽培床地温，可在施底肥前，按将来黄瓜定植方向（南北向），挖 50cm 深，40~60cm 宽的酿热沟。酿热沟间距 80~100cm。酿热沟挖好后先在沟四壁喷洒棉隆 1 000 倍预防地下害虫，随后再顺沟施入新鲜麦秸踩实，麦秸厚 10cm 左右，用新鲜麦秸 2 000kg/亩以上，结合铺设麦秸再加入 2kg/亩酵素菌，对加速麦秸的分解非常有利，随后再向沟内填加腐熟过筛粪肥土踩实，浇一大水，水渗后整地做畦（做畦方式同上）。根据对比试验采用酿热床栽培，冬季最寒冷季节可提高地温 3~5℃。另外，由于土壤当中腐殖质成分的增加，不仅土壤肥力进一步提高，而且土壤微生物活动的增加，还使室内空气中 CO_2 的浓度加大，一般增产幅度为 20% ~ 40% 。

2. 定植

日光温室黄瓜越冬一大茬栽培的苗龄期，一般日历苗龄在 35 ~ 45 天，即 10 月下旬至 11 月上中旬，生理苗龄 3 ~ 4 片真叶。定植宜选择在晴天的上午进行，定植时应首先选择和使用健壮的大苗，定植时去掉外面的营养钵，尽量保持土坨完整，减少根系损伤，然后在半高垄上按株距 30cm，挖坑坐水（水量要适当多些）定植，定植不宜过深，嫁接部位应与地面保持 1 ~ 2cm 的距离，防止黄瓜在定植以后再生不定根，为保险起见嫁接夹可暂不去掉，一般每亩栽苗 3 500 株左右。

3. 缓苗至根瓜采收前管理

黄瓜定植后 7 天内，要特别注意保持室内较高温度，白天以 28 ~ 30℃ 为宜，夜间不低于 18℃，可进行一次中耕，缓苗至根瓜采收前原则上不须浇水，7 天后当心叶开始萌发，表明缓苗结束，为不影响茎蔓的正常生长，此时可将嫁接夹去掉。黄瓜缓苗后 10 ~ 20 天可进行一次叶面喷肥，如 0.2% 的磷酸二氢钾及其他叶面肥，期间在垄背两侧再进行 2 ~ 3 次中耕，深度从 15 ~ 10cm，由深至浅，范围由近至远，做到浅除背深锄沟，目的是在加强土壤通透性，促进生根的同时，还要尽量减少伤根。中耕结束后 10 天左右开始铺设地膜（地膜不宜铺设过早），即在每个 50cm 的小垄背间铺设一层地膜，采用从膜两侧划口方式进行，地膜绷紧两边用土埋实，地膜与地面在垄背中间形成中空，以利于以后膜下暗灌浇水。铺设地膜既可以提高地温，保持土壤湿度，同时又可以控制土壤水分向室内空气当中蒸发，降低空气相对湿度，减少病害的发生。当黄瓜茎蔓长度达到 50cm 左右，十余片叶时，开始用尼龙绳吊蔓，以合理调整茎蔓的生长。为达到预防黄瓜霜霉病、灰霉病、白粉病等真菌病害发生的目的，从此时开始每隔 20 天左右，采用百菌清、速克灵烟雾剂在每天下午回苫后熏蒸。

（四）采收期

日光温室黄瓜越冬一大茬栽培的采收历时 180 天左右，时间占到黄瓜整个生育期的 85% 以上，这期间调控好光、温、气、水、肥等，使其有利于黄瓜的营养（茎蔓、叶片）生长与生殖（开花、结果）生长协调进行，同步发展，实现丰产丰收。

1. 光照管理

黄瓜虽具有一定的耐阴性，其光补偿点在 1 500 ~ 2 000lx；但它同时也表现出一定的喜光性，当光照强度达到 4 万 ~ 5 万 lx 时，黄瓜的生长发育达到最佳趋于饱和状态，当光照强度低于 2 万 lx 以下时，黄瓜的正常生长发育将会受到影响，不利于形成高产。因此，在保证室内温度的前提下，日光温室的草苫宜早掀苫，晚回苫并及时清扫塑料薄膜表面的灰尘及杂物，以减少遮光增加透光，即使遇到连续的阴雪天气也要进行 1 ~ 2h 的掀苫。另外，有条件的地方可采用人造光源如阳光灯、汞灯，也可在温室的后墙上张挂反光幕以改善温室中后部的光照，增加其产量。

2. 温度与通风管理

首先在低温季节为提高室温应有意识减少通风换气，来保证室内温度；而在中后期随着外界气温的升高，又需通过加大放风手段来降低较高的室温。另外，通风换气不仅可降低室内空气相对湿度，降低病害发生的几率；而且，还可向室内及时补充外界的 CO_2 气体，保持室内的空气流动，提高光合作用水平，增加雌花数量。所以，即使在最寒冷的季节也不可忽视通风换气。

一般在黄瓜的采收期，室内白天的温度应保持在 25 ~ 28℃，超过 30℃需加大放风量，夜间温度保持在 16 ~ 20℃，其中，前半夜的温度要高于后半夜，试验表明黄瓜叶片在白天所制造的养分只能有 1/4 输送到根、茎和果实当中，而 3/4 的养分需要在夜间输送，所以，适当提高前半夜的温度有利于叶片养分的运输，后半夜降低温度则有利于降低呼吸强度，减少养分呼吸消耗；同时，适宜的昼夜温差（10℃左右）也对黄瓜今后的花芽分化，增加有效雌花数目非常有利。另外，阴天低温季节宜将温度保持在适温的低限；反之，晴天外界温度升高时，在土壤湿度较大的情况下，白天温度可适当提高到30℃左右。

3. 水肥管理

水肥管理一般分为四个阶段，第一阶段从定植缓苗到根瓜膨大前10天左右，即11月中旬至下旬结合中耕，以蹲苗控秧保根瓜为主，一般不浇水，防止高温高湿形成徒长苗；同时也要防止蹲苗过度形成"花打顶"，一般，以植株中午稍萎蔫至下午3~4时恢复正常为适宜，否则需适当补水。第二阶段从根瓜开始膨大到盛瓜前期约30天。缓苗后10天左右当根瓜大部分坐住，瓜身开始伸长变粗时，浇第一水，每隔7~10天浇一水，膜下暗浇，水量不宜过大，隔1~2水随水追肥一次，追肥采用充分腐熟的粪肥和氮磷钾速效复合肥交替使用，每次腐熟的粪肥15kg、速效复合肥5~10kg，隔20天左右，定期进行叶面喷肥2~3次，如0.2%的磷酸二氢钾、1%~2%白糖或其他叶面肥。第三阶段从盛瓜前期至盛瓜期120~150天，即1~5月。此期间的黄瓜产量占总产的80%以上，加强水肥管理，保持瓜与秧的协调生长对延长黄瓜盛瓜期的时间，浇水施肥宜选择在连续晴天的上午进行，切忌阴天浇水。进入2~4月，浇水施肥数量要明显增加，必要时可5天左右浇一水，隔1水随水追肥1次，每次追施腐熟的粪肥50~100kg、速效复合肥15~20kg，同时逐渐加大放风，保持室内通风换气质量。第四阶段从结瓜后期到黄瓜拉秧，即6月上中旬到7月上旬黄瓜数量质量的下降，应减少浇水次数及浇水量，可10天左右浇一水。

4. 植株调整及采收

一般栽培所采用的品种多为早熟品种，以主蔓结瓜为主，对嫁接后接穗及砧木所萌生出的各种侧芽一律及时清除。黄瓜植株采用尼龙绳吊蔓后，为利于前后采光，缠蔓时靠近温室前部的黄瓜植株尽量压得低些，后部的尽量抬得高些，对过多的卷须、雄花和雌花，也应及时摘除以减少养分消耗。在黄瓜茎蔓长至 2 ~ 2.2m 时开始放蔓盘秧，同时摘除靠下部分的老叶和病残叶，使黄瓜茎蔓始终保持 13 片左右的功能叶片，高度在 1.8 ~ 2.0m。

黄瓜的果实在雌花开放时，子房的细胞数目已经确定，果实的生长增大，完全取决于细胞个体的膨大。一般，在黄瓜根瓜花芽分化时，由于受自身营养供应所限，花芽分化质量不会太好，所以根瓜长相也较差，表现个体小、畸形瓜多。因此，生产上要在保证上部瓜坐稳，植株不表现疯秧徒长的情况下宜及早采摘根瓜。根瓜以上部位瓜的采收要在瓜充分膨大定个后进行，过早，单瓜重量低影响产量；过晚，瓜条顶尖变黄，瓜身出现黄线时，将大大消耗植株营养，严重时造成植株的早衰。进入 6 月中旬前后，根据黄瓜植株长势、市场效益情况和下茬安排确定拉秧时间。一般此茬黄瓜的植株可达到 60 ~ 70 节；茎蔓总长 6.0 ~ 6.5m，平均单株结瓜 20 余条，多者接近 30 条，平均单瓜质量 150g 左右，平均单株产量 3.3kg，总产达到 12 000kg左右。

三、日光温室黄瓜秋冬茬栽培技术

日光温室黄瓜秋冬茬栽培，是衔接大中拱棚秋延后和日光温室黄瓜冬春茬生产的茬口安排，是黄淮地区黄瓜周年供应的重要环节。这茬黄瓜幼苗时期是高温季节，生长中后期转入低温期，光照也逐渐变弱。所以在栽培技术上与冬春茬大不相同。

（一）品种选择和育苗

一般在 8 月上中旬播种，8 月下旬或 9 月上旬定植。苗期正处炎热多雨，生长后期正处低温、弱光。品种选择必须选用前期耐热、后期抗寒、长势强，产量高、品质好的品种，如津春 3 号、津优 2 号、津优 30、津优 35、津优 36、津研 4 号、以及中农 13 号、博耐 13 号、秋棚 1 号等；秋冬茬黄瓜育苗正处于高温多雨时段，因此，要采用遮阳网、防虫网和防雨膜设施及穴盘护根育苗技术，苗龄20～25天；也可采用黑籽南瓜嫁接黄瓜育苗技术，黑籽南瓜嫁接黄瓜抗重茬、耐寒能力增强、产量高、效益好，此期嫁接育苗苗龄25～30天；嫁接育苗技术请参考本章第二部分黑籽南瓜嫁接黄瓜育苗技术。

（二）定植

一般在8月上中旬播种，8月下旬或9月上旬定植。苗期正处炎热多雨，生长后期正处低温、弱光。必须选用耐热、抗寒、长势强。适应性好的抗病品种，不要求早熟，强调中、后期产量。

施肥整地。黄瓜是喜肥作物，黄瓜的产量和抗病能力与基肥施用数量和质量有密切关系。一定要多施含有机质多的堆肥、圈肥、鸡粪、人粪尿和饼肥等。要求施优质肥总量10 000kg/亩，过磷酸钙100～200kg，碳铵60kg，也可用磷酸二铵50～100kg代替以上两种肥料，饼肥200～300kg，草木灰150kg。基肥在使用时，最好普施和沟施结合起来，先将2/3的肥料普遍撒施，人工深翻两遍，深度为30～40cm，搂平后，按大行80cm、小行60cm南北向开沟，将剩余的1/3肥料施入沟内，必须与土壤充分搅拌均匀，防止烧根。将沟用土填满搂平，在原来的沟上按大小行距起垄，宽行80cm，窄行60cm，垄高10～15cm，垄宽40cm。宽行的垄沟宽40cm，供行人操作；窄行的垄沟宽20cm，供浇水用。土壤墒情好的，起垄前要先浇水。在定植前1～2天向苗床浇一小水，以利起坨时或者去掉营养钵时不散。在起好的垄上开深为10cm的沟，按30cm的株距（栽苗3 100～3 500株/亩）摆苗，然后浇水，水渗后封掩，土坨一定要与土壤紧密接触，不能有空隙。

定植时要注意4点：①土坨要大，以减少伤根；②苗子大小要分开，大苗栽到温室南北定植行的北部，小苗栽到中部及南部，栽苗时要选优去劣；③土坨苗要轻拿轻放，苗放入穴后，不能用手用力压土坨，防止散坨伤根；④埋土不能太深，掌握覆土后土坨与垄面相平。

（三）定植后的管理

定植后 3~5 天当幼苗已开始生长时，顺沟浇一次缓苗水。水后土不黏时，要进行松土保墒，以利新根生长。中耕松土最好进行 2~3 次，当新根由土埂向行间伸长时，停止中耕，在 5~6 片叶黄瓜伸蔓前，将垄沟弄平，垄弄好，用宽幅 1.2~1.3m 的地膜把窄垄帮沟两边的两个小高垄覆盖在一起。为了以后浇水畅通，可用多根细竹片或树枝横插在两个小高垄基部，将地膜撑起。用刀片划开地膜，将秧苗露出，把膜孔四周用土埋好，在下午进行为好。当根瓜长到 15~20cm 长时，追一次化肥，如硝铵、磷酸二铵等。每亩用量 30~40kg，顺水冲施。进入结瓜期后，一般 10 天左右浇一水，在 11 月可再追一次肥，每亩顺水施化肥 20~25kg，进入 12 月在冬季如果遇到久阴骤晴时，要逐渐由少变多地揭苫。如果瓜叶打蔫，表示温度过高，把草苫再盖上，这叫"回苫"，当叶片不蔫时再揭去草苫，也可采用间隔式揭苫。

插架和绑蔓。当瓜秧开始伸蔓时插架，分两种：

①挂线吊蔓。在栽培行的上面南北向固定一道 14 号铁丝，把线的上端拴在铁丝上，下端拴在秧苗的茎蔓上。

②单行立架。用竹竿在每一行苗上垂直立插，然后用横竹竿，将每根立杆相联。当黄瓜出现卷须时开始绑蔓，要将叶片均匀摆布在架上，防止互相遮挡。同时将侧蔓赘芽、雄花、卷须都去掉，在 12 月上中旬进行掐顶。嫁接苗可适当晚些。人工授粉。经过人工授粉，可显著提高产量。授粉最好在 9~13 时进行。将正开放的雄花花粉，蘸涂在正开放的雌花柱头上。

（四）采收

采摘黄瓜一般在浇水后的上午进行。采收时要做到三看：一看植株生长状况。根瓜应适当早采，若植株弱小，可将根瓜在幼小时就疏掉。采腰瓜和顶瓜时，当瓜条长足时再采。二看市场行情。秋冬茬黄瓜一般天越冷价格越高。为了促秧生长，待黄瓜价格高时提高产量，前期瓜多时可人为地疏去一部分小瓜，11月天气好，可适当重些采瓜，12月后光照少，气温低，生长慢，尽量延后采收。三看采瓜后是否要贮藏。这茬瓜在采收的前期，露地秋延后和大棚秋延后黄瓜还有一定的上市量，为了不与其争夺市场，赶上好行情，可进行短期贮藏。如果要贮藏的瓜，应当在黄瓜的初熟期和适熟期进行采收。直接到市场上出售时，可在适熟期和过熟期采收，让瓜条长足个头，增加黄瓜重量。

四、日光温室冬春茬黄瓜栽培技术

日光温室黄瓜冬春茬栽培在黄淮流域主要是和日光温室秋冬茬蔬菜栽培接茬，定植一般在正月初十以前，阳历2月10～15日，选择晴天定植，从定植到根瓜上市一般20天，约在2月底或3月初；日光温室冬春茬黄瓜的育苗时间为12月下旬或1月上旬，苗床底部铺地热线，日光温室内增加一台热风炉，可保证1月份黄瓜苗健壮生长。

（一）品种选择

选用高产、优质、抗病杂交一代品种。目前，种植较多的津优33号、津优35号、津优36等。

（二）育苗及苗床管理

日光温室冬春茬黄瓜的育苗时间一般为12月下旬至1月上旬。该茬黄瓜必须使用嫁接苗，砧木一般为黑籽南瓜。

1. 苗床准备

黄瓜和黑籽南瓜苗床设在温室内，床土可加30%左右的腐熟有机肥并过筛备用。苗床面积一般为2.5～3m²。

2. 浸种催芽

播种前先将种子放入到 55～60℃ 的热水中浸，并不断搅动，待水温降 25～30℃ 时浸泡 4～6h，黑籽南瓜要适当长些。待种子吸水充分后，再捞出放在 25～30℃ 条件下催芽。

3. 播种及苗床管理

黄瓜播种应选择晴天上午，黄瓜的播种时间比南瓜早 4 天左右，此时温度高，出苗快且整齐。播种时应做到均匀一致，播前浇足底水。黄瓜的覆土厚度掌握在 1～1.5cm，黑籽南瓜掌握在 2～2.5cm。

播种后立即用地膜覆盖苗床，增温保墒，为种子萌发创造良好的温湿条件。播种后一般控制在 25～30℃，出苗后温度可适当降低，以防止幼苗过于徒长。幼苗出土后到嫁接前间隔 4～5 天喷洒 50% 甲基托布津可湿性粉剂 500 倍，50% 多菌灵可湿性粉剂 500 倍喷洒。

（三）嫁接及嫁接苗的管理

目前，生产上应用较多的方法为靠接，该法嫁接成活率高，群众易掌握。

嫁接前准备好足够的营养土。当砧木第一片真叶半展开，黄瓜苗刚现真叶时为嫁接适期。嫁接后 1～2 天是愈伤组织形成期，是成活的关键时期。一定要保证小拱棚内湿度达 95% 以上，前两天应全遮光。第三天可在早晚适当见弱光。接后 4～10 这段时间光照要逐渐加强，只在中午强光时适当遮阴。同时通风时间从 1h 逐渐增加，7～10 天可全天通风。接后 10～15 天把黄瓜下胚轴割断，割断后要灵活掌握苗情变化，调节好光照和温度，提高成活率。

（四）定植

定植前先按大行距 80cm，小行距 50cm，进行整地做垄。黄瓜定植，应选择寒尾暖头的天气进行，定植时应有较高的地温。定植时株距35cm，浇好定植水，水下渗后封土，并平整垄面以利于覆膜。

（五）定植后的管理

1. 缓苗期

定植后应密闭保温，尽量提高室内温度、湿度，促进新根生长，以利于缓苗。一般白天以25～28℃，夜间以13～15℃为宜。

2. 初花期

缓苗期尚未结束，仍按幼苗期管理，以促根控秧为中心。在管理上应适当加大昼夜温差。以增加养分积累，白天超过30℃从顶部通风，午后降到20℃闭风，一般室温降到15℃时放草苫。

3. 结果期

结果期温度仍实行变温管理，由于这一时期日照时数逐渐增加，光照由弱转强，白天保持25～28℃，夜间15～17℃，在生育后期应加强通风，避免室温过高。此期大量结瓜。植株养分消耗多，必须加强水肥管理。每次结合浇水随水冲施复合肥15～20kg。

五、大棚黄瓜秋延后栽培技术

大棚秋延后黄瓜生产，一般达2 500～3 000kg/亩，高产可达4 000kg，现将种植要点概括如下。

（一）品种选择

最适宜秋延后栽培的品种有津春2号、津优1号，前者结果相对早3～5天（50天上市），后者产量较高，瓜条较粗长。两者均表现出较强的抗病、抗寒能力。

（二）土壤及设施要求

选前茬没有种过瓜类的地块，搭建标准的蔬菜大棚，建棚工作要在 8 月上中旬完成，盖好顶膜。

1. 施基肥

结合整地，撒施生物有机肥 150～200kg/亩，施农家肥 3 000 kg 以上，硫酸钾 50kg、过磷酸钙 100kg。

2. 整地

在架好的大棚内整理好地块，要求深挖，施 50～100kg/亩石灰，整细整平。如果是老菜园土，则于定植前 15 天用 40% 甲醛 100 倍水溶液均匀喷施于畦面，立即盖地膜密闭消毒，5 天后揭膜敞气。

3. 做畦

畦高 20～25cm、宽 120～150cm，畦沟宽 30cm。

（三）栽种季节及方式

采用大棚遮阳育苗，全程大棚加地膜覆盖栽培。播种期 8 月 10～15 日，定植期 8 月 25～8 月 30 日。

（四）栽培技术要点

1. 准备苗床

选择地势低平，易吸潮、通风背阳、排灌畅通、3 年以上未种过瓜类作物的土块，搭建好大棚，棚内作高畦，畦面平整，表土细匀，播种前半月用 40% 甲醛 100 倍水溶液进行消毒，按 $4kg/m^2$ 药液标准，均匀淋浇于畦面，立即盖膜封闭 5 天后敞气。

2. 配制营养土

取菜园土、优质有机肥、火土灰或炉糠灰，按 1∶1∶1 的比例充分拌匀堆制，上盖农膜，使之高温发酵、消毒、过筛，一部分均匀地铺垫于苗床上，厚约 5cm，一部分装入 10cm×10cm 规格的塑料营养钵内。

3. 播种

1 亩（$667m^2$）栽培田约用种子 100g，播种前苗床要浇足底水，将种子按 $4g/m^2$ 标准均匀撒于床面，再盖 1～2cm 厚的细营养土，施一层薄水后用地膜盖严。2～3 天，幼苗出土后揭开地膜，待子叶展开，及时将幼苗假植于已准备好的营养钵内，上盖薄膜与遮阳网，保湿防晒。

4. 苗期管理

假植后晴天一定要盖遮阳网，晚上揭开，阴天可不盖，保持土表气温在 28℃ 以下。如水分蒸发较快，要适时喷水，保持营养土湿润。假植后应喷施 1 次浓度为 1 000 倍液的代森锰锌药液以预防霜霉病，7～10 天幼苗即可定植。

5. 定植

株距 25～30cm，宽窄行定植，宽行 70～90cm，窄行 50～60cm，每亩 2 500～3 000 株，定植时幼苗子叶与畦长方向垂直，定植后每株浇水 0.75kg 左右，注意勿直接冲刷幼苗，然后用细土或土杂肥密封定植穴。

（五）栽培管理

1. 温湿度调节

定植后，如遇晴天最好加盖遮阳网。一般叶片色浓则表明水少，色浅则表明水足。中后期气温逐步降低，要保持棚内相对干燥，当最低夜温低于 15℃ 时应及时装好裙膜，晚上闭棚保温。后期如遇寒潮，只需中午通风 2～3h 即可，保持棚温 12℃ 以上。

2. 植株管理

主蔓长 30cm，应及时搭架引蔓，采用立式篱架，要求 2 天缚蔓 1 次。到后期主蔓触及棚顶时，要摘除顶芽以免发生霜冻影响全株生长，同时要及时打掉下部的病残老叶，以利通风降湿，保肥保水，打叶时间最好选晴天中午进行。

3. 追肥

在采收第 1 批瓜后，适当追施叶面肥料如腐殖酸液肥、磷酸二氢钾等，既可促进中后期植株生产势，也可提高抗病抗寒能力，增加后劲。

（六）采收

大棚黄瓜秋延后一般每株可结 3～5 条瓜，每株产量 1～1.5kg，应早摘，以免影响后续瓜成长。采后适当追肥水。为保证正常结瓜，应有选择地保留雌花，原则上相邻节位的雌花抹除其中一个，当第五雌花成瓜后，打掉余花，并摘顶，保肥壮果。进入 11 月，气温偏低，应加强保温，实践证明，在高于 10℃ 的低温条件下，瓜条不受冻害，也不易衰老，采取闭棚保温防冻措施进行活苗贮瓜，瓜条可延至 12 月上中旬采摘上市，增加经济效益。

六、大棚黄瓜春提前种植技术

早春大棚采用四膜覆盖生产，无公害黄瓜可提前采收 20 天左右。一般在 1 月中旬育苗，2 月下旬定植，3 月中旬开始采收，7 月上旬结束，产量 12 000kg/亩，收入 8 000 元/亩以上。

（一）播种育苗

1. 品种选择

选择前期耐低温、后期耐高温、抗病性强的优良品种，如津优 10 号、博耐 3 号等。

2. 种子处理

播种前 1～3 天进行晒种，晒种后将种子用 55℃ 温水进行烫种 10～15min，并不断搅拌到水温降至 30～35℃，将种子反复搓洗，并用清水洗净黏液，浸泡 3～4h，将浸泡好的种子用洁净的湿布包好，放在 28～32℃ 的条件下催芽 1～2 天，待种子 70% "露白" 时播种。

3. 营养土和药土的配制

营养土应用近 3～5 年内没有种过瓜类蔬菜的园土或大田土与

优质腐熟有机肥混合，有机肥占 30%，土和有机肥混匀过筛。将过筛后的营养土按照 1m³ 土加入 100g 多菌灵混匀配成药土。

4. 播种育苗

播种期为 1 月中旬或下旬，可在加温温室或节能日光温室内育苗，用直径 10cm、高 10cm 的营养钵，内装营养土 8cm，浇透水，水透后在每个营养钵内播发芽种子 1 粒，上覆药土 1cm 厚，平盖地膜，以利保墒。

5. 苗期管理

（1）播种后用地膜密封 2 ~ 3 天，当有 2/3 的种子子叶出土及时揭掉地摸。苗期尽量少浇水，防止高温、高湿出现高脚苗，及时揭草苫增加光照。

（2）温度管理。一般白天温度应控制在 25 ~ 30℃，不宜过高，夜温一定要控制在 15℃ 以下，最好 12 ~ 13℃，定植前 7 ~ 10 天，进行炼苗，温室草苫早揭晚盖，减少浇水，增加通风量和时间，白天保持 20 ~ 25℃，夜间保持 8 ~ 10℃，并需要 1 ~ 2 次短时间 5℃ 的锻炼。

（3）壮苗标准。苗龄 35 天左右，株高 15 ~ 20cm，3 叶 1 心，子叶完好，节间短粗，叶片浓绿肥厚，根系发达，健壮无病。

（二）定植前准备

1. 整地施肥

施肥应以有机肥为主，化肥为辅，施肥方式以底肥为主，追肥为辅，根据蔬菜生长发育的营养特点、需肥规律、土壤养分含量和目标产量，确定蔬菜的施肥量，进行平衡施肥，保证土壤中养分平衡。中等肥力水平的菜地一般施优质腐熟有机肥 5 000kg/亩、尿素 20kg、过磷酸钙 75kg、硫酸钾 30kg。基肥撒施后，深翻地 30 ~ 40cm，土肥混匀、耙平，按 1.2m 宽做畦，畦内起两个 10 ~ 15cm 的高垄，垄距 50cm。

2. 扣棚膜挂天幕

早春大棚采用"四膜覆盖"，即一层大棚薄膜，二层天幕膜和苗上一层小拱棚膜，定植前 20 天扣大棚膜，以便提高地温，在大棚内 10cm 地温连续 3 天稳定通过 12℃即可定植。定植前 5~7 天挂天幕 2 层，间隔 20~30cm，最好选用厚度 0.012mm 的聚乙烯无滴地膜。

（三）定植

定植前 1 天在苗床喷一次杀菌剂，可选用 50% 多菌灵 500 倍液，或 77% 可杀得 700 倍液，或 75% 百菌清 1 000 倍液。定植要选择晴天上午进行。垄上开沟浇水，待水渗至半沟水时按株距 32cm 左右放苗，水渗后用土封沟，此法称"水稳苗"，定植 3 500 株/亩左右，定植后在畦上扣小拱棚。

（四）栽培管理

1. 温度管理

刚定植后，地温较低，需立即闷棚，即使短时气温超过 35℃也不放风，以尽快提高地温促进缓苗。缓苗期间无过高温度，不需放风。小拱棚在早晨及时扒开，以尽快提高土壤温度。缓苗后根据天气情况适时放风，应保证每日 21~28℃的时间在 8h 以上，夜间最低温度维持在 12℃左右。随着外界气温升高逐步加大风口，当外界气温稳定在 12℃以上时，可昼夜通风，大棚气温白天上午在 25~30℃，下午为 20~25℃最好。

2. 中耕松土

缓苗后进行 3~4 次中耕松土，由近及远，由浅到深，结合中耕给瓜苗培垄，最终形成小高垄栽培。

3. 浇水

定植后要浇一次缓苗水，以后不干不浇。当黄瓜长到 12 片叶后，约 60% 的秧上都长有 12cm 左右的小瓜时，浇第二水，进入结瓜期后，需水量增加，要因长势、天气等因素调整浇水间隔期，黄瓜生长前期间融 7～10 天浇一次水，中期间隔 5～7 天浇一次水，后期间隔 3～5 天浇一次水，前期浇水以晴天上午浇水为好。

4. 追肥

进入结瓜期后，结合浇水进行追肥，一般隔水带肥，每次追施尿素 3kg/亩、硫酸钾 5kg，或高氮钾冲施肥 10kg。

5. 湿度

大棚黄瓜相对湿度应控制在 85% 以下，尽量要使叶片不结露、无滴水，最好采用长寿流滴减雾大棚膜。晴天上午浇水后要先闭棚升温至 33℃，而后缓慢打开风口放风排湿。气温降至 25℃，关闭风口，如此一天进行 2～3 次，连续进行 2～3 天，降低棚内空气湿度。

6. 植株调整

当植株长到 7～8 片叶时，株高 25cm 左右，去掉小拱棚，开始吊绳，第一瓜以下的侧蔓要及早除去，瓜前留 2 叶摘心。当主蔓长到 25 片叶时摘心，促生回头瓜，根瓜要及时采摘以免坠秧。

7. 小拱棚、天幕的撤除

小拱棚一般在定植后 15～20 天，开始吊绳时撤除。随着外界温度升高，逐步撤除天幕，增加透光率，一般在 3 月中旬先撤除下层天幕，3 月底 4 月初撤第二层天幕。

七、大棚黄瓜夏秋栽培技术

（一）品种选择

1. 津研四号

较早熟，基本无侧蔓，具主蔓结瓜习性，第 6～7 节开始着瓜，较耐瘠薄。瓜条棍棒形，匀称，深绿色，无棱瘤，刺白较稀，瓜长 35～40cm，秋季每亩产量为 5 000kg 左右。

2. 津研七号

植株生长势强，叶片大，有侧蔓 3 ~ 5 条。瓜条绿色，棍棒状，瓜尾部有黄条纹，长 40cm 左右。耐热性好，在 35℃ 条件下能正常生长，每亩产量为 5 000kg 左右。

（二）选地、整地与施肥

1. 选地

黄瓜忌与同科作物连作，选择土层含丰富的有机质、保水保肥力强的土壤。

2. 整地与施肥

夏秋季节高温少雨，为便于灌溉，深翻后开沟做畦，畦宽 80 ~ 90cm，畦高 18 ~ 20cm。施充分腐熟的有机肥 1 500 ~ 2 500kg/亩，生物有机肥 120 ~ 150kg，另加复合肥 20 ~ 50kg、过磷酸钙 25 ~ 50kg，于播种行开沟深施作基肥。

（三）播种

夏黄瓜可在 5 ~ 7 月上旬播种，秋黄瓜宜在 7 月上旬 ~ 8 月下旬播种。每亩用种量为 150g 左右。夏秋季节气温较高，黄瓜一般采用直播。播种前种子浸泡 2 ~ 3h，然后用 75% 百菌清 1 000 倍稀释液浸种 15min 消毒，洗净后直播或催芽播种，行株距 60cm × 30cm，每穴播种 3 粒左右，播后盖土 1 ~ 1.5cm 厚，再盖稀疏碎稻草或麦草，以利出苗。

（四）田间管理

1. 畦面覆盖

夏秋气温炎热，可用稻草、青草、水丝草在畦面覆盖 3 ~ 5cm 厚，可降低地温 3.5 ~ 6℃，减少水分蒸发，有利于植株生长发育。

2. 搭架、绑蔓

瓜苗抽蔓时要及时用竹竿、木条搭 1.5m 高的"人"字架绑蔓，也可以用尼龙绳吊蔓。

3. 追肥、灌水

夏秋黄瓜生长快、结果早，要求肥水充足，全生育期需追肥3~4次，每次追施稀粪水500~1 000kg或三元复合肥5~10kg，同时可用磷酸二氢钾、绿旺一号等结合喷药进行叶面追肥。黄瓜根系入土浅，不能吸收土壤深层的水分，且黄瓜叶大而薄，蒸腾量大，若天旱少雨，应及时灌水抗旱，灌水宜下午进行。并结合追肥进行中耕培土和除草。

4. 植物生长调节剂处理

在黄瓜幼苗长有二叶一心和三叶一心时，各用 1×10^{-4} 的40% 乙烯利叶面喷洒1次，以增加植株雌花量，达到多结果、提高产量的目的。

（五）采收

夏秋黄瓜从播种至收获需时45~60天，当瓜条长到一定长度，表面颜色转深具光泽时（优质的商品瓜在授粉后8~10天），应及时采收，以利上部开花坐瓜。

八、无公害黄瓜病虫害综合防治技术

近年来，随着无公害蔬菜生产的发展，如何在栽培过程中减少病虫害、少用药、低农残受到人们的普遍关注，无公害黄瓜病虫害防治应坚持"以农业防治为基础，优先采用生物防治，协调利用物理防治，科学合理应用化学防治"的综合防治措施，把病虫危害损失降到最低，达到优质、高产、高效，无公害的目的。

（一）农业防治

（1）选用抗（耐）病虫品种，适时播种。
（2）进行种子消毒。

（3）培育无病壮苗。

①育苗器具及育苗棚室消毒用40%甲醛或高锰酸钾1 000倍液喷淋或浸泡器具。

②培育壮苗。育苗前苗床彻底清除枯枝残叶和杂草。严格实行分级管理，去歪留正，去杂留纯，去弱留强，适时炼苗，培育茎节粗短，根系发达，无病虫害的壮苗。

③采用嫁接防病。用黑籽西瓜作砧木嫁接黄瓜，可增强根系，有效防治枯萎病、青枯病等。

（二）物理防治

1. 设施防护

覆盖塑料薄膜、遮阳网、防虫网，进行避雨、遮阴、防虫隔离栽培，减轻病虫害的发生。在夏秋季节，利用大棚闲置期，采用覆盖塑料棚膜密闭大棚，选晴日高温闷棚5~7天，使棚内最高温达60~70℃，可有效杀死土壤表层的病原菌和害虫。

2. 诱杀技术防治

采用灯光诱杀、性诱剂诱杀、色板、色膜驱避、诱杀，减少害虫的危害。

（三）生物防治

利用瓢虫等捕食性天敌和赤眼蜂等寄生性天敌防治害虫，是一种经济有效的生物防治途径。

（四）几种主要病虫害的化学防治

1. 霜霉病

黄瓜霜霉病俗称跑马干、黑毛，是黄瓜栽培中最常见的病害，其特点是来势凶猛、传播快、危害大，一两周内可使整个温室的黄瓜拉秧。该病主要危害叶片，幼苗发病叶片变黄，后全株枯死；成株发病多从下部叶片开始，感病后叶片初期呈现水渍状斑点，后出现不均匀的褪绿变黄，因受叶脉限制病斑呈现多角形，在潮湿时背面形成黑色霉层，后期病叶干枯易碎。严重时黄瓜植株一片枯黄，提前拉秧。该病原菌为真菌属鞭毛菌亚门假霜霉菌属，为专性寄生菌，可常年寄生于寄主植物上，成为初侵染源，棚室内气温 20 ~ 26℃，空气相对湿度达 85% 上有利于病害的发生及流行。

霜霉病主要化学防治药剂：25% 瑞霉可湿性粉剂 800 ~ 1 000 倍液，75% 百菌清可湿性粉剂 600 倍液，70% 代森锰锌可湿性粉剂 500 倍液，40% 乙磷铝可湿性粉剂 200 倍液，25% 瑞毒锰锌可湿性粉剂 400 ~ 600 倍液，64% 杀毒矾或雷多米尔、金雷可湿性粉剂 500 ~ 600 倍液，用药液 50 ~ 80kg/亩，隔 7 ~ 10 天喷 1 次，连喷 2 ~ 3 次，注意交替用药。喷药时要求叶片正反面均要喷匀。

2. 细菌性角斑病

该病主要危害叶片、茎蔓及瓜条。幼苗发病子叶上出现水渍状近圆形凹陷病斑，后变褐枯死。成株发病多从叶片开始，感病后叶片最初呈现水渍状小斑点，后变成淡黄褐色，翻过叶片见叶背面，因发病受叶脉限制病斑呈现多角形，这一点同霜霉病极为相似。但也有所区别，一是在潮湿时背面形成的不是黑色霉层，而是白色或乳白色菌脓；二是干燥时病叶中部易开裂形成穿孔，且发病速度较霜霉病慢。在茎蔓及瓜条上病斑初期出现水渍状凹陷病斑，严重时出现溃疡和裂口，并有菌脓溢出，干枯后呈乳白色，中部多生裂纹。在果实上病斑向内伸展到种子，可造成种子带菌。该病原菌为假单胞杆菌属于细菌，病原菌以种子或遗留土壤当中病残体为寄主成为初侵染源。在室温 22 ~ 28℃，空气相对湿度达 70% 以上有利于病害的发生及流行。

细菌性角斑病主要化学防治药剂：农用链霉素或硫酸链霉素 4 000 ~ 5 000 倍液，新植霉素 4 000 ~ 5 000 倍液，50% 琥胶肥酸铜 500 倍液，30% Dt 杀菌剂 500 倍液，70% DTM 可湿性粉剂 500 ~ 600 倍液，田丰粉尘 500g/亩，灭菌威 800 ~ 1 000 倍液，菌克宁 1 000 倍液，杀菌优 800 ~ 1 000 倍液，细菌速净 500 ~ 600 倍液，也

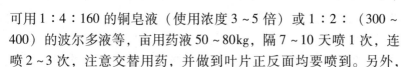

可用1∶4∶160的铜皂液（使用浓度3~5倍）或1∶2∶（300~400）的波尔多液等，亩用药液50~80kg，隔7~10天喷1次，连喷2~3次，注意交替用药，并做到叶片正反面均要喷到。另外，也可将黄瓜种子用农用链霉素500倍液浸种24h。

3. 灰霉病

该病主要危害开败的花及幼果，受害部位由先端腐烂并长出淡灰色的霉层，带菌的烂花、烂果掉到叶片及茎蔓上，将引起叶片形成边缘清晰的较大枯黄病斑，潮湿时着生出淡灰色的霉层；在茎蔓上则引起茎蔓的腐烂，严重时茎蔓折断整株死亡。该病原菌为真菌属半知菌亚门灰葡萄孢菌，腐生性较强可在土壤当中的病残植株体上生存，成为初侵染源。该病原菌在高湿和室温20~28℃时易发生及流行。在防治上应特别注意及时摘除病残花、果、叶，保持栽培床内无干枝枯叶。

灰霉病主要化学防治药剂：50%扑海因可湿性粉剂1 000倍液，50%速克灵可湿性粉剂1 500~2 000倍液，50%菌灵可湿性粉剂500倍液，40%菌核净可湿性粉剂1 000~1 500倍液，或50%托布津可湿性粉剂500倍液，在结果前期及盛果期用药液60kg/亩，隔7~10天喷1次，连喷2~3次，重点是易发病的雌花及幼果。

4. 炭疽病

植株的叶、茎、果均可感染受害。幼苗时多发生在子叶边缘，初期呈半圆形水渍状，渐由淡黄变成褐色，稍凹陷，潮湿时长出粉红色枯状物，病斑在茎基部则表现变褐、缢缩、倒伏。成株叶片上初期呈水渍状小点，后呈红褐色近圆形病斑，直径1~2cm，上着生许多小黑点，干燥时病斑开裂穿孔，潮湿时可渗出粉红色黏状物，严重时整叶干枯。茎及瓜条受害后，初期呈水渍状小斑点，后呈褐色凹陷斑，上面着生许多小黑点，高湿时可渗出粉红色黏状物。该病原菌为真菌属半知菌亚门刺盘孢菌，腐生性较强，它可以菌丝体和拟菌核的形式，随病残体在土壤当中存活，也可在种皮上生存，成为初侵染源，在空气相对湿度达85%以上，室内温度在

25℃左右时，有利于病害的发生及流行。

炭疽病主要化学防治药剂：发病初期及时摘除病叶，喷洒75%百菌清可湿性粉剂500倍液，50%多菌灵可湿性粉剂500倍液，50%甲基托布津可湿性粉剂500倍液，70%代森锰锌可湿性粉剂400倍液，或50%甲基托布津可湿性粉剂1 000倍液＋75%百菌清可湿性粉剂1 000倍液，或50%多菌灵可湿性粉剂1 000倍液＋75%百菌清可湿性粉剂1 000倍液，世高1 000～1 500倍液，每亩药液50～80kg，隔7～10天喷1次，连喷3～4次。

5. 白粉病

该病主要危害叶片，茎、果则较少危害。发病初期在叶的正面或背面产生白色近圆形小粉斑，其后白色粉状物向四周扩展，边缘不明显，严重时整个叶片布满白粉。发病后期白色粉斑变为灰色，生出许多黑褐色小颗粒。该病原菌为真菌属半知菌亚门单丝壳白粉菌，为专性寄生菌，可常年寄生于寄主植物上，成为初侵染源。该病原菌的发病适温偏高在20%～25%，而对空气相对湿度要求不严格，在25%左右的空气相对湿度条件下，病害照样发生及流行。

白粉病主要化学防治药剂：50%硫悬浮剂200～300倍液，75%百菌清可湿性粉剂600倍液，50%多菌灵可湿性粉剂500倍液，50%托布津可湿性粉剂500倍液，15%粉锈宁可湿性粉剂2 000倍液，40%敌唑酮可湿性粉剂3 000～4 000倍液，世高2 000倍液，爱苗2 000倍液，也可用农抗120或农用抗生素"BO-10"200倍液，用药液50～80kg/亩，隔7～10天喷1次，连喷3～4次，注意叶片正反面均要喷到。

6. 疫病

该病对叶、茎、果均可造成危害。幼苗发病多从嫩尖生长点开始，发病初期呈暗绿色水渍状萎蔫，其后逐渐干枯呈秃尖状，不倒伏。成株发病叶、茎、果均可受，但最易发病的部位是茎基部。在茎基部（靠近土壤的地方）发病初期呈暗绿色水渍状，后缢缩整个植株萎蔫，维管束不变色，潮湿时表面生出稀疏的白霉，迅速腐烂，散发出腥臭味，在其他嫩茎节部也表现同样症状。在叶片上初呈圆形或不规则形暗绿色水渍状大病斑 2～3cm，后迅速扩展，边缘不明显，干燥时呈青白色，易破碎，病斑发展到叶柄处叶片下垂萎蔫。瓜条受害初呈暗绿色水渍状凹陷斑，湿度大时很快软腐，表面生出稀疏的白霉，迅速腐烂，散发出腥臭味。该病原菌为真菌属鞭毛菌亚门疫霉菌，极易变异，小种较多，主要以菌丝体、卵孢子形式附着在植物病残体上，也可是种子带菌。成为初侵染源，室温28～30℃，空气相对湿度达 80% 以上有利于病害的发生及流行。

疫病主要化学防治药剂：25% 瑞毒霉可湿性粉剂 800～1 000 倍液，75% 百菌清可湿性粉剂 600 倍液，70% 代森锰锌可湿性粉剂 500 倍液，25% 瑞毒霉锰锌可湿性粉剂 400～600 倍液，64% 杀毒矾或雷多米尔、金雷可湿性粉剂 500～600 倍液，每亩用药液 50～80kg，隔 7～10 天喷 1 次，连喷 2～3 次，注意交替用药，喷药时不要忽视茎基部。

7. 枯萎病

枯萎病又称萎蔫病、蔓割病。一般经过嫁接育苗的黄瓜不易感染此病，该病多发生在未经过嫁接自根黄瓜苗上。在黄瓜植株进入结瓜前期，个别植株的部分叶片表现中午萎蔫，似缺水状，早晚又恢复正常，以后萎蔫现象越来越严重，直至整株枯死，茎基部先呈水渍状，后缢缩逐渐干枯常纵裂。它不同于黄瓜疫病的是黄瓜茎的维管束变褐，潮湿时表面生出粉红色霉状物。幼苗受害表现整株萎蔫枯死，茎基部先呈水渍状，后缢缩形成猝倒，这一点也有别于黄瓜疫病。该病原菌为真菌属半知菌亚门镰刀霉菌，为弱寄生强腐生菌，以厚垣孢子或菌核形式附着在土壤植物病残体上，或是以种子形式带菌，成为初侵染源。发病适温 20～25℃，空气相对湿度达 90% 以上，大水漫灌或排水不良有利于病害的发生及流行。

枯萎病的化学防治药剂：发病初期及时用 50% 多菌灵可湿性粉剂 500 倍液，50% 甲基托布津可湿性粉剂 500 倍液，或 30% Dt 杀菌剂 350 倍液灌根，每株用药液 0.25kg 左右，隔 7～10 天灌 1

次，连灌 2～3 次。

8. 蔓枯病

该病主要危害叶片及茎蔓。叶面病斑近圆形，直径 1～3cm，有的病斑自叶缘向内发展呈半圆或"V"字形，颜色淡褐或黄褐色，上面生出许多黑色小颗粒。病斑轮纹不明显，后期易破碎。茎蔓上多出现在节间部，病斑呈椭圆形或梭形，黄褐色，有时溢出琥珀色的胶状物，但维管束不变色，也不会全株枯死，这一点也有别于黄瓜枯萎病。该病原菌为真菌属子囊菌亚门甜瓜球腔菌，以分生孢子器、子囊壳的形式附着在植物病残体上生存，成为初侵染源，室温 23～28℃，空气相对湿度达 80% 以上，有利于病害的发生及流行。

蔓枯病主要化学防治药剂：75% 百菌清可湿性粉剂 600 倍液，70% 代森锰锌可湿性粉剂 500 倍液，50% 多菌灵可湿性粉剂 500 倍液，或 50% 托布津可湿性粉剂 500 倍液，每亩用药液 50～80kg，隔 7～10 天喷 1 次，连喷 3～4 次，注意交替用药，以后视病情决定是否再用药。

9. 黑星病

该病在苗期及成株期均可发病，可危害叶片、茎及果实。幼苗受害在子叶上产生黄白色圆形小斑点，后逐渐腐烂。成株叶片初为褪绿的小斑点，以后扩展成圆形或近圆形病斑，直径为 2～5mm，1～2 天后病斑干枯，呈黄白色，易穿孔，穿孔后边缘呈星纹状。茎蔓感病后初呈暗绿色水渍状椭圆或长圆形病斑，后表面凹陷龟裂，上面着生煤烟状霉层，最后腐烂，引起整个植株萎蔫枯死，瓜条感病后，初呈暗绿色水渍状凹陷，表面密生煤烟状霉层，后期病斑变成疮痂状，常龟裂并伴有白色透明胶状物流出，后变成琥珀色块状物，干燥后脱落。该病原菌为真菌属半知菌亚门瓜枝孢菌，可常年以菌丝体形式，附着在植物病残体上生存，也可以分生孢子形式附着在种子表面或以菌丝潜伏在种皮内生存，并成为初侵染源。该病发病的适温为 20～22℃，空气相对湿度达 90% 以上，光照不足，植株郁闭，有利于病害的发生及流行。

黑星病主要化学防治药剂：75%百菌清可湿性粉剂600倍液，70%代森锰锌可湿性粉剂500倍液，50%多菌灵可湿性粉剂500倍液，农用抗生素"BO-10"200倍液，或50%托布津可湿性粉剂500倍液，用药液50～80kg/亩，隔7～10天喷1次，连喷3～4次，注意交替用药

10. 温室白粉虱

温室白粉虱俗称小白蛾，属同翅目粉虱科。主要危害冬春日光温室、塑料大棚等设施瓜类、茄果类、豆类等蔬菜。该害虫成虫体长1～1.5mm，呈淡黄色，翅面覆盖白蜡粉。卵长约0.2mm，侧面看为椭圆形，卵柄从叶背气孔插入植物组织中，颜色从淡黄色变至褐色，再到黑色而孵化成若虫。若虫经过伪蛹阶段羽化成成虫。温室白粉虱的发育历程、成虫寿命、产卵数量等均与温度有密切的关系。成虫活动最适温度为25～30℃，当温度超过40℃时，其活动能力显著下降。卵的发育起点温度为7.2℃。在室温25℃左右，成虫期15～57天，卵期7天，若虫期8天，伪蛹期6天。温室白粉虱从卵到最后羽化成成虫，在18～28℃的温度范围内，随气温升高时间由30天左右缩短到23天。温室白粉虱食性极杂，成虫及若虫群居叶背吸食汁液，干扰和破坏叶片正常的光合作用、呼吸作用，使叶片褪绿、变黄、萎蔫，严重时全株枯死；同时，该虫还可分泌蜜露，诱发煤污病的发生，进而对黄瓜造成更大的危害。

温室白粉虱主要化学防治药剂：阿克泰5 000～8 000倍液，阿克虱1 000～1 500倍液，克虱米尔2 500倍液，蚜虱一遍净2 500～3 000倍液，25%灭螨猛乳油1 000倍液，21%灭杀毙乳油4 000倍液，2.5%功夫乳油5 000倍液，10%扑虱灵乳油1 000倍液，或10%万灵乳油1 000倍液，每亩用药液60kg左右，0.3%苦参碱500倍液喷雾等效果较好；另外，也可用灭蚜灵烟剂熏蒸350g/亩。

防治温室白粉虱，应以预防为主，综合防治。除化学药剂防治外，还可以采用农业综合防治措施：前茬栽种白粉虱不喜欢食用的

十字花科、伞形花科蔬菜，如油菜、白菜、芹菜、茴香等。也可在温室白粉虱发生初期，利用该虫对黄颜色具有较强的趋向性，采用物理方法，即用黄板（30cm×40cm）表面涂机油，悬挂于温室内的办法来粘白粉虱成虫。

11. 瓜蚜

瓜蚜又名棉蚜，属同翅目蚜科。在黄淮地区年发生10余代，冬春日光温室、塑料大棚等保护设施为瓜蚜提供了很好的越冬繁殖场所，主要危害瓜类、茄果类、豆类等蔬菜。瓜蚜的形态特征因雌、雄和有翅、无翅而各不相同，较为复杂。一般体长1.2～1.9mm，颜色分为黄、浅深绿或黑色。若虫经过伪蛹阶段羽化成成虫。温室瓜蚜的消长与温、湿度密切相关。室温在16～22℃，空气相对湿度低于60%有利于生长繁殖。温室黄瓜瓜蚜，以成虫及若虫群居在嫩茎（生长点）、嫩叶背面吸食植株汁液，植株嫩茎（生长点）和嫩叶被害后，叶片卷缩，植株萎蔫，严重时全株枯死。

瓜蚜主要化学防治药剂：21%灭杀毙乳油6 000倍液，2.5%功夫乳油5 000倍液，莫比朗2 000～2 500倍液，克蚜米尔2 500倍液，菜虫一扫光1 000～1 500倍液，万安1 000倍液，蚜虱一遍净2 500～3 000倍液，10%万灵1 000倍液，50%辟蚜雾2 000倍液，每亩用药液60kg左右。也可用灭蚜灵烟剂250g/亩。另外，还可用银灰色物品驱蚜或黄色物品诱蚜。

12. 黄守瓜

黄守瓜又名瓜守、黄虫、黄萤，属壳翅目，叶甲科。在本地区年发生1代，冬春日光温室、塑料大棚等保护设施成为黄守瓜很好的越冬繁殖场所，主要危害葫芦科蔬菜，如黄瓜、西瓜、甜瓜等，也危害十字花科及茄科蔬菜。幼苗及定植前后，该虫以成虫取食嫩茎，造成生长点被破坏。另外，幼虫还可在土壤当中咬食瓜根，造成全株枯死。黄守瓜的成虫一般体长9mm，长椭圆形，体黄色，中、后胸部及腹部为黑色，前胸背板有一波形横凹沟。在温室内

25℃左右的温度，80％以上的空气相对湿度，有利于黄守瓜生长繁殖。空气相对湿度低于75％不利于该虫卵的孵化。

黄守瓜化学防治药剂：21％灭杀毙乳油 8 000 倍液，40％氰戊菊酯乳油 8 000 倍液，或 50％辛硫磷 1 000～1 500 倍液。另外，还可在栽培床上撒施草木灰等，以此来降低湿度阻止成虫产卵及卵的孵化。

（五）黄瓜的生理障碍及预防措施

1. 徒长苗

徒长苗特征为茎纤细，节间过长，叶薄而色淡，组织柔嫩，根系小，很少结瓜或易化瓜。主要原因：光照不足或温度过高，特别是夜温过高。氮肥多和水分充足也是徒长的重要条件。

防治措施：增强光照、降低夜温、控制浇水、氮肥施肥量及次数。

2. 僵化苗

僵化苗主要表现苗矮、茎细、叶小而叶色深绿、根少且不易发新根，花芽分化不正常、不发棵，定植后易出现花打顶现象。原因为：肥水供应不足、温度偏低或蹲苗时间过长。激素用量过大，也会出现类似现象。

防治措施：加强增温和保温，保证一定的肥水条件，且要避免蹲苗时间太长，避免胡乱使用激素农药等。

3. 烧根

该现象是由于育苗床肥料过多或施未经充分腐熟的有机肥，土壤溶液浓度过高造成的。

防治措施：不要一次施肥过多，施用腐熟的有机肥；追肥时要少量多次，且要及时浇水。发生烧根后，可适当增加浇水次数，以降低土壤溶液浓度。

4. 沤根

秧苗沤根是由于苗床湿度过大，土壤中氧气浓度较小，再加上地温较低造成的，致使地上部停止生长发育，叶色发黄，甚至秧苗死亡。

防治措施：控制浇水量，加强通风，提高苗床地温，中耕松土。

5. 闪苗及急性萎蔫

在正常的天气及管理情况下，秧苗的吸水、失水趋于一致（即代谢平衡），一旦突出异常情况，比如，大风吹袭或强光照射或连续低温阴雨天后，棚内气温急速回升等，会使秧苗水分代谢失去平衡，失水过多，致使秧苗萎蔫，如持续时间过长，叶片将不能复原，失绿干枯，甚至整株死亡。

防治措施：在通风时，放风口应先小后大，且在通风口加以薄膜遮挡，避免外界冷风直接吹到秧苗上；对于强光照射引起的日照萎蔫，可采用短期遮光，直至适应后为止。对于连续低温后天气突然转晴，更要避免棚内升温过快。另外，还可叶面喷洒白糖水。

6. 化瓜

化瓜即黄瓜在膨大时中途停止，黄化、萎蔫，最后呈干瘪状。在整个结瓜期都会出现这种症状。其主要原因为：低温、光照不足；密度过大，通透性差，植株郁闭、水肥管理跟不上、病虫害危害等均能造成化瓜；另外单性结实能力差的品种也易化瓜。

防治措施：选用合适的品种，在黄瓜雌花开花前，叶面喷洒叶面肥可减少化瓜；加强肥水管理，合理控制温度，增强光照强度；降低定植密度，及时疏去下面老黄叶等。

7. 畸形瓜

在黄瓜栽培中，因管理不善，常会出现各种各样的畸形瓜。

（1）弯瓜。主要原因是因为营养不良，植株瘦弱，如光照不足、温度管理不当，或结瓜前期水分正常，后期水分供应不足，或伤根、病虫害较重等引起的。此外，雌花或幼果被架材、卷须及茎蔓等遮阴或夹住等物理原因也可造成畸形果。

防治措施：加强温度、湿度及肥水管理，加强防治病虫害，及时摘除卷须等。

（2）大头瓜（即大肚子瓜）。当雌花授粉不充分，授粉的先端先膨大，另外，营养不足或水分不均都会造成大头瓜。露地栽培的部分黄瓜品种，更易因蜜蜂等昆虫授粉后，而又养分不足而引起了大头大脐的现象。

防治措施：同弯瓜。

（3）小头瓜。小头瓜是指瓜条把粗大，前端细，严重时呈三角形。一般认为单性结实性低的品种，受精时，遇到障碍易发生小头瓜，高温干燥条件下发生多。冬季温室栽培由于昆虫传粉差，发生多。植株生长势弱，蔓疯长时也容易发生。

预防措施：加强肥水管理，防止植株老化，增强叶片的同化功能。另外，种植单性结实性强的品种也是一种有效的预防途径。

（4）细腰瓜。细腰瓜是指在瓜的纵轴中央部分，一处或几处出现皱缩而变细。变细部分往往易折断，中间是空的，常变成褐色。在保护地环境下，由于高温高湿的条件易使黄瓜植株长势过旺，以后植株又处在连续高温干燥的环境时，植株长势减弱，使正常生长的瓜生长受限，便会发生细腰瓜。另外，缺硼或硼向果实内运输受到障碍时也产生此类瓜。

预防措施：增施基肥（有机肥）和硼肥，加强肥水管理，并考虑营养平衡，不能仅施氮肥，而忽略施用磷、钾及其他元素肥料。

（5）苦味瓜。主要原因是由于生产中氮肥施用过量，或磷、钾不足，特别是氮肥突然过量很易出现苦味。此外，地温过低（低于13℃）或棚温度过高（高于30℃）且持续时间较长，均易出现苦味瓜。苦味还有遗传性，叶色深绿的苦味多。

防治措施：平衡施肥；选用无苦味的品种；加强温湿度的管理，及时中耕松土，避免生理干旱现象发生。此外，喷洒生物制剂健植宝可有效预防苦味瓜的发生。

第九章　西葫芦栽培技术

西葫芦原产于美洲，也称美洲南瓜、角瓜。果实中含有较丰富的维生素 C 和葡萄糖，营养价值较高。在我国已有上百年的历史。它的栽培较简单，产量高，上市早，栽培面积逐年增加。随着保护地设施的发展，利用小拱棚、中棚进行早春栽培，解决了淡季蔬菜供应，改善了西葫芦生长发育条件，减少了病毒病和白粉病的危害，提高了产量和品质，效益比较可观。因此，西葫芦是日光温室蔬菜栽培中很有发展前途的一种鲜细果菜。

一、西葫芦栽培的生物学基础

（一）形态特征

1. 根

西葫芦根系发达，主要根群深度为 10～30cm，侧根主要以水平生长为主，分布范围为 120～210cm，吸水吸肥能力较强。对土壤条件要求不严格，就是种植在旱地或贫瘠的土壤中，也能正常生长，获得高产。但是，根系再生能力弱，育苗移栽需要进行根系保护。

2. 茎

西葫芦茎中空，五棱形，质地硬，生有刺毛和白色茸毛。分为蔓性和矮生两种，蔓性品种蔓长可达 1～4m；矮性品种节间短，蔓长仅达 50cm 左右。大棚栽培多采用矮生品种。

3. 叶

西葫芦叶片较大、五裂，裂刻深浅随品种不同而有差异。叶片和叶柄有较硬的刺毛，叶柄中空，无托叶。叶腋间生雌雄花、侧枝及卷须。大棚栽培一般先择叶片小，裂刻深，叶柄较短的品种。

4. 花

西葫芦花为雌雄同株异花，在低夜温、日照时数较短，碳素水平较高、阳光充足的情况下，有利于雌花形成，反之则雄花较多；用乙烯利处理也有利于形成雌花。

5. 果实

果实形状、大小、颜色因品种不同差异较大。多数地区以长筒形浅绿色带深绿色条纹的花皮西葫芦深受消费者欢迎。

（二）生育周期

西葫芦的生长发育过程一般为 100～140 天，可分为下列 4 个时期：

1. 发芽期

种子萌动至子叶展开。种子萌动需要充足的水分和较高的温度，催芽后播种需 5～10 天，直播需 7～15 天。

2. 幼苗期

子叶展开至第四叶片展开。幼苗期发生的叶片较小，但根系开始迅速生长，该时期气温在 20～25℃ 时，需 25～30 天，幼苗期低温短日照，现蕾的节位低。

3. 开花坐果期

幼苗具 4 片真叶至第一果坐住。此期一般需 15～25 天。

4. 结果期

自植株第一果坐住至采收结束，此期生殖生长与营养生长同时进行，这个时期的长短因栽培条件而异。一般需 50～70 天。

（三）对环境条件的要求

1. 温度

西葫芦为喜温性蔬菜。为瓜类蔬菜中较耐寒而不耐高温的种类。生长期最适宜温度为 20 ~ 25℃，15℃以下生长缓慢，8℃以下停止生长。30 ~ 35℃发芽最快，但易引起徒长。种子发芽最适温度 25 ~ 30℃，最低温度为 13℃，20℃以下发芽率低，低于 12℃、高于 35℃不能发芽。开花结果期要求 15℃以上，发育适温 22 ~ 33℃。根系伸长的最低温度为 6℃，但一般大棚温室应保持 12℃以上才能正常生长。夜温 8 ~ 10℃时受精果实可正常发育。

2. 光照

西葫芦对光照的要求比黄瓜高，大棚温室冬季光照弱，西葫芦开花较晚。属短日照植物，苗期短日照有利于增加雌花数，降低雌花节位，节叶生长也正常。在结瓜期，晴天强光照，有利于坐瓜，不易化瓜，并能提高早期产量。

3. 水分

由于根系强大，吸收水分能力强，较耐旱。但根系水平生长较多，叶片大，蒸腾作用强，连续干旱也会引起叶片萎蔫，长势弱，容易出现花打顶和发生病害，因此对土壤湿度要求较高，但不宜过高，防止病害发生。冬季生产时应注意控制水分，促根控秧，适当抑制茎叶生长，促进根系向深层发展，为丰产打下基础。特别是在结瓜期土壤应保持湿润，才能获得高产。高温干旱条件下易发生病毒病；但高温高湿也易造成白粉病。

4. 土壤

对土壤要求不严格，沙土、壤土、黏土均可栽培，土层深厚的壤土易获高产。但是，不耐盐碱，适宜的土壤酸碱度为 pH 值 5.5 ~ 6.8。对矿质营养的吸收能力以钾多，氮次之，其次是钙和镁，磷最少。在有机质多而肥沃的沙质壤土种植更易获得高产、优质品。

5. 授粉

西葫芦为雌雄异花授粉作物，在棚室栽培条件下，需进行人工授粉。授粉时间应在每天上午 9～10 时进行，授粉时要采当天开放的雄花，去掉花冠，将雄花的花蕊往雌花的柱头上轻轻涂抹，即可授粉，1 朵雄花可授 5 朵雌花。

6. 需肥量

生产 1 000 kg 商品瓜，需肥折合氮 3.9～5.5kg，五氧化二磷 2.1～2.3kg，氧化钾 4～7.5kg。

二、日光温室西葫芦秋冬茬栽培技术

（一）品种选择

日光温室秋冬茬种植的西葫芦品种要求耐弱光、耐低温、适应性强；节间短、侧芽少、叶片中等大、株型紧凑，适合密植。雌花较多、节位较低、易坐瓜，早熟丰产、品质佳，瓜皮浅绿、瓜条长筒形，如翠玉、寒玉，美国绿丹，京葫 1 号等。

（二）茬口安排

秋冬茬 9 月上旬育苗或直播，10 月上旬定植或定苗，11 月采收至春节后拉秧。

（三）育苗

培育壮苗是实现早熟丰产的关键技术之一。育苗可用穴盘或者营养钵育苗。

1. 苗床准备

在大棚或者温室内摆放营养钵或穴盘，营养钵里的营养土，可用肥沃园田土 7 份，腐熟圈肥 3 份，混合过筛。每立方米营养土加腐熟捣细的鸡粪 20kg、过磷酸钙 2kg、草木灰 101kg（或氮、磷、钾复合肥 3kg)、50% 多菌灵可湿性粉剂 80g。充分混合均匀。将配制好的营养土装入营养钵中。穴盘育苗要用市面上销售的基质。

2. 播种期

秋冬茬西葫芦播种期为 9 月上、中旬。

3. 浸种、催芽

每亩需种子 250 ~ 300g。播种前将西葫芦种子在阳光下曝晒 3 ~ 4h 并精选。在容器中放入 55 ~ 60℃ 的温水，将种子投入水中后不断搅拌 15min，待水温降至 30℃ 时停止搅拌，浸泡 3 ~ 4h。浸种后将种子从水中取出，摊开，晾 10min，再用洁净湿布包好，置于 28 ~ 30℃ 下催芽，经 1 ~ 2 天可出芽。

4. 播种

75% 以上种子露白时即可播种。播种时先在营养钵或穴盘中灌透水，水渗下后，每个营养钵或穴盘中播有芽的种子 1 粒。播完后覆土 1.5cm 左右。再在覆土上喷洒 50% 辛硫磷乳油 800 倍液，防治地下害虫。

(四) 苗床管理

播种后，搭小拱棚，出土前苗床气温，白天 28 ~ 30℃，夜间 16 ~ 20℃，促进出苗。幼苗出土后，去掉小拱棚上的膜，以防幼苗徒长。第一片真叶展开、第二片真叶露心时，苗床白天气温 20 ~ 25℃，夜间 10 ~ 15℃。苗期干旱可浇小水，一般不追肥，但在叶片发黄时可进行叶面追肥。定植前 7 天，逐渐加大通风量，白天 20℃ 左右夜间 10℃ 左右，降温炼苗。

(五) 定植及定植后的管理

1. 整地、施肥、做垄

秋冬茬西葫芦的生长期相对较长，可越冬，供应元旦、春节两个重要的传统节日，植株一定要生长旺盛，以达丰产目的，应施足基肥，每亩施用腐熟圈肥 5 000kg、鸡粪 1 500kg、磷酸二铵 50kg，硫酸钾 40kg。整地前先把圈肥和磷酸二铵均匀撒于地面，耙耱平整后，在作畦前按畦宽把鸡粪和硫酸钾撒入，于 9 月 20 日前后扣好棚膜。用 45% 百菌清烟剂每亩 1kg 熏烟；后严密封闭大棚进行高温闷棚消毒 10 天左右。起垄。种植方式有两种：一种是育苗移栽，垄宽 140cm，垄面 80cm，在中间开 10cm 的小沟，垄沟 50cm，双行植，亩定植 2 000～2 300 株，覆 120cm 的地膜；另一种方式是直播，畦宽 110cm，畦面 70cm、畦沟 40cm，每亩播 2 100～2 200 株，覆 90cm 的地膜。株距 40～50cm，垄高 15～20cm。

2. 温室消毒

（1）棚室消毒。起垄后密闭温室，50m 棚（面积 0.5 亩）用硫磺 1kg，敌敌畏 250mL 混入锯末 5～8kg，分 3 个点熏棚 24h。

（2）土壤消毒。50m 棚每棚用 50% 辛硫磷乳油 500mL。将农药加入施肥罐后充分溶解，通过滴灌进行土壤消毒。灌水量 1～3m³。不采用滴灌时可在定植后给苗坨浇灌药液。按每 100kg 水中加入辛硫磷 50mL、敌克松 100g 配制药液，每穴浇药液 0.5～1kg。

3. 定植

（1）育苗移栽。营养钵育苗的，应按穴距打孔，放苗；穴盘育苗的用手铲在畦面按株距挖穴栽苗。两种器件育苗，但栽苗的高度均以不埋没子叶为准，栽后立即淌水。

（2）直播。采用催大芽直播法：即要把种子的芽催到有 1.5～2cm 长、有侧根出现时再放子，要胚根向下、子叶向上，覆土 1.5～2cm，后覆地膜，膜的周围用土压好。

4. 定植后管理

（1）温度调控。缓苗期不通风，以利于提高室温，促使早生根，早缓苗。管理措施：白天棚温应保持 25～30℃，夜间 16～20℃，晴天中午棚温超过 30℃ 时，用天窗少量通风。缓苗后要降低温度，尤其夜间温度，以防幼苗徒长，促进植株根系生长，有利于雌花分花和早坐瓜。

管理措施：适时通风。白天棚温控制在 20～25℃，夜间 10～

12℃，结瓜后，已进入严冬，白天温度20～26℃，夜间16～18℃，最低不低于10℃，阴天夜间最低温度不得低于8℃，短时不能低于6℃，昼夜温差要保持在8℃以上。白天要充分利用阳光增温，要晚揭早盖蒲苫，揭苫后及时清扫棚膜上的碎草、尘土，增加透光率。在后立柱张挂镀铝反光幕以增加棚内后部的光照及温度。此期，根据天气情况，在晴天中午时，适当放风，要掌握通风时气温不下降或略降，关闭天窗后温度会很快回升，在此情况下可进行通风。

（2）肥水管理。定植后原则不浇水，缓苗后，进行中耕2～3次，以达促根壮秧目的。当根瓜有10cm左右长时浇第一次水，并随水每亩追硫酸钾20kg或氮、磷、钾复合肥25kg。12月至1月上旬以喷施叶面肥为主，1月中旬浇第二次水，水量不宜过大，以后每15～20天浇一水，均采用膜下暗浇。每次浇水，均可追肥，以钾肥为主，少施氮肥，用冲施肥较合适，浇水以晴天上午11时开始至下午2时结束，浇水时要将天窗打开，风口不能太大，不要在阴雪天前浇水。浇水后的3～5天在棚温上升到28℃时，开窗通风排湿。

（3）植株调整。①吊蔓。当植株有8～10片叶时应进行吊蔓与绑蔓。②落蔓。当瓜秧的高度离棚室有30cm左右时，要进行落蔓，首先将下部老叶、黄叶、病叶打掉，打时叶柄留长些，以免严冬季节低温高湿，伤口溃烂后延伸至主蔓，而折倒，影响产量。

（4）人工授粉或激素处理。西葫芦属异花授粉作物，深秋严冬温度低，雄花少，昆虫很少或无昆虫，影响授粉，造成落花或化瓜。因此，必须进行人工授粉或激素处理。每天上午9～11时要以20mg/kg的2,4-D或30mg/kg的防落素，掺加50～100mL/kg的九二〇，再掺加0.15%的速克灵或扑海因药液蘸花心和瓜柄，促进坐瓜。人工授粉的方法是在晴天上午9～11时，摘下当日开放的雄花，去掉花冠，在雌花柱头上轻轻涂抹；也可将人工授粉和激素处理相结合，其效果会更好。激素处理时，内加红色素，作为标记，

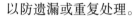

以防遗漏或重复处理。

（5）CO_2 施肥。可进行 CO_2 施肥，以满足光合作用的需要。常用碳酸氢铵加硫酸反应法，碳酸氢铵的用量，深冬季节 3 ~ 5g/m²，2 月中、下旬后 5 ~ 7g/m²，使室内 CO_2 的浓度达到 1 000 mg/kg 左右。

（六）采收

西葫芦果实的采收应根据嫩瓜大小、单株坐瓜数及植株生长势而定，根瓜的采收时期应在开花后 10 ~ 14 天、单瓜质量 250g 左右时采收较合适、次期的植株在主蔓上有 2 ~ 3 个幼瓜和 1 ~ 2 朵正在开放的雌花、开放的雌花前有 2 ~ 4 片展开叶，植株生长势中等；对茎粗叶大营养生长过旺的群体，单株坐瓜又少时，可适当晚收 2 ~ 3 天，以达坠秧防徒长的目的；对植株长势弱、单株坐瓜又多的群体应提早收瓜，促进营养生长，防止化瓜，同时要疏去生长慢、发黄、弱小的幼瓜，以达植株营养生长和生殖生长的平衡。

西葫芦的采收应在清晨进行。采收后大小应分级销售，分级预冷后装入塑料薄膜的包装箱或竹筐内。西葫芦皮脆嫩，在收或装筐过程中都应轻拿轻放，防止挤伤、压伤、碰伤。在采收当天没有销售时，应贮藏在 8 ~ 12℃ 及相对湿度 95% 的环境条件下为宜。

三、日光温室西葫芦冬春茬栽培

（一）栽培季节及品种选择

冬春茬 12 月下旬育苗，1 月下旬定植，2 月中下开始采收至 5 月中下旬拉秧。

选用根系发达、抗寒性强、抗病毒能力强、耐低温（气温 5℃ 时能正常结瓜）、瓜形美观、坐果率高、产量高的品种，如冬玉 F1。

（二）育苗

1. 育苗

播量一般为 225~300g/亩。选饱满的种子用 55~60℃的热水烫种 10min，并不断搅拌到水温 30℃时浸种 4h 后，搓洗干净种子表面的黏液，取出沥干后用湿布包好，放置在 25~30℃的条件下进行催芽，在催芽的过程中每天用温水冲洗 1 次湿布，1~2 天后当芽长 5mm 时待播。温室育苗的营养土是用近几年未种植过葫芦科蔬菜的肥沃园土与充分腐熟的厩肥以 6：4 的比例混合均匀后过筛形成的，苗床规格为畦宽 150~200cm、深 15cm，然后在苗床内铺好配制的营养土 10cm 厚。播种要选择在晴天进行，先将苗床浇透水，然后按照株行距 10cm×10cm 点播，种子要平放，播完后覆土厚 2~3cm，最后再盖上地膜以保持土壤湿润。

2. 苗床管理

（1）温度管理。出齐苗的适宜温度为白天、夜间分别维持在 25~30℃、16~18℃，3~4 天即可顺利出齐苗；齐苗后的温度白天、夜间要分别保持在 18~24℃、10~12℃；低温炼苗可在定植前 5~7 天进行，温度白天、夜间分别维持在 16~18℃。

（2）水分管理。待苗出土后揭膜，一般不需再浇水，可再覆厚 0.5~1.0cm 的细土 2~3 次。若叶色较深、苗生长慢，可选择晴天上午适当给植株喷水，并及时松土、通风，以防幼苗徒长，当幼苗 3~4 片真叶、株高 12cm 时可定植。

3. 整地定植

可在定植前 7 天扣棚，但是，要在棚室的放风处设置防虫网纱以减少蚜虫和白粉虱进入。选择前茬为非葫芦科蔬菜的地块作为定植地，结合整地施腐熟鸡粪 2 000kg/亩、过磷酸钙 100kg/亩、钾肥 15~20kg/亩，精细整地，整平做垄，使垄面宽 10cm、底宽 20cm、高 10~15cm，大垄距为 100cm、小垄距分别为 40cm，每垄定植 1 行，即按大行距 120cm，小行距 60cm 定植。1 月中下旬，选晴天上午于垄上按 45 ～ 50cm 株距挖穴坐水栽苗，栽苗 1 600 株/亩左右。

4．田间管理

（1）缓苗期至抽蔓期。

①温度管理：定植后闭棚保温促缓苗，缓苗后棚内温度超过 25℃时进行放风，下午降至 20℃时关闭放风口。夜间温度前半夜 13 ～ 15℃，后半夜为 10 ～ 11℃，最低为 8℃。促进根系发育，控制地上部徒长。

②水肥管理：浇足定植水后浇 1 次缓苗水，水量不宜过大。当根瓜坐住后（开始膨大生长）再开始浇催瓜水。

③吊蔓缠蔓：植株 8 ～ 9 片叶开始吊蔓。尼龙绳上端固定在铁丝上，下端固定在植株根茎附近，将西葫芦的茎缠绕在尼龙绳上，使其直立生长。同时，摘除侧枝、卷须。

（2）结果期。

①温度管理：根瓜坐住后，日温提高到 25 ～ 28℃，夜温 15 ～ 18℃。低温弱光期间采用低温管理，日温保持 23 ～ 25℃，夜温 10 ～ 12℃。地温保持在 12℃以上，短时间低于 12℃不致受害。当外界最低温度稳定在 12℃以上时，加大昼夜温差，增加营养积累。

②光照调节：增光补光。适当稀植、及时整枝吊蔓、后墙张挂反光幕及经常擦拭棚膜等。水肥管理：当根瓜长至 10cm，选晴天上午浇 1 次水，并随水追施硫酸钾 15kg/亩，始瓜期每 10 ～ 15 天膜下暗灌 1 次水。盛果期要加强水肥管理，之后可每 7 天选择晴天浇 1 次水，但是如果连续阴天要酌情浇水。追肥可结合浇水进行，每浇 2 次水就追肥 1 次，每次追施腐熟的人粪液，或复合肥 15 ～ 20kg/亩。每次采收前 2 ～ 3 天浇水，采收后 3 ～ 4 天不浇水，以利于控秧促瓜。

③蘸花保果：西葫芦从开花到采收时间短，仅需 10 天左右，且温室栽培对昆虫授粉不利。因此，要及时蘸花。人工授粉宜于 8 ～ 10 时雌花开放时，摘取开放的雄花，去掉花瓣，将雄蕊花粉轻

轻涂抹在开放的雌花柱头上，雄花很少，不能满足需要时可用毛笔蘸 4~6 g/L 保果宁抹雌花柱头和瓜柄。采收后期，尽量采用人工授粉，不用生长调节剂处理，以减少化学物质在蔬菜产品中的残留。

④植株整理：随着下部果实的采收和新蔓的生长，逐步摘除下部老叶病叶，若果实过多，可疏除部分幼果。

5. 适时采收

雌花开放后 10~15 天，单果重 250~300g 时采收。采收宜在早晨进行，采后逐个用软纸包好装箱。

四、大棚西葫芦秋延后栽培

(一) 选用优良品种

秋延后西葫芦宜选用早熟、抗病、耐湿、耐阴并耐低温性较强的丰产品种，如早青一代等。

(二) 适期播种、嫁接、培育壮苗

1. 播种期

秋延后西葫芦一般 8 月底至 9 月初播种。由于秋延后栽培温度渐低，光照差，易早衰，宜采用嫁接法栽培。一般采用靠接法，西葫芦播种 2~3 天后，再播种黑籽南瓜。

2. 浸种催芽

南瓜、西葫芦种子的浸种催芽方法相同。先用清水漂去成熟度较差的种子，再把种子倒入 55℃的水中，不断搅拌，当水温降至 30℃时，再浸泡 4~6h，用清水冲洗干净，沥去明水，用纱布包好，放在 25~30℃环境中催芽。

3. 苗床准备

8 月底阴雨天多，苗床应选择地势高、能浇能排、疏松、肥沃的土壤。近年未种过瓜类蔬菜的地块，提前 10 天施入熟化鸡粪，每平方米苗床 10kg，并用多菌灵（按说明用药）进行土壤灭菌，翻整好后，做成 1.2m 宽的畦子。

4. 播种

按 5～8cm 株行距播西葫芦种子，覆土 3cm，3 天后用同样方法播黑籽南瓜种子。播后为防止畦面干燥及雨水冲淋而影响出苗，插小拱棚覆盖薄膜，但温度要控制在 25～28℃，高于 28℃ 要及时放风，待 70% 出苗后，可以撤去薄膜，防止徒长。

5. 嫁接与管理

西葫芦第一片子叶微展为嫁接适期。采用靠接法：挖出砧木苗子，剔除砧木生长点，在砧木子叶下 0.5～1cm 处用刀片做 45° 角向下削一刀，深达胚轴的 2/5～1/2 处，长约 1cm。然后取接穗（西葫芦）在子叶下 1.5cm 处，用刀片作 45° 角向上削切，深达胚轴的 1/2～2/3，长度与砧木相等，将砧木和接穗的接口相吻合，夹上嫁接夹，栽到做好的苗床上，边栽边浇水，并同时插拱棚覆膜，盖上草帘，遮阴 3～4 天，逐渐撤去草帘，10 天后切断西葫芦接口下的胚根，伤口愈合后，加大通风量炼苗，苗子 3 叶 1 心到 4 叶 1 心为定植适期。

（三）定植

1. 施肥、整地、做畦

选择近年来未种过瓜类蔬菜，土壤肥沃疏松的地块，建造大棚，每亩施入腐熟鸡粪 4 000～5 000kg，磷酸二氢铵 25kg，氮、磷、钾复合肥 15kg，尿素 15kg，深翻 15cm，耙碎，做成高 15～20cm，宽 70cm 的垄，垄顶中间做 8～12cm 深的浇水沟。

2. 定植

暗水定植，每垄双行，株距 50cm，每亩栽植 2 200 株。

（四）管理

1. 温度管理

定植后温度维持在 25～30℃，以利于缓苗，超过 30℃时及时放风，缓苗后温度控制在 20～25℃，防止秧苗徒长。随着外界温度逐渐降低，气温在 12～15℃时，夜间要加盖草帘，但要早揭晚盖延长光照时间，第一雌花开放前，温度 22～25℃，根瓜坐住后，温度 22～28℃，促进果实生长发育。中后期往往有寒流并伴随雨雪，要注意保温，温度不低于 8℃，不透明覆盖物要早揭早盖，并减少通风。

2. 水分管理

定植缓苗浇一次缓苗水，第一雌花开放结果前控制浇水；如果十分干旱，可浇跑马水，防止秧苗疯长。第一瓜坐住后可浇大水。前期要及时通风排湿，中后期虽然气温低，晴天中午也要放风排湿。

3. 肥料

定植缓苗后，根据苗子长相施一次肥，亩施 10～15kg 磷酸二氢铵，采收根瓜后，如缺肥，可结合浇水施磷酸二氢铵 10kg，中后期浇肥会增加棚内温度，造成病害流行，可选晴天中午，隔 5～7 天喷 0.2% 磷酸二氢钾和 0.2% 尿素混合液 2～3 次。通风量减少的时候，可揭去不透明覆盖物，进行 CO_2 施肥。

4. 生长调节剂使用及植株调整

①生长调节剂使用由于大棚内光照差、植株长势弱，湿度大，易化瓜，雌花开放上午 8～10 时用 15～30mg/kg 的 2,4-D 涂花柄及花柱，以利坐瓜。②植株调整第一瓜收获后，吊蔓并及时抹去侧蔓，如果侧蔓已着嫩瓜，可打去顶芽保留 2～3 片叶，随着下部叶片的老化，及时疏老叶。

（五）收获

当第一瓜达到 0.3kg 时，及时收获，防坠秧，造成秧蔓早衰和其他雌花脱落。

五、大棚西葫芦春季提前栽培技术

（一）选择品种

一般选种早熟品种，如新早青一代、早抗嫩玉等。

（二）适时播种

大棚春季提前西葫芦一般在 2 月中下旬播种育苗。多在温室中进行，采用营养钵育苗。用 55℃ 温汤浸种，将种子放入 55℃ 温水中不停地搅拌，直到水温降至 30℃ 左右时，浸种 4 ~6h，捞出后沥干水分，在 28 ~30℃ 条件下催芽 48h 即可出芽、播种。

播种后至幼苗出齐前应保持日温 28 ~32℃，夜温不低于 20℃，争取 3 ~4 天出齐。幼苗出土后应注意通风，适当降低温度，白天控制在 20 ~25℃、夜间 12 ~16℃，防止幼苗徒长。定植前一周左右适当降低温度，白天控制在 15 ~20℃、夜间 5 ~8℃，进行幼苗锻炼，提高幼苗抗性。

当幼苗长到 3 ~4 叶，株高 10 ~12cm，苗龄约 30 天时即可定植。

（三）定植

当大棚内的最低气温为 8℃ 以上、地温稳定在 10 ~12℃ 以上时定植才比较安全。一般黄淮地区于 3 月中下旬定植比较安全。即当地晚霜结束前 35 ~40 天。

定植前 10 ~15 天应扣棚烤地，提高地温。结合整地每亩施优质腐熟农家肥 5 000kg、过磷酸钙 50kg、磷酸钾复合肥 40kg，按照大行距 70~80cm、小行距 50cm 起垄，垄高 15~20cm，地膜覆盖栽培。

定植应选在晴天上午进行，在定植垄上按 50~60cm 穴距开穴，穴中浇水，待水渗下后放入苗坨，用湿土封穴并把膜口封严。

在分株浇完稳苗水后，再分株浇 1~2 次水。缓苗后顺沟浇一次水，然后中耕 2~3 次，中耕期间，若不是过分干旱，不进行浇水施肥，以防徒长。

定植后封闭棚室提高温度，促进缓苗，晴天白天保持 25~28℃，夜间保持 15~18℃，天气转暖后，要注意降温放风，防止高温危害。外界的日平均温度达到 20℃ 以上，最低 15℃ 以上时，可以揭除棚膜。揭膜以前要进行 3~5 天的大通风炼苗。

（四）栽后管理

1. 浇水中耕

缓苗后顺沟浇水一次，然后中耕锄划 2~3 遍。开始结瓜后每周浇水一次，两周追肥一次。

2. 温度控制

定植后封闭棚室，尽量提高温度，以促进缓苗。天气转暖后，如棚内温度过高，应及时放风降温，防止高温烧苗。当外界日平均气温在 20℃ 以上、最低温度不低于 15℃ 时，可以揭除棚膜。

3. 保花保果

植株在棚内开花期间应坚持人工授粉，以进一步提高坐瓜率。

4. 防病

植株在棚内生长前期，容易出现以细菌性病害为主的多种病害，发病后可以用农用青霉素、链霉素与代森锰锌混合剂进行防治。

（五）采收

适时采收，不仅可以提高后期产量，也可提高经济效益，避免坠秧。

六、无公害西葫芦病虫害综合防治技术

（一）农业防治

（1）培育无病壮苗。

（2）科学的田间管理。

①清理田园，去除残枝败叶，烧毁或深埋，铲除田边杂草，施基肥后深翻土壤30cm，以减少菌源。

②采用高畦栽培，并覆盖地膜，冬季采用微滴灌或膜下暗灌技术，保护地设施栽培采用消雾型无滴膜，加强棚室内温湿度调控，适时通风，适当控制浇水，浇水后及时排湿，以控制病害发生。

③及时吊蔓，发现病叶、病瓜和老叶应及时摘除，携出田外深埋。露地西葫芦应适时中耕除草，疏松土壤。

④在农事操作中应将病株与健株分开进行，以免传播病毒，或在病株上操作后用肥皂水洗手，再在健株上操作。

（二）物理防治

黄板诱蚜：利用蚜虫对黄色有趋性的特点，用黄板来诱集有翅蚜。黄板由纤维板或硬纸板制作而成，材料可因地制宜，大小一般为20~40cm。纤维板或硬纸板用油漆涂成黄色，外涂机油，然后将其钉上木条插在田间。黄板离地高度应掌握黄板的高度略高于西葫芦植株。

（三）生物措施防治

（1）保护地内设置黄板诱杀白粉虱、蚜虫、美洲斑潜蝇等，也可释放丽蚜小蜂控制白粉虱。

（2）可选用1%农抗武夷菌素150～200倍防治灰霉病、白粉病；用0.9%虫螨克乳油3 000倍防治叶螨，兼治美洲斑潜蝇；用72%农用链霉素4 000倍液和新植霉素4 000倍液防治细菌性叶枯病。

（四）化学药剂防治

（1）保护地防治白粉病可选用45%百菌清烟剂，用量250g/亩，或5%百菌清粉尘剂，用量1kg/亩；防治灰霉病可用6.5%万霉灵，用量1kg/亩。防治白粉病、灰霉病，可选用65%甲霉灵可湿性粉剂800倍液，或28%灰霉克可湿性粉剂500倍液，或50%扑海因可湿性粉剂600倍液。用防落素等蘸花时，在药液中加入0.1%的50%速克灵、28%灰霉克可减轻灰霉病的发生；利用50%琥胶肥酸铜（DT）可湿性粉剂400倍液或25%青枯灵可湿性粉剂500倍液防治细菌性叶枯病。

（2）在病毒病发病初期，可用1.5%植病灵600倍液，或20%病毒A可湿性粉剂500倍液，或5%菌毒清水剂200～300倍液与爱多收6 000倍液混合喷雾防治。

（3）防治蚜虫、美洲斑潜蝇可用10%大功臣可湿性粉剂1 000倍液，或2.5%天王星可湿性粉剂2 000倍液，或2.5%功夫乳油2 000倍液。

第十章　西瓜栽培技术

西瓜原产南非，而栽培西瓜历史最悠久的国家是埃及、印度、希腊等，西瓜由陆路沿着丝绸之路被传到中亚波斯、西域一带，13、14 世纪以后，从南欧传到北欧，16 世纪传到英国，17 世纪以后又陆续传到美国、俄国和日本，并在世界上广泛传播开来。西瓜传入中国新疆地区大约是在唐代初年，而传入中国内地大约是在五代、宋辽时期。自从西瓜被传入世界各国以后，西瓜生产便逐步发展起来，面积逐步扩大，产量和品质逐步提高，西瓜已成为人们日常消费的主要水果之一。

一、西瓜栽培的生物学基础

（一）形态特征

1. 根

西瓜的根系分布深而广，可以吸收利用较大容积土壤中的营养和水分，比较耐旱。其主根入土深达 80cm 以上，在主根近土表20cm 处形成 4~5 条一级根，与主根成 40°角，在半径约 1.5m 范围内水平生长，其后再形成二、三级根，形成主要的根群，分布在30~40cm 的耕作层内，在茎节上形成不定根。

根系生长的特点：①根系发生较早。据安徽省农科院园艺研究所苗期观察结果，出苗后 4 天主根长 9.4cm，侧根 31 条；出苗后 8天的幼苗主根长 12cm，一级根 55 条，二级根 20 条；出苗后 15~16 天长出 1 片真叶的幼苗，主根长 14cm，一级根 60 条，二级根

31条。其后各级侧根生长迅速。出苗后约60天，开始坐果时，根系生长达高峰。②根纤细，易损伤，一旦受损，木栓化程度高，新根发生缓慢。因此，幼苗移植后恢复生长缓慢。③根系生长需要充分供氧。在土壤通透性良好、氧分压10%时，根的生长旺盛，根系的吸收机能加强；在通气不良的条件下，则抑制根系的生长和吸收机能。故在土壤结构良好，空隙度大，土壤通气性好的条件下根系发达。西瓜的根系生长需要充分供氧，因而根不耐水涝，在植株浸泡于水中的缺氧条件下，根细胞腐烂解体，影响根系的生长和吸收功能，造成生理障碍。因此，在连续阴雨或排水不良时根系生长不良。土质黏重、板结，也影响根系的生长。

2. 茎

西瓜茎包括下胚轴和子叶节以上的瓜蔓，革质、蔓性，前期呈直立状，子叶着生的方向较宽，具有6束维管束。蔓的横断面近圆形，具有棱角，10束维管束。茎上有节，节上着生叶片，叶腋间着生苞片、雄花或雌花、卷须和根原始体。根原始体接触土面时发生不定根。西瓜瓜蔓的特点是前期节间甚短，种苗呈直立状，4~5节以后节间逐渐增长，至坐果期的节间长18~25cm。另一个特点是分枝能力强，根据品种、长势可以形成4~5级侧枝，造成一个庞大的营养体系。其分枝习性是当植株进入伸蔓期，在主蔓上2、3、4、5节间发生3~5个侧枝，侧枝的长势因着生位置而异，可接近主蔓，在整枝时留作基本子蔓，这是第1次的分枝高峰；当主、侧蔓第2、3雌花开放前后，在雌花节前后各形成3、4个子蔓或孙蔓，这是第2次分枝时期。其后因坐果，植株的生长重心转移为果实的生长，侧枝形成数目减少，长势减弱。直至果实成熟后，植株生长得到恢复，在基部的不定芽及长势较强的枝上重新发生，可以利用它二次坐果。

3. 叶

西瓜的子叶为椭圆形。若出苗时温度高，水分充足，则子叶肥厚。子叶的生育状况与维持时间长短是衡量幼苗素质的重要标志。

真叶为单叶，互生，由叶柄、叶身组成。有较深的缺刻，成掌状裂叶。叶片的形状与大小因着生的位置而异。第1片真叶呈矩形，无缺刻，而后随叶位的长高裂片增加，缺刻加深。第4、第5片以上真叶具有品种特征，第1片真叶叶面积10cm^{2}左右，第5片真叶达30cm^2，而第15片叶可达250cm^2，是主要的功能叶。叶片由肉眼可见的稚叶发展成为成长叶需10天，叶片的寿命为30天左右。叶片的大小和素质与整枝技术有关：在放任生长的情况下，一般叶数很多，叶形较小，叶片较薄，叶色较浅，维护的时间较短；而适当整枝后叶数可明显减少，叶形较大，叶质厚实，叶色深，同化效能高，可以维持较长的时间，并较能抗御病害的侵染。在田间可根据叶柄的长度和叶形指数诊断植株的长势：叶柄较短，叶形指数较小是植株生长健壮的标志；相反，叶柄伸长，叶形指数大，则是徒长的标志。

4. 花

西瓜的花为单性花，有雌花、雄花，雌雄同株，部分雌花的小蕊发育成雄蕊而成雌型两性花，花单生，着生在叶腋间。雄花的发生早于雌花，雄花在主蔓第3节叶腋间开始发生，而雌花着生的位置在主蔓5~6节出现第1雌花，雄花萼片5片，花瓣5枚，黄色，基部联合，花药3个，呈扭曲状。雌花柱头宽4~5mm，先端3裂，雌花柱头和雄花的花药均具蜜腺，靠昆虫传粉。西瓜的花芽分化较早，在两片子叶充分发育时，第1朵雄花芽就开始分化。当第2片真叶展开时，第1朵雄花分化，此时为性别的决定期。4片真叶期为理想坐果节位的雌花分化期。育苗期间的环境条件，对雌花着生节位及雌雄花的比例有着密切的关系：较低的温度，特别是较低的夜温有利于雌花的形成；在2叶期以前日照时数较短，可促进雌花的发生。充足的营养、适宜的土壤和空气温度可以增加雌花的数目。花的寿命较短，清晨开放，午后闭合，称半日花。无论雌花或雄花，都以当天开放的生活力较强，授粉受精结实率最高。由于其开花早，授粉的时间与雌花结实率有密切的关系，上午9时以后授粉结实率明显降低。授粉时的气候条件影响花粉的生活力，而对柱头的影响较小。两性花多在植株营养生长状况良好时发生，子房较大，易结实，且形成较大果实，对生产商品瓜影响不大。第2朵雌花开放至采瓜约需25天。

5. 果实

西瓜的果实由子房发育而成。瓠果由果皮、内果皮和带种子的胎座三部分组成。果皮紧实，由子房壁发育而成，细胞排列紧密，具有比较复杂的结构。最外面为角质层和排列紧密的表皮细胞，下面是配置8～10层细胞的叶绿素带或无色细胞（外果皮），其内是由几层厚壁木质化的石细胞组成的机械组织。往里是中果皮，即习惯上所称的果皮，由肉质薄壁细胞组成，较紧实，通常无色，含糖量低，一般不可食用。中果皮厚度与栽培条件有关，它与贮运性能密切相关。食用部分为带种子的胎座，主要由大的薄壁细胞组成，细胞间隙大，其间充满汁液。为三心皮、一室的侧膜胎座，着生多数种子。果实的生长首先是细胞的分裂，细胞数目的增多，而后是细胞的膨大。据测定，开花2周后胎座薄壁细胞直径20～40nm，而采收期达350～400nm，增加10倍以上。

6. 种子

西瓜种子扁平，长卵圆形，种皮色泽黑色，表面平滑，千粒重仅28g左右。种子的主要成分是脂肪、蛋白质。据测定，种仁含脂肪42.6%，蛋白质37.9%，糖5.33%，灰分3.3%。种子吸水率不高，但吸水进程较快，新收获的种子含水量47%，在30℃温度下干燥2～3天，降至15%以下；干燥种子吸水2～3天含水量15%以上，24h达饱和状态。种子发芽适温25～30℃，最高35℃，最低15℃。新收获的种子发芽适温范围较小，必须在30℃下才能发芽。而贮藏一段时间后可在较低温度下发芽。干燥种子耐高温，利用这一特性进行干热处理，可以钝化病毒或杀死病原，达到防病的目的。种子表现为嫌光性，反应部位是种胚，在发芽适温条件下，嫌光性还不能充分显示出来，而在15～20℃下充分表现嫌光性。果汁含有抑制种子发芽的物质，越是未成熟的果汁，抑制作用越强。刚采收的种子发芽率不高，是由于种子周围抑制物质所致，经贮藏 6 个月后抑制物质消失，在第 2 年播种时不影响发芽率。种子寿命 3 年。

（二）生长发育周期

西瓜的全生育期 80～85 天，其生育过程可以分为发芽期、幼苗期、伸蔓期和结果期。

1. 发芽期

种子萌动至子叶平展，苗端形成 2～3 个稚叶。在 25～30℃ 条件下，需经 10 天左右。此期主要靠种子贮藏的养分，地上部干重的增长量很少，胚轴是生长中心，根系生长较快。子叶是此期主要光合作用器官，生理活动旺盛。

2. 幼苗期

由第 1 片真叶露心至 5～6 叶"团棵期"。在 20～25℃ 下，通常需 20 天左右，而在 15～20℃ 下约需 30 天，此期又可分为 2 叶期和团棵期。2 叶期是露心至 2 片真叶开展，此时下胚轴和子叶生长渐止，主茎短缩，苗端具 4～5 个稚叶、2～3 个叶原基，此期植株生长缓慢；团棵期是指 2 叶展开至具有 5～6 叶阶段，苗端具 8～9 个稚叶、2～3 个叶原基，此期主要是叶片和茎的增长。幼苗期地上部干、鲜重及叶面积的增长量小，但生长速度呈指数曲线增长。根系生长加速。侧枝、花芽的分化旺盛。为以后茎叶的生长与开花结果打下良好的基础。

3. 伸蔓期

幼苗团棵至坐果期雌花开放。在 20～25℃ 下，经 23～25 天。节间伸长，植物株由直立生长转为匍匐生长，这标志着植株旺盛生长，植株干重增长量迅速增加。茎叶干重分别为地上部干重的 23.61%、74.64%，展叶数多，叶面积为最大值的 57%，主、侧蔓长度分别为最大值的 63.16%、68.96%。由此可见，伸蔓期是茎叶生长的主要时期，以建立强大的营养体。该期生长中心是生长点，主、侧蔓间尚有营养的相互转移。

4. 结果期

此期从坐果节位雌花开放至果实成熟，直至全田采收完毕。主蔓第 2、3 雌花开放至坐果，在 26℃下约需 4 天，此时是由营养生长过渡到生殖生长的转折期，茎叶的增长量和生长速度仍较旺盛，果实的生长刚刚开始，随着果实的膨大，茎叶的生长逐渐减弱，果实为全株的生长中心，膨瓜期 15～25 天；从定个到成熟需 7～10天，也是西瓜的糖分转化期。早熟西瓜生长期一般 25～28 天；中晚熟品种 35～40 天。

（三）对环境条件的要求

西瓜喜温、喜光，要求昼夜温差大，空气干燥，土壤通气性好。

1. 温度

西瓜的生育适温 20～30℃，发芽期需 25～30℃，幼苗期 22～25℃，伸蔓期 25～28℃，结果期 30～35℃。开花坐果期，温度不得低于 18℃；果实膨大期和成熟期以 30℃ 最为理想。坐瓜后需较大的昼夜温差，根系生长最适温度为 28～32℃。

2. 光照

西瓜喜光怕阴，光饱和点为 8 万 lx，光补偿点为 4 000lx；结果期要求日照时数 10～12h 以上，少于 8h 结瓜不良。在晴天多、强光照条件下，植株生长好，产量高，品质好；相反，在阴天多、弱光照的条件下，植株生长势弱，产量低，品质差，同时易感染病害。

3. 水分

西瓜根系发达，吸收能力强；叶片水分蒸腾量小，所以耐旱，但严重干旱时，果实中的水分能倒流回茎叶。

西瓜不同生育期对水分要求不同：幼苗期需水量少，伸蔓期需充足水分，膨瓜期需水分最多，但成熟期若水分多会导致含糖量降低；开花期间，空气相对湿度以 50% ~ 60% 为宜。

4. 土壤营养

西瓜种植以沙壤土为最好，适宜土壤 pH 值为 5.0 ~ 7.0，能耐轻度盐碱。西瓜需肥量较大，据测试，每生产 1 000kg 西瓜需吸收氮 4.6kg、磷 3.4kg、钾 4.0kg。营养生长期吸收氮多，钾次之；坐果期和果实生长期吸收钾最多，氮次之，增施磷、钾肥可提高抗逆性和改善品质。

二、西瓜"一茬多收"高效栽培技术

所谓"一茬多收"高产栽培技术：就是在大棚栽培条件下，通过肥水一体化等调控措施，促进子孙蔓不断生长、结果，从而达到种植一茬多批收获的目的。"一茬多收"高产栽培技术一般从 2 月上、中旬播种，3 月上、中旬移栽，5 月中旬开始收获，直至 10 月上旬收获结束。收获时间长达半年之多。该项技术的栽培要点为：

（一）移栽前准备

1. 田块选择

田块选择要求地势高，土层疏松，交通方便，3 年以上未种过瓜茄等作物的田块。

2. 施足基肥

结合冬季耕翻，要求亩施腐熟猪粪或鸡粪 1 500kg 或菜籽饼 50kg 磷肥 40kg 硫酸钾 10kg。作垄时亩施三元复合肥 10 ~ 15kg，并喷施敌克松药剂进行土壤消毒。

3. 大棚搭建

在移栽前要搭建好大棚，大棚长度要求在 30m 左右，以利于通风降湿。钢管棚宽一般是 5.8m，毛竹棚宽 6.8m。黄淮地区 1 ~ 2

月气温较低，并有寒潮袭击，所以一定要做好保温加温措施，一般要求大棚内加小拱棚和地膜，地膜选用多功能地膜，大棚膜要选用多功能无滴膜。

（二）育苗

苗好半成收。培育壮苗是夺取西瓜"一茬多收"的基础，并能提早移栽，早发棵，早结果。

1. 育苗时间

适时早播，能提早采摘。育苗时间一般掌握在 2 月上中旬，3月上中旬移栽，苗龄在 30 ~ 35 天。

2. 品种选用

选择优良，抗病、高产品种是夺取西瓜高产的基础。一般种植品种有"8424"（早佳），早佳 3 号、京欣一号等。"8424"品质优，味道好，汁多，是人们喜爱的高产品种，早佳 3 号具有抗病、抗逆性好，生长势强，产量高等特点。小型瓜一般有早春红玉、春光、特小红等。

3. 基质穴盘育苗

播种前 20 天要搭好育苗大棚，棚宽 6m，棚长根据育苗数量决定。育苗前要提前覆盖大棚农膜，提高棚内地温。大棚内可做两个2.4m 宽的育苗畦，畦面整平后铺上一层地膜。电热线可按常规使用。播种后要在大棚内的苗床上加盖二层小棚和草帘保温。选用50 孔穴盘，每袋 50L 的基质可装 12 个穴盘。基质装盘前先将基质喷水充分拌匀，一般 50L 基质加水 3 ~ 4kg 搅拌，调节基质含水量到 50% ~ 60%，并使其膨松后装入穴盘，刮去盘面上多余的基质。

4. 浸种催芽

先将种子浸入 55℃温水中进行种子灭菌处理 15min，要不断搅拌，随后在 30℃温水中浸种 5 ~ 6min，洗净种子表面黏附物，用透气性好的纱布包好放入 30℃左右恒温地方催芽 24h 左右，待种子基本露白后播种。

5. 播种

播种时要先打孔，孔要打在穴盘的正中央，深度以 1cm 为宜。摆种要挑芽长基本一致的西瓜种子平放入穴盘播种孔的正中，一穴一粒，再用基质盖好刮平，整齐地排放在苗床上。播种深度以 1cm 为宜，不宜超过 1.5cm。过浅易导致种子带帽，过深，出苗时间迟，瓜苗质量差。种子摆好后及时用喷水壶喷足水并覆盖一层地膜，以利保温保湿。

6. 苗床管理

播种后 2～3 天要及时查看苗情，当种子有一半左右出土时，及时揭去地膜，使小苗见光绿化，见有子叶带帽出土，要及时人工"脱帽"。揭膜迟容易形成"高脚苗"。

7. 温湿度管理

播种至齐苗前棚温白天控制在 28～32℃，夜间小棚上加盖草帘必要时用电热线加温，保持温度 18～20℃，增温出苗。齐苗后到第一片真叶出现，要适当通风，降底床温，白天温度控制在 22～25℃，夜间可盖上草帘，保持温度 15℃左右，防止出现高脚苗。幼苗破心后可提高棚内温度，一般白天 27～30℃，夜间 20℃左右，出苗后，原则上不通电加温。晴天通风一定要及时，晚上注意加盖覆盖物保温。定植前 4～5 天降温炼苗，白天控制在 18～22℃，夜间保持在 13～15℃。在保证温度的情况下，应尽量加大通风量和通风时间，降低棚内湿度，浇水应在晴好天气中午进行，浇后及时通风降湿。

8. 光照管理

苗出土后就要及时让其充分见光，整个苗期要尽可能早揭晚盖，让秧苗多见光。连续阴雨天气在雨停期间也要及时揭去草帘让秧苗见散射光。

9. 肥水管理

基质育苗穴盘的穴孔容积小，基质容量少，播种后保持基质湿润是苗齐苗壮的关键。穴盘排放时要尽量保持穴盘水平，保证穴盘基质水分均匀不积水。如时间过长仍未出苗要及时查看并补充水分。出苗后要根据基质含水量情况及时浇水，当基质表面呈干燥疏松状态时及时进行浇水，遇阴雨天可适当减少浇水次数。出苗2周以后，适当喷施叶面肥，同时要适当控制水分，促进秧苗健壮生长。移栽前一天适量浇水，保持基质整体湿润，便于起苗移栽。

（三）定植

定植一般在3月上、中旬开始，定植时一要选择植株健壮，根系发达的秧苗移植。二要抢晴移栽。

1. 定植密度

钢管棚株距掌握在55cm左右，毛竹棚大垄株距在50cm左右，小垄株距在55cm左右。

2. 定植方法

定植前，先铺滴灌管，然后盖地膜，这样有利于提高地温，西瓜苗3叶一心时，选晴天定植，定植时先在地膜上打孔，定植后逐棵浇水，水下渗后封土，此时应注意把定植时打的孔全部封严，以利保墒和提高地温。并要随即覆盖好小拱棚。

（四）大田管理

大棚西瓜肥水管理要突出一个"勤"字，尤其是7、8月，气温高，生长快，需肥水量大，要采用肥水一体化技术及时浇水追肥。

1. 看苗施好伸蔓肥

对施足基肥，长势健壮的，一般不施伸蔓肥。瓜苗长势差的适当施些伸蔓肥。

2. 施好膨瓜肥

为有利于第二批坐瓜，膨瓜肥不宜过早。一般要求西瓜在碗口大时，亩施大量元素水溶性肥3～5kg；一周后再施大量水溶性肥2～3kg左右，采收前一周停止追肥。

3. 施好调控子孙蔓肥

该肥是调控子孙蔓生长的关键，由于7月后气温逐步上升，瓜蔓生长快，需肥水量大。在每次采收西瓜后第二天就要施好该肥，促进子孙蔓生长。7、8月高温季节要适当增加施肥次数，确保肥水供应。

4. 肥水一体化

每次采瓜以后，都要及时浇水追肥，亩追施液体腐殖酸肥3～5kg，追肥时把肥料加入施肥罐中。肥水一体化是在滴灌的基础上增加一个施肥罐，施肥罐与滴灌系统同处于一个压力循环系统，因此在实现节水滴灌的同时，肥料也随水一起运送到西瓜植株根部，而且当一个追肥过程完成后，还要滴灌清水30min，这样既有利于清洗管道以防堵塞，且有利于通过水的下渗把肥料运送到植株的吸收根附近。

（五）整枝疏瓜

1. 整枝

大棚西瓜一般采用三蔓整枝法。即当主蔓长到50cm时开始选留主蔓和两个侧蔓；西瓜长到碗口大时开始选留1～2子蔓，将结瓜节位前子蔓全部打掉；以后每一结瓜层选留1～2子孙蔓。

2. 疏瓜

通过疏瓜，可使西瓜质量优、瓜形大。当西瓜长到乒乓球大小时疏瓜，一般要求主蔓保留2～3只瓜，子蔓留2只瓜。疏瓜注意保留圆整瓜，疏去病瓜、弱瓜、畸形瓜。

（六）人工授粉

西瓜是雌雄异花植物，一般依靠昆虫授粉，结瓜率低，人工授粉是保证坐瓜率的主要手段。一般授粉时间在上午7～10时进行，阴雨天，气温低，开花慢，可延迟到11～12时。授粉后要做好授粉标记。

（七）适时采收

过早过迟采收，都会影响西瓜品质，所以，一定要适时采收。大棚西瓜，前期气温较低，成熟时间长，第一批瓜一般 35～40 天成熟；随着气温升高，成熟时间加快，第二批瓜在 30～35 天成熟；中后期 20 天左右就成熟。采瓜一可根据皮色，二可根据授粉标记日期进行采收。采收宜在上午进行，并要用剪刀剪收。

三、西瓜双膜覆盖简化栽培新技术

（一）选择适销对路品种

河南省确山县西瓜种植以天地膜覆盖露地栽培为主，西瓜销售以外销为主。近年来筛选出了适应当地的自然条件、适于粗放管理、抗逆性强的中晚熟优良品种，如高抗 6 号、高抗 8 号、抗重茬丰收 3 号、懒汉王、红蜜龙、西农 8 号等。易管理、果形大、耐储运、产量高、品质优是确山县西瓜的品种特点和优势，"确山西瓜"成为西瓜畅销全国各地的品牌。

（二）嫁接育苗

西瓜应用嫁接栽培技术，可以利用砧木品种对土传病害的抗性，解决西瓜产区多年栽培后轮作困难，克服重茬障碍，防止枯萎病等土传病害的危害；同时葫芦、南瓜的根系较西瓜发达，生长适应性强，可增加植株抗寒、抗旱等抗性，显著提高西瓜产量和效益。

1. 苗床建造

日光温室西瓜苗床一般以南北向为宜。苗床宽 3m，长 10m 左右（根据大田面积而定）。苗床中间留 30cm 宽管理走道，在中间过道两侧各做 1.2m 宽，15cm 深的畦作为苗床。在苗床两侧每隔

1m 栽一竹竿，深度为 30cm。竹竿直径 3~4cm，长 3.5m。两侧对应的竹竿向中间弯曲对接成拱形，拱高 2m。拱形做成后，在拱形竹竿间横向连接 3 根竹竿，拱顶 1 根，两侧各 1 根。为坚固大棚，棚中间需立几根竖竿。盖膜后四周用泥土压实，并做好棚门。在严冬季节，棚内还可加小拱棚草苫和地膜，以增温保温。

2. 播前准备

（1）营养土的配制。西瓜营养土宜选用腐叶土或壤土 7 份与腐熟的牛马粪 3 份掺匀、过筛，每立方米苗床土再加 2kg 氮磷钾复合肥，200~300mL 福尔马林对适量水均匀喷洒在营养土里，同时加入 3% 甲基异硫磷颗粒剂 15g，盖上塑料薄膜闷 2~3 天，达到防病虫目的，然后将营养土装钵，排放在苗床上待播种。

（2）种子处理。①晒种：西瓜种子在播种前，首先要进行晒种，其目的一是阳光灭菌；二是提高种子发芽率和发芽势。一般方法是种子摊在席上连晒 2~3 天。②浸种消毒：西瓜种子浸种消毒，选用 10% 抗菌剂 401 配成 500 倍液浸泡种子 0.5h，捞出用清水冲洗干净。然后将种子放入 25℃ 左右的清水中浸种 8h，捞出后用干净的新毛巾揉搓浸泡的种子，经过洗揉，直到种子表面干净光洁，最后将种子在清水中漂洗 1 次，进行催芽。

（3）催芽。催芽的方法很多，有恒温箱法、火炕法、锅台法和人身法，不论哪种方法，催芽的主要因素是温度和湿度。

西瓜发芽的最适温度为 29~30℃，其湿度控制可选用干净毛巾或棉布用清水湿透，拧去多余水分，将浸过的种子均匀地摊在毛巾上，种子厚度不超过 0.1cm，在这种条件下，经 36~40h 就能完成催芽，一般胚芽露出 1~2mm 为宜。

3. 砧木要求和选择

砧木应具备抗枯萎病能力，与接穗西瓜的亲和力强，使嫁接苗能顺利生长结果，并对果实的品质无不良影响。目前，生产上常用的西瓜砧木的种类主要是葫芦和南瓜的不同品种。葫芦砧的不同品种与西瓜有稳定的亲和力，嫁接苗长势稳定，坐果稳定，对西瓜品质无不良影响，但抗病不是绝对的；而南瓜砧的不同品种与西瓜的亲和力差异很大，因此应选择亲和力强的专用品种，但其长势强、抗病，对西瓜品质有一定影响，用南瓜做砧木时要慎重。若选择新的砧木品种，则必须经过试验证明其确实可以作为砧木品种，方可在生产中规模应用。

4. 砧木和接穗的培育

砧木品种很多，目前，生产上应用面积比较大的有：黑籽南瓜、长瓠瓜、圆瓠瓜、葫芦等。采用离土嫁接（即嫁接时把砧木从土中取出）的方法嫁接时，砧木可在播种箱或苗床中撒播，播种密度 1 500 ~ 2 000 粒/m^2 种子。而采用不离土嫁接（即嫁接时砧木不从土中取出）的方法嫁接时，则应在营养钵中点播，每钵播发芽种子 1 粒。接穗种子播种大多采用撒播。一般 2 000 粒/m^2 撒播种子左右。

5. 砧木与接穗的播种期

为了使砧木和接穗的最适嫁接时期相遇，必须调整两者的播种时期；瓠瓜作砧木，采用顶插接和劈接时，砧木在嫁接前 12 ~ 14 天播种，接穗在嫁接前 6 ~ 7 天播种；采用靠接法时，砧木在嫁接前 8 ~ 10 天播种，接穗在嫁接前 12 ~ 15 天播种，也就是接穗比砧木提前 4 ~ 5 天播种。南瓜作砧木，采用顶插接和劈接时，砧木在嫁接前 7 ~ 10 天播种，接穗在嫁接前 6 ~ 7 天播种，也可同期播种；采用靠接法时，砧木在嫁接前 6 ~ 8 天播种，接穗在嫁接前 12 ~ 15 天播种。

6. 西瓜嫁接方法

（1）插接法。先用刀片或竹签将砧木生长点及侧芽削掉，然后用竹签尖头从砧木一侧子叶脉与生长点交界处按 75°角沿胚轴内表皮斜插一孔，深为 7 ~ 10mm，以竹签先端不划破外表皮、握茎手指略感到插签为止。用刀片自接穗子叶下 1 ~ 1.5cm 处削成斜面，斜面长 7 ~ 10mm，然后随即把接穗削面朝下插入孔中，使砧木与接穗切面紧密吻合，同时使砧木与接穗的子叶呈十字形。

（2）劈接法。先去除砧木的生长点，用刀片从两片子叶中间沿下胚轴一侧向下纵向劈开 1.0~1.2cm。注意不要将整个下胚轴劈开。然后将西瓜接穗下胚轴两面各削一刀，削面长 1.0~1.2cm，把削好的接穗插入砧木劈口内，用拇指轻轻压平，用嫁接夹固定或用塑料薄膜条扎紧。

（3）靠接法。先将砧木生长点去掉，在砧木的下胚轴上端靠近子叶节 0.5~1.0cm 处，用刀片作 45°角向下削一刀，深达下胚轴的 1/3~1/2，长约 1cm。再在接穗的相应部位作 45°角向上斜削一刀，深达胚轴的 1/2~2/3，长度与砧木接口相同。最后自上而下把砧木和接穗两舌状切口相吻合（互插），用嫁接夹子或地膜带捆扎，使切面密切结合。

7. 嫁接苗的管理

（1）温度管理。嫁接后 2 天，要求白天气温 25~28℃，不低于 20℃，地温 26~28℃；嫁接后 3~6 天，控制白天气温 22~28℃，夜间 18~20℃、地温 20~25℃。定植前 1 周，气温白天宜 22~25℃，夜间宜 13~15℃。气温低于 10℃或超过 40℃都会影响嫁接苗成活率，晴天应进行遮光，防止高温，夜间应进行覆盖保温。

（2）湿度管理。把接穗水分蒸发量减少到最小程度是提高嫁接苗成活率的决定因素。为保持湿度，栽植前要将苗床浇透水，嫁接后 2~3 天密封小拱棚。嫁接后 3~4 天进入融合期，要逐渐降低湿度，可在清晨、傍晚湿度较高时通风排湿，并逐渐增加通风时间和通风量。10~12 天以后按一般苗床的管理方法管理。

（3）光照管理。嫁接后棚顶用覆盖物覆盖遮光，以免高温和直射光引起接穗凋萎，从嫁接后第 3 天开始，在早上、傍晚除去覆盖物接受散射光各 30min 左右；第 4~5 天早晚分别给光 1h 和 2h；5 天以后视苗情生长状况逐渐增加透光量，延长透光时间；1 周后只在中午前后遮光，逐渐撤除遮盖物，并加强通风，经常炼苗；10~12 天以后按一般苗床的管理方法进行管理。

（4）断根和除萌。靠接苗在嫁接后 10 ~ 13 天，可从接口下 0.5 ~ 1.0cm 处将接穗的下胚轴剪断，将接穗的下胚轴自根基部彻底清除。当嫁接苗通过缓苗期后，接穗开始长出新叶，证明嫁接苗已经成活。大约嫁接 10 天以后，应及时去掉嫁接夹子等捆扎物，以免影响嫁接苗的生长与发育。砧木虽然在嫁接时摘除了生长点，但在子叶节仍可萌发侧芽，应随时摘除。

（5）苗期病虫害防治。苗期病虫害以预防为主，为了提高商品苗的质量，在接穗和砧木出苗后子叶展开时可喷 64% 杀毒矾可湿性粉剂 500 倍液或 72.2% 普力克（又名霜霉威、丙酰胺）400 ~ 600 倍液浇灌苗床防治猝倒病，在嫁接前 2 天左右喷洒百菌清或速克灵预防霜霉病、角斑病、炭疽病；成活期由于保持在高温高湿的环境中，容易发病，可用百菌清烟雾剂预防，嫁接成活后即用代森锰锌等喷施一次，嫁接苗出圃前再用甲基托布津等预防一次。

（三）科学施肥

1. 配方施肥

以西瓜集中种植区确山县为例，西瓜主要在丘陵山地上种植，土壤 0 ~ 20cm 耕层有机质含量 14.4g/kg，全氮 0.8g/kg，速效磷 20.4mg/kg，速效钾 108mg/kg，pH 值 6.5，有效铁 23.0 mg/kg，有效铜 1.1mg/kg，有效锰 50.4mg/kg，有效锌 2.8mg/kg。近年来，确山县将测土配方施肥作为西瓜关键的增产技术措施，为瓜农免费化验土壤，采取集中培训、田间指导、示范带动等措施，引导农民测土施肥、配方施肥和施配方肥。根据土壤养分变化动态趋势、肥料利用率等，按照西瓜需肥特点、土壤供肥状况和产量目标，根据近年来进行的有关西瓜测土配方施肥肥料试验结果，研究和确定西瓜目标产量施肥配方。按照 3 500kg/亩左右产量，每亩施肥量为氮肥、16 ~ 20kg，五氧化二磷 6 ~ 9kg，氧化钾 19 ~ 23kg。西瓜配方施肥技术的推广，促进了西瓜施肥科学化合理化，进一步促进了西瓜产量、品质和经济效益的提高，全县西瓜平均每亩节肥 3.8kg

（纯养分），肥料利用率提高 6.3%，产量提高 11.6%，不仅提高了肥料利用率，同时减少了面源污染，保护了生态环境。

2. 重施基肥

确山县结合当地气候条件和西瓜栽培模式，在搞好配方施肥的基础上，重施基肥，少追肥或不追肥。结合本地区西瓜种植以双膜覆盖为主，地膜覆盖后，土壤中有机质分解加快，若底肥不足，结果中后期易发生脱肥现象，且追肥又不方便，故应在盖膜前施足基肥。同时，结合本地区潜山丘陵较多，水浇设施条件较差，春季低温少雨，夏季高温多雨，依据降雨条件，以水调肥。西瓜生长前期4~5月降水量少，即使基肥施用比例较高，前期肥效也难以发挥，植株长势容易得到控制，易坐瓜胎；到了6月，随着降水量增多，能满足西瓜中后期对养分的需求，追肥的次数和用量较少，或不追肥。这样既减少了浇水施肥用工，又能满足西瓜生长对水分养分的需求，使施肥趋于合理化，是一项当地大力推广的简化栽培技术。

（四）模式化栽培

1. 双膜覆盖

西瓜天地双膜覆盖是改善土壤环境条件，促进生育的一种保护栽培方式。地膜具有透光性好，气密性强，因此，能提高地温，减少土壤水分蒸发，保墒防涝，保持土壤疏松透气，创造适宜土壤微生物活动和有机物分解的良好环境，保肥力强，肥效高。天膜能保持地上西瓜生长的温度和湿度，有效促进植株生长发育，使各生育期相应提前，提早成熟 20 天，较露地增产 20% ~ 30%，达到早熟、优质、丰产增收的目的。

2. 瓜薯套种

西瓜套种红薯不但可以在地上、地下获得双高产，而且能实现一膜双用、降低成本、减少白色污染；充分利用西瓜肥水投入大、剩余肥力充足的优势，使红薯获得高产、高效，提高有限的土地资源、光热资源的利用率。双覆盖西瓜栽培育苗一般在 3 月中下旬，瓜苗嫁接在4月上中旬，4月下旬大田定植，5月下旬定瓜，6月下旬开始采收。5月下旬定瓜后开始套种红薯，红薯前期生长较慢，待红薯进入茎叶旺盛生长期，西瓜已收获结束，由于瓜薯共生期较短，商品西瓜产量和品质，与单种西瓜产量无差异，西瓜产量3 200 kg/亩，还可增加3 000 kg/亩红薯产量，两作净收益可达6 000元/亩以上。红薯收获后，立即深耕，使土壤充分风化、疏松并积蓄大量雨雪，提高保水透水能力，为下年西瓜根系发育创造良好条件。

3. 燕型整枝

西瓜整枝有一种类型，不是三蔓、二蔓或单蔓整枝，而是简约化整枝，当地瓜农叫"燕型整枝"，是确山县丘陵山地西瓜种植特有的简化栽培技术模式。

"燕型整枝"配套栽培技术要点：一是选择良种。选择生长势强、抗病虫害、适于粗放管理的优良品种；二是简化整枝。只调整主蔓的方向，保留所有的侧枝，不考虑整枝问题；对主蔓、侧蔓等均不摘心，不压蔓，瓜蔓密如网，互相缠结，即使风再大也不飘摆；三是重施基肥，少追肥或不追肥。四是降低密度。瓜畦宽（行距）2 m，株距0.8～0.9 m，种植密度在400株/亩左右；五是留单瓜。留瓜部位一般在距瓜根1.4 m左右（第三雌花），西瓜拳头大至碗口大时定瓜，剔除畸形和位置不好的瓜，一般一株只留一个西瓜，单瓜重一般在8 kg以上；六是主蔓角度调整。主蔓调整方向与瓜畦成30°～45°（为使坐瓜位置在瓜畦上，避免雨季畦沟内雨水浸泡西瓜）；主蔓两侧6～8个侧蔓在主蔓两侧依次排列，好像燕子的翅膀，因此这种简化整枝当地瓜农叫"燕型整枝"。"燕型整枝"与其他整枝相比，增产或减产效果均不显著，但"燕型整枝"比三蔓或两蔓等精细整枝省工60%～80%。按每亩省工70%算，可省630元/亩，每亩节本增效615.3元。确山县瓦岗镇田畈村瓜农感慨地说：孩子都出去打工了，剩下我们老两口在家还能种20亩西瓜，再加上套种的红薯，年收入在10万元以上，"燕型整枝"确实省劲!

四、无公害西瓜栽培病虫害综合防治技术

西瓜病虫害主要有猝倒病、炭疽病、蔓枯病、枯萎病、病毒病和蝇、叶螨、瓜蚜、美洲斑潜蝇等。

(一) 农业防治

1. 清洁田园

一是对瓜田附近的沟路边杂草清除干净，减少害虫前期可利用的寄主；二是西瓜花叶病毒寄主范围较广，害虫危害杂草后可能带毒进入瓜田，清除瓜田附近的杂草对防病虫有重要作用；三是注意清除西瓜的病株。应将病株拔除集中深埋或烧毁，不要随手丢弃在沟内或路边。

2. 控制温湿度

育苗期间尽量少浇水，加强增温保温措施，保持苗床较低的湿度和适合的温度，可预防苗期猝倒病和炭疽病。

3. 抗重茬技术

重茬种植时，可采用嫁接栽培或选用抗枯萎病品种，可有效防止枯萎病的发生。

4. 适宜酸碱度

在酸性土壤中施入石灰，将 pH 值调节到 6.5 以上，可有效抑制枯萎病的发生。

5. 喷施叶面肥

叶面喷施 0.2% 磷酸二氢钾溶液，可以增强植株对病毒病的抗病性。

(二) 物理防治

糖醋液诱杀，按糖、醋、酒、水和 90% 敌百虫晶体 3∶3∶1∶

10：0.6 比例配成药液，放置在苗床附近诱杀种蝇成虫，并可根据诱杀量及雌、雄虫的比例预测成虫发生期。选用银灰色地膜覆盖，可收到避蚜的效果。

（三）生物防治技术

用生物农药 2% 宁南霉素 200～250 倍液，病毒病发病前或发病初期喷雾防治。用 0.9% 虫螨克 3 000 倍液喷雾可防治蚜虫。用 0.3% 的苦参碱 500～800 倍液可防治蚜虫、白粉虱等。

（四）化学药剂防治

1. 猝倒病

苗期病害，喷洒 66.5% 普力克水剂 1 000～1 500 倍液，64% 杀毒矾可湿性粉剂 400～500 倍液，杀毒矾 200 倍干细土药土撒于苗基部，减轻伸蔓期蔓枯病的发生。

2. 枯萎病

定植时用 50% 多菌灵可湿性粉剂 2kg，细土 100kg，施入定植穴内，也可用 50% 多菌灵可湿性粉剂 500 倍液，或 70% 甲基托布津可湿性粉剂 1 000 倍液灌根 1 次，每穴药液 250mL，也预防炭疽病的发生。枯萎病发病初期，发现枯萎病株后，立即以病株根际为中心，挖深 8～10cm、半径 10cm 的圆形坑，使主根部分裸露，用 50% 多菌灵可湿性粉剂 500 倍液或 70% 甲基托布津 1 000 倍液灌根，每穴药液 500mL，可兼治蔓枯病。

3. 蔓枯病

喷洒 70% 甲基托布津可湿性粉剂 800 倍液，或 64% 杀毒矾可湿性粉剂 500 倍液。

4. 病毒病

病毒病主要是蚜虫传播，应治蚜防病，蚜虫发生高峰前，可喷 20% 吡虫啉 1 500 倍液防治。保护地可用熏蒸法，用 1.5% 虱蚜克烟剂 300g/亩，在棚内多点均匀分布，傍晚时将大棚密闭，依次点燃。闭棚 12h 后放风；发现病毒植株，可喷 20% 病毒 A 600 倍液，每 7d 喷一次，连续 2~3 次。

5. 炭疽病

发病初期，喷洒 80% 炭疽福美 800 倍液，或 70% 甲基托布津可湿性粉剂 500 倍液，或 50% 施保功可湿性粉剂 400~600 倍液。保护地可采用烟雾熏蒸法，用 45% 百菌清烟剂每亩每次 200~250g，8~10d 熏 1 次，同时可兼治疫病。

6. 潜叶蝇

以幼虫在叶片内潜食叶肉，在叶片中形成许多弯曲的潜道，掌握成虫发生盛期及时防治成虫，或在刚出现潜道时喷雾防治幼虫。可用 40% 绿菜宝 800 倍液，或 25% 爱卡士 1 000 倍液喷雾。

7. 杀菌、杀虫剂和化肥混用

杀菌剂、杀虫剂和作叶面施肥的磷酸二氢钾除了不能和杀毒矾混合使用外，其他的杀菌、杀虫剂均可混合施用。一般的农药在晴天能保持 7 天左右，因此，每间隔 7 天就要喷施一次农药，这样可达到预防病虫害和促进西瓜植株健壮生长的目的。

第十一章 甜瓜栽培技术

一、甜瓜栽培的生物学基础

甜瓜别名香瓜、果瓜、哈密瓜,葫芦科,甜瓜属。葫芦科甜瓜属中幼果无刺的栽培种,一年生攀援草本植物,学名 *Cucumis melon* L.,原产非洲和亚洲热带地区,我国华北为薄皮甜瓜次级起源中心,新疆为厚皮甜瓜起源中心。染色体数 $2n = 2x = 24$。鲜果食用为主,也可制作瓜干、瓜脯、瓜汁、瓜酱等。果实香甜或甘甜,营养价值高,居世界十大水果第二位,每100g果肉含水分 $81.5 \sim 94.0g$、总糖 $4.6 \sim 15.8g$、碳水化合物9.8g、维生素C $29 \sim 39.1mg$,还含有少量蛋白质、脂肪、矿物质及其他维生素等。

(一)形态特征

1. 根

甜瓜的根系由主根、各级侧根和根毛组成,比较发达,在瓜类作物中,仅次于南瓜和西瓜。甜瓜的主根可深入土中1m,侧根长 $2 \sim 3m$,绝大部分侧根和根毛主要集中分布在30cm以内的耕作层。甜瓜的根除了从土壤中吸收养料和水分外,还直接参与有机物质的合成。据研究,根中直接合成的有18种氨基酸。

2. 茎

甜瓜茎草本蔓生,由主蔓和多级侧蔓组成,茎蔓节间有卷须,可攀缘生长。茎蔓横切面为圆形,有棱,茎蔓表面具有短刚毛,薄皮甜瓜茎蔓细弱,厚皮甜瓜茎蔓粗壮。每一叶腋内着生侧芽、卷须、雄花或雌花。分枝性强,子蔓、孙蔓发达,主要靠子蔓和孙蔓结瓜。

3. 叶

单叶互生，叶片不分裂或有浅裂，这是甜瓜与西瓜叶片明显不同之处，甜瓜叶片更近似于黄瓜。叶形大多为近圆形或肾形，少数为心脏形、掌形。甜瓜叶片的正反面均长有茸毛，叶背面叶脉上长有短刚毛，叶缘呈锯齿状、波纹状或全缘状，叶脉为掌状网脉。甜瓜叶片的大小，随类型和品种的不同而不同，一般叶片直径 8 ~ 15cm，但有些厚皮甜瓜品种在保护地栽培时叶片直径可达 30cm 以上。

4. 花

花为雌雄花同株，虫媒花，目前，栽培的品种以雄花是单性花，雌花为具雄蕊和雌蕊的两性花为主。雌花除具有雌蕊柱头和子房外，还带有正常发育的雄蕊；雄花常数朵簇生，同一叶腋的雄花次第开放，不在同一日。雌花着生习性一般以子蔓或孙蔓上为主，孙蔓及上部子蔓第一节着生的雌花，气温适宜时在上午 10 时前开花，如气温偏低则开花时间延迟。

5. 果实

果实为瓠果，由受精后的子房发育而成，由果皮和种子腔组成；果皮由外果皮和中内果皮构成。外果皮有不同程度的木质化，随着果实的生长和膨大，木质化多的表皮细胞会撕裂形成网纹。甜瓜的中、内果皮无明显界限，均由富含水分和可溶性糖的大型薄壁细胞组成，为甜瓜的主要可食部分。种腔的形状有圆形、三角形、星形等。果实形状有扁圆、圆、卵形、纺锤形、椭圆形等多种形状，果皮颜色有绿、白、黄绿、黄、橙红等。果肉颜色有白、红、橙黄和绿色，果肉质地有脆、绵、软等不同类型。外果皮上还有各种花纹、条纹、条带等，丰富多彩。

6. 种子

甜瓜种皮较西瓜薄，表面光滑或稍有弯曲。种子形状为扁平窄卵圆形，大多为黄白色。甜瓜种子大小差别较大，薄皮甜瓜种子较小，千粒重 5～20g；厚皮甜瓜种子较大，千粒重 30～80g。在干燥低温密闭条件下，能保持发芽力 10 年以上，一般情况下寿命为5～6 年。

（二）生长发育周期

1. 发芽期

种子萌动到子叶展开，正常情况下此期为 8～10 天。发芽期幼苗主要是靠种子两片子叶中贮存的营养进行生长，此期生长量较小，胚轴是生长中心，根系生长快。这段时间，苗床要保持适宜的温度和湿度，防止幼苗徒长，形成高脚苗。

2. 幼苗期

从子叶展平、真叶破到五叶一心，这一阶段为幼苗期，约需要20～25 天。此期内根系开始旺盛生长，侧根大量发生，形成庞大的吸收根群。此期也是花芽分化期，在光照充足，白天 30℃、夜间 18～20℃ 的温度下花芽分化早，结实花节位较低。在温度高、长日照条件下，结实花节位较高，花的质量差。

3. 伸蔓期

团棵至第一雌花开放，适宜条件下需 20～25 天，此期植株地上、地下部同时迅速生长。植株由幼苗期的直立生长状态转变为匍匐生长，主蔓上各节营养器官和生殖器官继续分化，植株进入旺盛生长阶段。此时期要做到促、控结合，既要保证茎叶的迅速生长，又要防止茎叶生长过旺；使营养生长和生殖生长平衡，为开花结果打下良好的基础。

4. 结果期

从雌花开放到果实生理成熟。结果期长短与品种的特性有关，一般早熟品种的结果期为 30～40 天，晚熟品种可达 60～80 天。

根据果实生长发育的特点，又可将结果期划分为以下几个时期：

（1）坐果期。从雌花开放到果实坐住，约 7 天。

（2）膨瓜期。从果实开始膨大到膨大停止，18～25天。

（3）成熟期。果实定个到成熟，20～70天，此时期果个大小不再增加，以果实内含物的转化为主，果实含糖量增加，肉色达到生理成熟，种子充分成熟。

（三）对环境条件的要求

1. 温度

喜温耐热，极不耐寒，遇霜即死，其生长适宜的温度为25～35℃。生长适宜的温度，白天26～32℃，夜间15～20℃。白天18℃，夜间13℃以下时，植株发育迟缓，10℃以下停止生长，7℃以下发生冷害。茎叶生长的适温范围为22～32℃，夜温为16～18℃；根系生长的最低温度为10℃，最高为40℃，14℃以下、40℃以上时根毛停止生长。种子发芽的适温为28～32℃，在25℃以下时，种子发芽时间长且不整齐。开花坐果期的适温28℃左右，夜温不低于15℃，15℃以下则会影响甜瓜的开花授粉。膨瓜期以白天28～32℃，夜间15～18℃为宜。甜瓜茎、叶的生长和果实发育均需要有一定的昼夜温差。茎叶生长期的昼夜温差为10～13℃，果实发育期的昼夜温差为13～15℃。昼夜温差对甜瓜果实发育、糖分的转化和积累等都有明显影响，从种子萌发到果实成熟，全生育期所需大于15℃的有效积温，早熟品种1 500～1 750℃，中熟品种为1 800～2 500℃，晚熟品种2 500℃以上。

2. 光照

喜光，光饱合点为5.5万～6.0万lx，光补偿点一般在4 000lx。光照不足时，幼苗易徒长，叶色发黄，生长不良；开花结果期光照不足，植株表现为营养不足、花小、子房小、易落花落果；结果期光照不足，则不利于果实膨大，且会导致果实着色不良，香气不足，含糖量下降等。正常生长发育需10～12h的日照，日照长短对甜瓜的生育影响很大。不同的品种对日照总时数的要求也不同，早熟品种需1 100～1 300h，中熟品种需1 300～1 500h，晚熟品种需 1 500h 以上。

3. 水分

根系发达，具有较强的吸水能力；甜瓜生长快，生长量大，茎叶繁茂，蒸腾作用强，一生中需消耗大量水分。不同生育期对土壤水分的要求是不同的，幼苗期应维持土壤最大持水量的 65%，伸蔓期为 70%，果实膨大期为 80%，成熟期为 55% ~ 60%。低于 50% 植株受旱，尤其在在雌花开放前后，土壤水分不足或空气干燥，均可使子房发育不良；但水分过大时，会导致植株徒长，易化瓜。果实膨大期对水分需求最多，水分不足，会影响果实膨大，导致产量降低；后期水分过多，则会使果实含糖量降低，品质下降，易出现裂果等现象。甜瓜适宜的空气湿度为 50% ~ 60%，空气湿度过大，植株生长势弱、病害重。空气湿度过低，则影响植株营养生长和花粉萌发，导致受精不正常。

4. 土壤与营养

对土壤条件的要求不高，但以疏松、土层厚、土质肥沃、通气良好的沙壤土为最好，pH 值 6 ~ 6.8 较适宜。甜瓜的耐盐能力也较强，土壤中的总盐量达到 1.2% 时能正常生长，可利用这一特性在轻度盐碱地上种植甜瓜，但在含氯离子较高的盐碱地上生长不良。忌连作，应实行 4 ~ 6 年的轮作。

二、日光温室甜瓜冬春茬栽培技术

此茬栽培一般播种期为 12 月下旬至翌年 1 月上旬，收获期为 4 月下旬至 5 月上旬，由于温室内的甜瓜，从幼苗期到伸蔓期、结果期，光照时数逐渐增多，光照强度逐渐加强，大气温度逐渐提高，温室内的温度易于控制在昼温 22 ~ 32℃，夜温 16 ~ 20℃，昼夜温差 12℃ 以上。尤其在果实膨大期已处于 3、4 月份，此时大气少雨干旱，阳光充足，棚室升温快，温度高，利于通风排湿，且昼夜温差较大，均利于增加同化物质积累，使甜瓜增加含糖量。

（一）品种选择

温室冬春茬栽培宜选用抗病、耐低温、弱光，适应范围广的中早熟品种，目前生产多选用蜜斯特、丰田三号、豫甜脆、雪野、伊丽莎白等品种。

（二）培育壮苗

1. 基质、营养土的配制

可利用穴盘育苗（规格 32、50 穴）或营养钵育苗（规格 10 × 10cm），穴盘育苗的基质配方可用草碳：蛭石：珍珠岩 = 3：1：1，每立方米基质再加三元素硫酸钾复合肥 1kg（用水溶解喷拌），烘干消毒鸡粪 5kg 混匀。装钵的营养土配方可选用未种过瓜菜的肥土 7 份，充分发酵腐熟的鸡粪 3 份，每立方米营养土再掺加过磷酸钙 2kg，硫酸钾 0.5kg，过筛掺匀。

2. 电热温床建造

此时期育苗正处于严寒的季节，为确保幼苗健壮，需要在温室内建电热加温育苗床，方法参照"冬春穴盘育苗技术"当中的加温保暖。

3. 种子处理

首先晒种 1 ~ 2 天，晒后用多菌灵 500 ~ 600 倍液浸种 15min，捞出清洗后再用 55℃ 的温水浸种，迅速向一个方向搅拌，使水温降至 30℃，然后浸种 4 ~ 5h，捞出后甩尽水分，放在 28 ~ 30℃ 处催芽，24 ~ 36h 可出芽。

4. 播种

把拌好的基质装盘后，打播种孔，深 1cm 左右，每孔的正中平放一粒种子，胚芽朝下方，上面覆盖蛭石或配好的基质，然后把播好种子的穴盘摆放温床内，覆盖地膜，再扎弓子覆盖无滴膜，扣成小弓棚。

5. 苗床管理

播种后出苗前，苗床温度白天30℃左右，夜间16～20℃，等大部分种子露头后及时去掉地膜，小弓棚白天掀晚上盖；出苗后白天温度控制在25℃左右，夜间13～15℃；秧苗破心后，白天25～30℃，夜间15～18℃，待秧苗三叶一心，苗龄35天左右即可定植。

为培育壮苗，育苗期间对不透明的覆盖物要早掀晚盖，以延长见光时间，电热加温穴盘育苗耗墒快，要根据苗情、基质含水量、天气情况适时浇水，浇水要在晴天上午进行，以便浇水后，有时间升温和排湿。

定植前一星期进行低温练苗，以利于幼苗的移栽缓苗，定植前一天穴盘苗喷洒移栽灵3 000倍液，带药定植。

（三）整地定植

1. 定植前的准备

甜瓜根系发达，整地时一定要深翻土壤30cm深。结合深翻，每亩施腐熟的优质有机肥5 000kg和过磷酸钙50kg。耙平耙细后按140～150cm宽，做一个南北向M形的高垄畦。如铺设滴灌可做成畦面宽80cm，畦间走道宽50cm，畦高20cm的小高畦，在畦面上铺两根滴灌软管，覆盖好地膜，做好畦面扣棚升温。

2. 定植

定植应选在晴天，当10cm地温稳定在15℃以上时即可定植，按每畦两行定植，定植株距40～45cm。穴盘育苗，取苗时保护营养基完整，以防幼苗伤根。秧苗栽植时不要太深，过营养基顶面即可。为防止根部和根茎部病害的发生，穴内定植水渗完后，每穴浇灌1 000倍的秀苗药液150～200mL，待第二天中午穴温提高后进行封穴，结合封穴每穴撒施30～50g有机生物菌肥，封严地膜口。

（四）定植后的管理

1. 温度管理

甜瓜定植后管理重点是提高地温和气温，使植株迅速发根缓苗。定植后一周尽量少通风，要闭棚提温，让气温促进地温的升高；白天可使气温达到 30～35℃，夜间 15～20℃，以维持较适宜的温度，利于缓苗。

缓苗后，白天温度控制在 25～30℃，夜间不低于 15℃；坐果期的温度，白天 25～35℃，夜间尽量保持在 14℃以上，以利于糖分积累与早熟，不要为了快速膨果和快速成熟进行高温管理，温度过高虽然膨果较快、成熟较早，但易导致植株根系老化，地上部早衰，影响二茬瓜的正常生长，甚至于造成生理障碍等情况的发生。

2. 水肥的管理

缓苗水，定植后 7 天左右浇一次缓苗水，如果天气好，缓苗水宜早浇，且要浇足，以利扎根、发苗和培育壮苗。此水一般不需带肥，如遇到低温障碍，根系发育不好时，可适当喷施一些叶面肥。瓜秧长至 8～10 片叶时，浇伸蔓水，并随水冲施少量的三元素复合肥，此次水肥不易过大，以防止瓜秧旺长影响坐果；伸蔓期要维持一定的土壤湿度，田间持水量以 60% 为宜。开花坐果期不易浇水，以免瓜秧生长过旺影响坐果。坐果以后幼瓜长到核桃至鸡蛋大时，果实进入膨大期，此时需水量较大，应及时浇水，并随水每亩冲施硫酸钾 15kg，维持土壤持水量 70%～80% 为宜；此期水分供应不足，对瓜的产量影响较大。果实成熟采摘前一周，应控制浇水，土壤持水量以 50% 左右为宜，以促进早熟提高品质；此期如土壤湿度过大，则糖分降低，成熟期延后，易引起裂果及病害。浇水要选择晴天上午进行，浇水后 1～2 天，上午少放风，将棚温高于正常温度 2～3℃，使棚温尽快回升。

甜瓜坐果以后，要增施二氧化碳气肥，增强光合效能；随着天气的转暖，要注意加大通风量，尤其在瓜成熟期加大昼夜温差，使夜间温度不高于17℃，减少呼吸消耗，增加有机营养物质的积累，提高产量，改善品质。

3. 吊蔓与整枝

温室栽培甜瓜多采用吊蔓方式管理瓜秧，定植后7~8片叶时，用吊蔓绳将主蔓吊好，并随着植株的不断生长，随时在吊绳上缠绕，整枝方式可根据不同的品种、栽培密度采取单蔓或双蔓整枝。温室栽培厚皮甜瓜时，多采用单蔓整枝方式，单蔓整枝就是将主蔓基部1~10节着生的子蔓在萌芽时就全部抹去，只选留11~15节位上抽出的子蔓，对坐瓜的子蔓留两片叶摘心，每株选留1~2个瓜，其余的子蔓及时摘除。主蔓长到25~28片叶时打顶，摘心整枝要在晴天进行，阴雨天不要整枝打杈，以防伤口感染；晴天摘心整枝棚内温度高、湿度小有利于伤口愈合。整枝一定要及时，防止侧蔓生长过大，营养消耗过多，对生长发育和结果不利。

4. 授粉、留果、吊瓜

甜瓜属于异花授粉作物，且无单性结实习性，温室内无昆虫传粉，必须进行人工授粉。授粉要在上午8~10时进行，选择当天开放的健壮雄花，翻卷花冠后，将雄心在当天开放的结实柱头上轻轻涂抹；也可用坐果灵、吡效隆，进行蘸花保果，诱导单性结实，效果较好。甜瓜适宜的留瓜节位为11~15节，小果型每株留双瓜，大果型留单瓜，双层留瓜的在主蔓11~15节、21~25节，各留一层瓜。植株结果5~7天后，幼瓜如核桃大时，选择果形发育端正、瓜色明亮、果个较大、两端略长的瓜组留下，其余全部疏除。留多瓜时注意要选留相邻节位上的瓜，这样坐瓜比较整齐。当瓜长到250~300g时，应及时进行吊瓜，如果小果形瓜留多瓜时，可不用吊蔓，厚皮甜瓜的果柄较粗壮，吊蔓时用吊蔓绳直接拴系果柄的近果实部位，将瓜吊起，吊瓜的高度应尽量一致，以便于管理。

（五）采收

适收期的确定主要有以下两种方法，一是根据授粉日期、标记、品种属性及保护设施的温度条件，推算和验证果实的成熟度。二是根据该品种成熟果实的固有色泽、花纹、网纹、棱沟等进行判断是否成熟。还有嗅脐部有无香味也是瓜成熟的一个标志。采收时应带果柄和一段蔓剪下，放入事先准备好的容器里，这样有利于保鲜。

三、大棚甜瓜春提前栽培技术

（一）品种选择

早春栽培应选择耐低温弱光、抗高湿、抗病性强、高产、外观和内在品质佳、耐贮运的中早熟品种，如伊丽莎白、雪野、骄雪六号、密世界、豫甜脆、丰甜三号、郑甜1号等品种。

（二）播种育苗

1月中旬至2月初育苗，采用50孔或32孔穴盘基质育苗，苗龄40天左右。把种子放入50~55℃的温水中迅速搅拌，使水温下降至30℃左右，再进行浸泡4~6h，浸泡后用湿布包好，置于催芽箱内。温度控制在28~30℃催芽，种子露白尖即可播种。将催过芽的种子播于穴盘内，基质的配比参照日光温室甜瓜冬春茬栽培技术，每穴一粒，播后用基质覆盖，然后覆上地膜保湿。

早春育苗温度是关键因子。应在育苗棚苗床上铺设地热线加热，苗床上设小拱棚，外覆盖草苫、外保温被等保温设施，草苫要早揭晚盖。要严格控制温度，保持白天28~30℃，夜间18~20℃，出苗后及时揭去地膜，增强苗床光照，适当降低温度，白天22~28℃，晚上15~18℃，穴盘基质温度不能低于15℃。出苗后若苗子叶"戴帽"，要尽早去掉，穴盘基质不干不浇水。在2月底开始炼苗，准备定植。

（三）定植

1. 整地施肥

前茬作物采收后要及时清理大棚并整地，每亩施充分腐熟的优质农家肥5 000kg、硫酸钾型三元素复合肥（15-15-15）50kg、过磷酸钙15kg，一次性将所有肥料均匀施完后，深翻耙碎土壤。在大棚内南北方向起垄铺盖地膜，起垄前每亩用95%的敌克松可湿性粉剂1~1.5kg加细土10kg均匀撒施消毒。

2. 适时定植

根据天气情况而定，一般选在2月底3月初，且苗长至3~4片叶时，经过炼苗后方可定植，定植选择"冷尾暖头"的晴天上午进行，定植前用移栽灵2 000倍液稀释浇灌穴盘苗。采用宽窄行定植，宽行90cm，窄行50cm，株距40cm；选择健壮无病虫害，大小一致的苗子双行错位定植，每垄2行；将幼苗带坨从穴盘中取出，放入已挖好的穴中，不宜过深，浇足水后待第二天上午封土，由于此时温度较低，定植后要在棚内张挂二膜，增加温度。

（四）定植后的管理

1. 温度管理

定植后5~6天，不超过35℃不放风。植株生长后，开花坐果前，白天保持在28~30℃，晚上14~16℃，白天超过32℃时通风降温；随着植株的生长和外界气温的升高，通风量应由小到大。坐果后棚内要保持较高的温度，白天27~35℃、晚上15~20℃，瓜后期成熟时白天温度不宜超过35℃，增大昼夜温差，保持13℃以上的温差，以利于果实糖分的积累和提高品质。

2. 光照管理

甜瓜的生长发育需要充足的光照，大棚早春甜瓜生产应尽量增加光照，每天保持光照在8h以上，要经常擦洗棚膜，以利于透光，在叶面上可以喷施效素菌肥，增加光合作用。

3. 水肥管理

甜瓜适宜的相对湿度在 50% ~ 60%，定植后应根据土壤的水分情况是否浇水，一般开花坐果前，植株需水较少，地面蒸发也少，此时外界气温也较低，应控制浇水，以促进根系的生长；如果干旱可浇一次水，但灌水量不要太大。进入果实膨大期后，随着植株的生长以及果实的增大，水肥量也应增大，可每亩追施磷酸二氢氨 15kg、硫酸钾 10kg，全生育期追施 2 ~ 3 次，保持地面湿润。另外，在果实膨大期，用 0.3% 的磷酸二氢钾进行叶面喷洒。果实膨大结束后要减少浇水，果实成熟前一星期停止浇水，以利于糖分的积累，提高品质。

4. 整枝吊蔓

大棚内栽培多采取吊蔓栽培，幼苗长至 7 ~ 8 片叶时，用吊蔓绳进行吊蔓。随着植株的生长进行整枝打杈，大棚甜瓜栽培可采用单蔓整枝，也可采用双蔓整枝。单蔓整枝为子蔓留果，双蔓整枝即为双子蔓整枝，孙蔓留果。单蔓整枝时保留主蔓，利用第 9 ~ 11 节位上发生的子蔓留果，留果的子蔓先端保留 1 片叶摘心，一般每株结 1 ~ 2 个果；第 9 节以下发出的子蔓及早全部摘除，其余的无果蔓也要摘除，一般在主蔓 25 节左右打顶。双蔓整枝是在幼苗 3 ~ 4 叶时摘心，选留 2 条生长健壮、均匀的子蔓作主干，其余子蔓全部摘除。每子蔓利用第 8 ~ 10 节以上发生的孙蔓留果，将第 8 节以下的孙蔓全部摘除，留果蔓亦同样留 1 片叶摘心，其余无果孙蔓全部摘除，2 条子蔓在第 20 节时打顶。

5. 授粉、蘸花、留瓜

雌花开放时，在上午 8 ~ 10 时进行人工授粉，选择当天开放的健壮雄花，翻卷花冠后，将雄心在当天开放的结实柱头上轻轻涂抹，也可用植物生长调节剂坐果灵、吡效隆，进行蘸花保果，效果突出。当果实长至鸡蛋大时，选留果形周正，符合本品特征的果实进行留瓜。

（五）采收

甜瓜采收期很严格，其成熟与品质关系很大。采收过早甜瓜含糖量低，香味不足；采收过迟，瓜肉组织软绵，降低了品质。甜瓜从开花坐果至成熟的天数，应根据该品种的属性而定。当瓜皮出现该品种固有的皮色，或在瓜脐部散发出本品种特有的芳香气味，或瓜柄处产生离层即为熟瓜，要立即采收。采收后清除果实表面的泥土，按大小分级，用发泡网套好后装箱待售。

四、大棚甜瓜秋延后栽培技术

（一）品种选择

秋延后甜瓜的品种选择非常关键，由于育苗期及茎蔓生长期天气非常炎热，前期大棚内经常出现不适宜甜瓜生长的极限高温，害虫肆虐，植株极易感染病害特别是感染病毒病；因此，在品种上一定要选择，耐热、抗病能力强、优质、高产的品种，如伊丽莎白、雪野、丰甜三号、景甜1号等品种。

（二）播种育苗

1. 播种时间

秋延后甜瓜在7~8月均可播种，可根据上市时间来决定。如要在10月上旬上市，则可以在7月初育苗；如需供应晚秋市场，可安排在8月底播种。此茬栽培如果种植的大棚腾茬较早，可不育苗直接播种。

2. 催芽播种

将种子放入55℃温水中，迅速搅拌使水温降至30℃，浸泡4~6h，然后过滤掉多余的水，用湿布包好，裹上湿毛巾，在28~32℃下催芽，种子露白即可播种。播种前将50%多菌灵按100g/m³

基质的比例混拌均匀，基质的配比参照日光温室甜瓜冬春茬栽培技术，然后覆塑料膜，闷放 1～2 天。使用 50 穴孔穴盘，播种深度 1～1.5cm，播种后用基质或珍珠岩覆盖；穴盘上覆地膜，盖上遮阳网，出苗后要及时去掉。

3. 温度管理

夏秋育苗期间温度较高，要特别注意降温、控湿，大棚顶要加盖遮阳网或喷洒降温涂料，以防幼苗徒长。出苗后在晴天的上午 10 时至下午 4 时盖上遮阳网，其余时间以及阴雨天都要取掉遮阳网，使幼苗多见光。

4. 水分管理

育苗期间要保持基质湿度，浇水宜在早晨和傍晚进行，切记不能在中午高温时浇水；夏秋季温度高，基质水分增发量大，一天甚至会浇两次水。

（三）移栽定植

1. 整地施肥

将前茬作物残体杂物清除后，每亩施石灰氮 60kg，同粉碎的玉米秸秆一起翻耕耙平，灌水浸透，在地面覆透明棚膜，然后关闭风口进行高温闷棚，连续闷棚 15 天左右，可有效杀灭病菌。闷棚后每亩均匀撒施腐熟有机肥 5 000kg，硫酸钾施复合肥 100kg 作为底肥。

2. 定植

按宽窄行定植，宽行 90cm、窄行 50cm，做畦后浇透水，覆地膜；同一品种秋季栽培的生长势不如春季旺，因此种植密度可比春季稍大些按株距 40cm 打孔，定植瓜苗。定植后及时浇定植水，封好定植穴，第 2 天再补浇 1 次定根水。

(四) 定植后的管理

1. 水肥管理

定植后连续浇水 1~2 次，以促进生长。伸蔓期生长速度加快，叶片蒸腾量大，需水量大，可浇两次水。开花坐果期禁止浇水，防止落花落果。果实膨大期，需水量增大，此时应每亩追施硫酸钾 10kg，以利于果实膨大。果实成熟采收前一星期停止浇水，以有利于糖分积累，提高果实品质。

2. 温度、湿度管理

管理原则是前期降温、控温，后期增温、保温，尽可能降低空气湿度。秋延后栽培甜瓜大棚内前期温度较高，应尽可能通风降温；这个阶段甜瓜以营养生长为主，生长速度快。在开花前应着重注意降温，防止植株因高温徒长而导致雌花分化少或坐果困难。中后期大棚内温度开始逐渐降低，此时进入果实膨大期，保证棚内较低空气湿度的同时尽量提高温度，晚上应关上大棚通风口，白天打开。后期果实进入糖分积累期，棚内温度降低，应注意保温，逐渐加大昼夜温差，有利于可溶性固形物的积累，提高甜瓜含糖量。

3. 整枝、吊蔓

参照大棚甜瓜早春栽培。

4. 人工授粉、蘸花

在雌花开放当日上午 10 时前，采摘当天清晨开放的雄花，去掉花冠，轻轻涂抹雌花的柱头，一般 1 朵雄花可为 2~5 朵雌花授粉。也可用植物生长调节剂坐果灵、吡效隆，进行蘸花保果，用植物生长调节剂时要控制好浓度，浓度过小，果实膨大效果不理想，浓度过大易裂果。

5. 留瓜吊瓜

在果实鸡蛋大时，选留瓜形好的定瓜，将其余瓜摘除。对于果个较大的甜瓜品种，在果实长到拳头大时吊瓜，用吊绳一头拴住果柄靠近果实的部位，另一头系在大棚顶部的铁丝上，注意把瓜的高

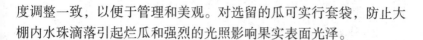

度调整一致，以便于管理和美观。对选留的瓜可实行套袋，防止大棚内水珠滴落引起烂瓜和强烈的光照影响果实表面光泽。

（五）采收

大棚秋延后甜瓜栽培，在棚室内温度、湿度、光照等条件尚不致使果实受冷害的前提下，可适当晚采收，以推迟上市时间，获得较好的经济效益。此时天气气温降低，棚温不高，瓜的成熟速度较慢，成熟瓜在瓜秧上延迟数天收获，一般不会影响品质。

五、无公害甜瓜病虫害综合防治技术

甜瓜生产过程中对病虫害防治不仅要做到控制病虫害，而且要使病虫害的防治不影响到甜瓜品质，做到无公害防治。病害的发生与土壤、气候、栽培管理等多种因素相关，采取单一的防治措施效果不佳，应以农业防治为主，优先应用生物防治技术，物理防治技术，科学选用高效、低毒、低残留农药。从加强栽培管理入手，采取"预防为主、综合防治"的植保方针。

（一）做好病虫害的预测

各种病害的发生都有其固有的规律和特殊的环境条件，可根据其发生特点和所处的环境，结合田间定点调查和天气预报情况，科学分析病虫害发生趋势，及时采取有针对性的防治措施，将病虫害防治在发生之前或控制在初级阶段。如高温高湿甜瓜易患霜霉病；高温干旱易发生蚜虫和白粉虱，这时通过病虫害预测工作，可有效地减轻或避免病虫害的发生。

（二）综合运用农业技术

1. 品种选择

根据当地的具体情况，选用抗逆性强、高产优质的优良品种是甜瓜优质高产的有效途径。

2. 科学的进行田间管理

（1）在收获后或种植前要清洁棚室，前茬作物的残枝落叶和田间杂草，往往是病虫害的载体或潜伏之处，因此，在甜瓜生育期间，也要及时清洁棚室，将病株、病叶等销毁或深埋。

（2）实行与非葫芦科、茄科作物 5 年以上的轮作。轮作倒茬阻断了土壤病害传播，切断害虫的生活史，可以有效地减轻病虫害发生。

（3）改良土壤。保护地栽培密度大、生育期长，需一次性施用大量充分腐熟的农家肥，结合深翻，以熟化土壤，培肥地力，增加土壤缓冲性能和透气性。

（4）采用栽培新技术。推广高畦栽培，使土层加厚，有利于提高土壤温度，也利于根系的生长。采用地膜覆盖，甚至连栽培沟内全地膜覆盖，可保温、保墒、降低空气湿度，促进健壮生长。推广肥水一体化技术，降低湿度，减少病害的发生。

（5）合理密植，及时整枝打杈，保持良好的通风透光，又利于群体植株的生长。

（三）实行物理防治

1. 黏虫板诱杀害虫

在温室大棚内采用悬挂黄板，诱杀蚜虫、粉虱等小飞虫。种植甜瓜的温室大棚内一般每亩中型板（25cm×20cm）悬挂 30 个左右，并且要均匀分布。悬挂高度要高出作物顶部 10cm，并随作物的生长高度而调整。

2. 在棚室外悬挂频振式杀虫灯

利用害虫的趋光、趋波特性，选择对害虫具有极强诱集作用的光源和波长，引诱害虫扑灯将其杀灭，具有高效、经济、环保的优点。一个频振式杀虫灯可控制 13 349m² 以上的瓜田害虫。

3. 高温闷棚

夏季空茬期利用光照、高温消毒，耕翻土层，地表覆膜或高温闷棚，利用阳光高温消毒，可杀死土表病菌和虫卵，尤其对线虫有良好的防治效果。

（四）化学防治措施

甜瓜栽培病虫害较严重，特别要控制病毒病和传播病毒病的蚜虫、白粉虱。苗期主要是立枯病和猝倒病，可用72.2%的普力克800倍加农用链霉素3 000倍液防治。生长期主要有蔓枯病和病毒病，可分别用75%百菌清可湿性粉剂800倍液和20%病毒A可湿性粉剂500倍液进行叶面喷雾防治。虫害主要有蚜虫、白粉虱、蓟马、潜叶蝇等，可用10%的吡虫啉可湿性粉剂1 000倍液进行防治，潜叶蝇可用50%灭蝇胺可湿性粉剂1 500倍液。

第十二章 丝瓜栽培技术

丝瓜原产于印度，为一年生草本植物，属葫芦科丝瓜属。丝瓜含有丰富的营养，每 100g 嫩瓜含水 93～95g，蛋白质 0.8～1.6g，碳水化合物 2.9～4.5g，维生素 A 的含量为 0.32g，维生素 C 的含量为 8mg，它所提供的热量在瓜类中仅次于南瓜列第二。丝瓜性味甘苦，有清暑凉血、解毒通便、去风化痰、润肌美容、通经络、行血脉、下乳汁等功效，其络、籽、藤、叶均可入药。

由于丝瓜瓜肉柔嫩、味道清香，而且适应性强，易于栽培，用途广，历来受到人们的喜爱。随着保护地蔬菜栽培技术的推广，丝瓜由夏季生产扩大到常年生产，成为周年上市的蔬菜品种之一。

一、丝瓜栽培的生物学基础

（一）形态特征

1. 根

丝瓜是一年生攀援性草本植物，根系发达，吸收肥水能力强，主根入土可达 1m 以上，但一般分布在 30cm 的耕层土壤中。

2. 茎

茎蔓生，呈五菱形，绿色，分枝力极强，每节有卷须。瓜蔓善攀缘，主蔓长达 15m 以上。

3. 叶

叶片呈心脏形或掌状裂叶，浓绿色。

4. 花

花黄色，雌雄异花同株，自第一朵雌花出现后，以后每节都能着生雌花，但成瓜的比例因肥水、管理等因素大不相同。雄花为总状花序，每个叶腋都能着生雄花，为了防止雄花消耗更多的营养，生产上常将雄花摘除。

5. 果实

果实一般为圆筒形或棒锤形，果面有棱或无棱；果实长短因品种而异，有的品种长 20 ~ 26cm，而有的长度可达 150 ~ 200cm。嫩瓜有茸毛，皮光滑，瓜皮呈绿色，瓜肉淡绿色或白色；老熟后纤维发达。

6. 种子

种子黑色，椭圆形，扁而光滑，或有络纹，千粒重 100g 左右。

（二）生长发育周期

1. 发芽期

从种子萌动到第一真叶破心止，需 5 ~ 7 天。

2. 幼苗期

从第一真叶破心出现到开始抽蔓为止，需 25 ~ 30 天。

3. 抽蔓期

从瓜蔓开始生长到现蕾为止，需 10 ~ 20 天。

4. 开花坐果期

从现蕾到根瓜坐住，需 20 ~ 25 天。

5. 盛果期

根瓜采收后，丝瓜即进入盛果期，如管理得当，结果期长 5 ~ 6 个月。

6. 衰老期

盛果期以后直至拉秧（拔园）为衰老期，约 8 个月。

（三）丝瓜对环境条件的要求

1. 温度

在影响丝瓜生长发育的环境条件中，对温度最为敏感。丝瓜属耐热蔬菜，有较强的耐热能力，但不耐寒，生育期间要求高温。丝瓜种子在 20～25℃ 时发芽正常。在 30～35℃ 时发芽迅速。植株生长发育的适宜温度是白天 25～28℃，晚上 16～18℃，生长期适宜的日平均温度为 18～25℃，15℃ 以下生长缓慢，10℃ 以下停止生长。

2. 光照

丝瓜起源于亚热带地区，是短日照作物，比较耐阴，但不喜欢日照时间太长，每天的日照时数最好不超过 12h。抽蔓期以前需要短日照和稍高温度，有利于茎叶生长和雌花分化；开花结果期营养生长和生殖生长并进，需要较强的光照，有利于促进营养生长和开花结果。

3. 水分

丝瓜性喜潮湿，它耐湿、耐涝不耐干旱。要求较高的土壤湿度，土壤的相对含水量达 65%～85% 时生长得最好。丝瓜要求中等偏高的空气湿度，丝瓜旺盛生长所需的最小空气湿度不能少于 55%，适宜湿度为 75%～85%，空气湿度短时期饱和时仍能正常生长。

4. 气体

丝瓜叶面进行呼吸作用所需的氧气，可以从空气中得到充分满足。丝瓜进行光合作用，最适宜的 CO_2 浓度为 0.1% 左右，而大气中 CO_2 为 0.03% 左右，棚室 CO_2 浓度更显不足，为提高产量可在棚室内补施 CO_2 气体。

5. 土壤养分

丝瓜适应性较强，在各种土壤都可栽培，但以土质疏松、有机质含量高、通气性良好的壤土和沙壤土栽培最好。丝瓜生长周期长，根系发达，喜欢高肥力的土壤和较高的施肥量，特别对氮、磷、钾肥要求较多，尤其在开花结果盛期，对磷钾肥要求更多。

二、日光温室丝瓜冬春茬栽培技术

1. 品种选择

此茬丝瓜的栽培属于深冬反季节栽培模式，品种最好选择线丝瓜，这类品种植株繁茂，吸水吸肥能力强，耐寒，比较适宜于冬季栽培。成熟的瓜条 40~60cm，直茎 4~5cm，商品性好价格高。

2. 培育壮苗

（1）育苗方法：①穴盘育苗，可利用穴盘育苗（规格 32、50 穴）或营养钵育苗（规格 10cm×10cm），穴盘育苗的基质配方可用草碳：蛭石：珍珠岩＝3∶1∶1，每立方米基质再加三元素硫酸钾复合肥 1kg（用水溶解喷拌），烘干消毒鸡粪 5kg 混匀。②营养钵育苗，装钵的营养土配方可选用未种过瓜菜的过筛肥沃园土 3 份，充分发酵腐熟的鸡粪 1 份，每立方营养土再掺加过磷酸钙 2kg，硫酸钾 0.5kg，过筛掺匀。

（2）种子处理：首先晒种 1~2 天，晒种后用 50% 多菌灵 500~600 倍液浸种 1h，捞出清洗后再用 55℃ 的温水烫种，迅速向一个方向搅拌，使水温降至 30℃，然后浸种 24h，捞出后洗去种子表面的胶状物，用干净的湿布包好，外面再包一层塑料薄膜，放在 28~30℃ 处催芽，24~36h 大部分种子露白时即可播种。

（3）播种：9 月中下旬播种育苗。播种前把拌好的基质装盘后，打孔播种，深 1cm 左右，每孔的正中平放 1 粒种子，胚芽朝下方，上面覆盖蛭石或配好的基质或营养土 2cm 左右，然后把播好种子的穴盘摆放苗床内，设拱棚盖防虫网，并备好苗床上拱棚用的防雨膜、遮阳网，雨天要盖防雨膜，晴天高温时加盖遮阳网。

（4）苗床管理：播种后出苗前，苗床温度白天 25~35℃，夜间不低于 18~20℃，一般 3~5 天即可出齐苗，小弓棚白天掀晚上盖；出苗后白天温度控制在 25℃左右，夜间 13～15℃；秧苗破心后，白天 25～30℃，夜间 15～18℃，待秧苗三叶一心，日历苗龄 35 天左右即可定植。

3. 整地定植

（1）定植前的准备：丝瓜根系发达，整地时一定要深翻土壤 30cm 深。结合深翻，施腐熟的优质有机肥 5 000kg/亩，硫酸钾 50kg，过磷酸钙 150kg，磷酸二铵 50kg，耙平耙细。按大行 70cm、小行 50cm 开小沟，沟内每亩施腐熟圈肥 5 000kg，与土均匀混合。在畦面上铺两根滴灌软管，覆盖好地膜，做好畦面扣棚升温。

（2）定植：10 月中下旬定植，定植时应选在晴天，按每畦两行定植，定植株距 40～45cm。穴盘育苗，取苗时注意保护营养基完整，以防伤根。秧苗栽植时不要太深，过营养基顶面即可。浇透水，待土壤湿度合适时，覆盖幅宽 1.3m 的地膜，拉紧覆盖好，在秧苗顶端东西向划开小口将秧苗引出地面，然后将秧苗四周用土封好。

4. 定植后管理

（1）温度管理。丝瓜喜强光、耐热、耐湿、怕寒冷，为防止低温寒流侵袭，对反季栽培的越冬茬丝瓜，要重点加强温度管理。在当地初霜期之前半月，就要把温室的棚膜、草苫上好。提前关闭大棚的通风门和覆盖草苫保温，以提高棚温。在定植后的 10～15 天内，可使白天气温提高到 30～35℃，此期一般不通风或通小风，创造高温高湿条件，以利缓苗。如晴天中午前棚温过高幼苗出现萎蔫时，可以盖花苫遮阴，此期一般不浇水，垄间要中耕保墒增温。缓苗后棚内夜间最低气温不低于 12℃，保持在 15～20℃，白天气温需降到 25～30℃。

（2）开花坐瓜期的管理。

①加强棚温调控：越冬茬大棚丝瓜伸蔓前期，正处于日照短、光照强度较弱的季节，壮苗大约 50 天第一朵雌花开花，就短日照而言，有利于促进植株加快发育，花芽早分化形成，降低雌花着生

节位，增加雌花数量。但从伸蔓到开花坐果这一生育阶段来说，则需要较长的日照、较高温度、强光照，才能促进植株营养生长和开花结果。棚温白天 25～30℃，若超过 32℃ 可适当通风，夜间要加盖草苫保持温度在 15～20℃，最低气温不低于 12℃。

②整枝吊蔓：丝瓜茎叶生长旺盛，为了充分利用棚内空间需进行植株调整。当蔓长 50cm 时，要人工引蔓上吊架，使瓜蔓在吊绳上呈"S"字形，以降低生长高度，每株一绳。要及时去掉侧蔓和卷须，利用主蔓连续摘心法结瓜。当主蔓 20～23 个叶时进行第一次摘心，要保留顶叶下的侧芽。当这个侧芽 6～7 片叶时进行第二次摘心。以后按上述方法连续摘心、去侧蔓。根据植株的强弱，第一次摘心时每株选留 3～4 朵雌花，将其余雌花摘去。为了提高坐瓜率，开花后，及时用 20～30mg/kg 的 2,4-D 蘸花。在此范围内，气温高时浓度可低些，反之则高些。使用时只涂抹果柄和蘸花，不能溅到叶片和茎上，以防造成伤害。使用 2,4-D 的最佳时间是花朵刚刚开放时。一般每株每茬留 4 朵雌花，坐瓜后留 2 个高质量的瓜，摘除劣瓜。

③肥水管理：在根瓜坐住之前一般不浇水，应多进行中耕保墒。如遇到干旱可浇小水，以防水分过多植株徒长导致落花、化瓜。根瓜坐住后，要加强肥水管理，追肥浇水，浇水前喷施一遍杀菌剂防止病害，浇水选在晴天上午进行，结合浇水施硫酸钾 10kg/亩。进入持续开花结瓜期后，植株营养生长和生殖生长均进入旺盛期，耗水耗肥量也逐渐增大。为满足丝瓜高产栽培对水、肥的需求。浇水和追肥间隔时间逐渐缩短，浇水量和追肥量亦应相应地增加。在持续开花结瓜盛期的前期（12 月中下旬至翌年 1、2 月），每采收两茬嫩瓜（即间隔 20～25 天）浇一次水，并随浇水冲施腐熟的鸡粪和人粪稀，冲施 500～600kg/亩，或冲施腐植酸复混肥或硫酸钾有机瓜菜肥 10～12kg。同时每天上午 9～11 时于棚内释放二氧化碳气肥。在 3～5 月冬春茬丝瓜持续结瓜中后期，要冲施速效肥和叶面喷施速效肥交替进行。即每 10 天左右浇一次水，随水

冲施速效氮钾钙复合肥或有机速效复合肥。如高钾钙宝、氢基酸钾氮钙复合肥。一般每冲施 10 ~ 12kg/亩。同时每 10 天左右叶面喷施一次速效叶面肥。

④温度管理：冬春茬丝瓜进入持续开花结瓜盛期，植株也进入营养生长和生殖生长同时并进阶段。植株生长发育需要强光、长日照、高温，以及 8 ~ 10℃ 的昼夜温差。所处季节从 10 月中下旬，经过秋、冬、春、夏四季，可到次年秋季的 9 月份，持续结瓜盛期长达 270 余天。在光、温管理上，应加强冬、春季的增光、增温和保温，尤其特别注意加强 1 ~ 2 月的光照和湿度管理，使棚内气温控制在：白天 24 ~ 30℃，最高不超过 32℃；夜间 12 ~ 18℃，凌晨短时最低气温不低于 10℃；遇到强寒流天气时，棚内绝对最低气温不能低于 8℃。因丝瓜耐湿力强、为了保温，可减少通风排湿次数和通风量。

⑤整枝摘老叶：丝瓜的主蔓和侧蔓都能结瓜。大棚保护地冬春茬丝瓜，在高度密植条件下，宜采取留单蔓整枝。在结瓜前和持续开花坐瓜初期，要及时抹掉主蔓叶腋间的腋芽，不留侧枝（蔓），每株留一根主蔓上吊架。当瓜蔓爬满吊绳，蔓顶达顺行吊绳铁丝时，应解蔓降蔓，降蔓时还应剪断缠绕在绳上或缠绕在其他蔓上的卷须，摘除下部老蔓上的老、黄、残叶后（带出棚外），把蔓降落，使老蔓部分盘置于小行间本株附近的地膜之上。一般需降蔓落蔓 3 ~ 4 次。

（3）适时采收。适时采收嫩瓜不仅能保持商品嫩瓜的品质，而且还能防止化瓜，增加结瓜数，提高产量。这是因为：丝瓜主要食用嫩瓜，如过期不采收，果实容易纤维化，种子变硬，瓜肉苦，不堪食用。且因此瓜在继续生长成熟过程中与同株上新坐住的幼瓜争夺养分，造成幼瓜因缺少营养而化瓜，加重间歇结瓜现象，降低商品嫩瓜产量。一般冬春茬丝瓜从雌花开放授粉，到采收嫩瓜约需 15 天左右，盛瓜期一般开花后 7 天左右即可采收。盛瓜期果实生长发育快，可每隔 1 ~ 2 天采收一次。采收丝瓜的具体时间宜在早晨，并须用剪刀齐果柄处剪断。丝果果皮幼嫩，肉质松软，极易碰伤压伤或折断，采收时必须轻放，装箱装筐时切忌挤压，以确保产量品质。

三、日光温室丝瓜秋冬茬栽培技术

为填补 10～12 月丝瓜供应空档，在日光温室栽培秋延后丝瓜，能收到良好的经济效益和社会效益。

1. 品种选择

秋冬茬丝瓜育苗正值高温、多雨季节，结瓜期气温又急剧下降，高温干旱、多雨、虫害等诸多不利因素均易诱发多种病虫害，所以品种选择非常关键，由于育苗期及茎蔓生长期的环境比较特殊，育苗期间前期棚内经常出现不适宜丝瓜生长的极限高温，害虫肆虐，植株极易感染病害特别是感染病毒病；因此，在品种上一定要选择耐低温和弱光照，在低温和弱光照条件下能保持较强的植株生长势和坐瓜能力。如济南棱、夏棠一号、乳白早等品种。

2. 播种育苗

（1）播种时间。秋冬茬丝瓜在 7～8 月均可播种，8～9 月定植。生产上可根据上市时间来决定。如要在 10 月上旬上市，则可以在 7 月初育苗；如需供应晚秋市场，可安排在 8 月底播种。此茬栽培如果种植的棚室腾茬较早，可不育苗直接播种。

（2）催芽播种。由于丝瓜种皮较厚，吸水困难，浸种催芽必不可少。用种子重量 5 倍的 55～60℃温水烫种，不断搅拌到室温后浸种 4～5h，捞出后沥干水分在 25～30℃条件下催芽，每 12h 用清水投洗 1 次，一般 48h，种子露白即可播种。

（3）育苗。育苗要把握以下几个技术要点：①最好采用穴盘育苗技术，进行护根育苗，充分保护根系；②晴天中午前后要用遮阳网覆盖苗床遮阳，避免强光直射苗床；③雨天要用薄膜覆盖苗床遮雨，防止雨水冲刷苗床和苗床积水；但育苗期间要保持基质湿度，浇水宜在早晨和傍晚进行，切记不能在中午高温时浇水；夏秋季温度高，基质水分蒸发量大，一天甚至会浇两次水。④用防虫网密封苗床，防止白粉虱、蚜虫等病毒传播媒介进入育苗床内；⑤一般从出苗开始，定期喷药防止病虫害，可交替喷洒多菌灵、杀毒矾、病毒 A 等；⑥秋冬茬丝瓜育苗前期温度高，秧苗很容易徒长，可以喷施矮壮素、15％多效唑等缩短秧苗的茎节，减少瓜蔓长度，增加茎的粗度。

3. 移栽定植

（1）整地施肥。清洁田园后，施生石灰 50kg/亩，和粉碎的玉米秸秆一起翻耕耙平，灌水浸透，在地面覆透明棚膜，然后关闭风口进行高温闷棚，连续闷棚 15 天左右，可有效地杀灭病菌。闷棚后均匀撒施腐熟有机肥 5 000kg/亩，过磷酸钙 25kg，硫酸钾复合肥 40kg 作为底肥。

（2）定植。8 月下旬至 9 月上旬，当秧苗长至四叶一心，苗龄 30 天左右时即可定植。一般按宽窄行定植，按 70cm 行距起垄，宽 30cm，高 15cm 做畦后浇透水，覆地膜；种植密度按 3 000 株/亩左右，按株距 30～35cm 打孔，定植瓜苗。定植后及时浇定植水，封好定植穴，第 2 天再补浇一次稳根水。

4. 定植后的管理

（1）水肥管理。在根瓜坐住之前一般不浇水，应多进行中耕保墒，如遇干旱可浇小水，以防水分过多造成植株徒长导致落花、化瓜；根瓜坐住后，要加强肥水管理，追肥浇水，结合浇水施优质三元复合肥 10～15kg/亩。

（2）温湿度管理。定植后 10～15 天内，可使白天温度保持在 30～35℃，此期一般不通风或通小风，创造高温高湿条件，以利于缓苗。如晴天中午前后棚温过高幼苗出现萎蔫时，可用草苫遮阴。垄间要中耕保墒增温。缓苗后棚内夜间最低气温不低于 12℃，保持在 15～20℃，白天气温需降到 25～30℃。其他管理参照温室冬春茬丝瓜栽培。

（3）整枝吊蔓。参照温室冬春茬丝瓜栽培。

（4）坐瓜期管理。影响坐瓜率的因素很多，除花器自身缺陷外，持续高温、低温、多雨、病虫危害等都可以引起授粉受精不良而导致落花。为防止落花落果，除要有针对性的管理措施外，使用生长调节剂是提高坐瓜率行之有效的方法。目前，应用最多的是2,4-D。开花后及时用 20~30mg/kg 的 2,4-D 涂在果柄处。使用浓度可以根据当时气温的高低调整，一般气温高时浓度低，气温低时浓度适当高些。使用 2,4-D 的最佳时期是花朵刚刚开放时。处理后一般不落果，不易出现畸形瓜，丝瓜生长速度加快。

（5）结瓜盛期管理。根瓜采摘以后，丝瓜进入结瓜盛期。此期丝瓜生长量大，结瓜数量多，不仅要求有充足的肥水，还要有充足的光照和温度，在管理过程中一般有以下几点。

①肥水管理：结合浇水每 10 天左右浇水一次，施氮磷钾复合肥 15kg/亩、腐熟鸡粪 70kg，要顺水冲施。同时结合病虫害防治可进行 1~2 次叶面喷肥。

②温度管理：丝瓜性喜高温，结瓜期间，夜温不低于 15℃，白天不高于 32℃为宜。

③光照管理：在温度适宜的范围内，草苫要早揭晚盖，经常擦拭棚膜上的灰尘，以提高透光率。

5. 采收

日光温室秋冬茬丝瓜栽培，由于棚室内温度、湿度、光照等条件较好，不致使果实受冷害，根据市场行情和需求可适当调整采收时间，以推迟上市时间，获得较好的经济效益。

四、大棚丝瓜春夏连作栽培技术

1. 选择良种

选择主蔓结瓜性好、坐瓜节位低、坐果率高、抗病性强、抗高温的系列品种。可选择白籽棒状的肉丝瓜或"玉女一号"线丝瓜。

2. 播种育苗

播种时间 1 月上中旬，因早春气温低，丝瓜直播发芽率低，必须催芽露白后才能播种。丝瓜播前将种子用 55～60℃的热水处理不停搅拌 15min，待水温降至 30℃左右时浸泡 8～10h，漂洗去种皮表面黏液后，把种子用湿纱布包好放在温箱中催芽。选出芽好的种子每钵播种 1 粒，随播随覆土，覆土厚度为 1cm 左右，播种完毕后要及时覆盖地膜并加扣小拱棚保温。一般用种 500g/亩左右。

3. 苗期管理

播种后，如果温度较低，则需要开通地热线加温。出苗前密闭小拱棚，使温度保持在 28～33℃，以利出苗；幼苗破土后立即揭去地膜，适时通风降温，以免造成秧苗徒长，温度掌握在 23～25℃为宜。由于育苗时天气寒冷，气温较低，当有心叶发生时再将温度提高至 25～30℃，夜间温度一般以 13～18℃为宜。定植前 10 天，停止加温，降低温度进行炼苗，白天掌握在 18～20℃，夜间 13℃左右，以适应定植后的环境条件。水分管理除在播种时浇足底水外，心叶展开前一般不浇水，当心叶展开后视营养土的干湿情况适当浇小水，当苗龄 40～45 天、秧苗四叶一心时就可以定植了。育苗可以用穴盘也可选用 10cm×10cm 的营养钵。

4. 适时定植

在 2 月中下旬选择晴天定植。

（1）整地作畦。定植前要施足基肥，一般每亩用优质农家肥5 000kg、过磷酸钙 80～120kg、尿素 25～30kg，然后深耕 20cm，耙平后建畦，畦宽 1.3m，每畦栽 2 行，株行距为 40cm×50cm。

（2）定植。当棚内 10cm 地温稳定在 13℃，夜间气温稳定在 10℃以上时方可定植。先在畦面覆盖地膜，打穴，然后栽苗，浇足定植水，再封土，封土厚度以把子叶以下全部封住并把地膜口压严，以减少土壤水分的散失。

5. 田间管理

（1）温度管理。定植后用小拱棚覆盖，尽量少通风，以提高棚内温度，促进缓苗。缓苗后适当降温，以白天 20～30℃，夜晚13～15℃为宜。当外界温度低于 13℃时盖膜封棚。同时还要浇一次透水，而后转入蹲苗。

（2）肥水管理。植株缓苗后，选择晴天上午浇水，然后开始蹲苗，当雌花出现并开花时结束蹲苗，进入正常的水分管理，即每间隔 5～7 天浇一次水，盛瓜期 2～3 天浇水一次，雨天要及时排水。原则上 5～6 天一肥，追肥每亩一次用人粪尿 500kg 或硝酸铵20～25kg。

（3）植株调整。当苗高 30cm 时搭支架，并采用"S"形绑蔓上引。以主蔓结瓜为主，侧蔓一律摘除。插架后，不要马上引蔓，要适当窝藤、压蔓，有雌花出现时再向上引蔓，并使蔓均匀分布。丝瓜经引蔓后，当植株大约有 20 片叶时，主蔓上一般已有 5～7 朵雌花，此时在最上面雌花以上保留 2～3 片叶子摘心。丝瓜在主蔓留瓜 3～4 个。摘除老叶，夏丝瓜采收后期下面的病叶、老叶影响通风，又易传播病害，要及时摘除。

（4）保花保果。人工授粉，丝瓜为虫媒花，早春大棚内无昆虫传粉，必须进行人工授粉。授粉要在上午 8～10 时进行，选择当天开放的健壮雄花，去掉花瓣，露出花药，轻轻地将花粉涂抹在当天开放的雌花柱头，一般每朵雄花可对 5～8 朵雌花；在生长前期，植株的雄花一般不多，可以用 40mg/kg 的防落素喷花，以促进坐瓜。及时摘除畸形果。

6. 采收

适时采收是保证产量、品质、效益的重要措施。当丝瓜开花后10～14 天，果实充分长大且比较脆嫩时为采收适期。若采收过迟，果实容易纤维化，失去口感；当然，生长前期，由于温度低，果实发育所需的时间长，而后期温度较高，果实发育快。丝瓜连续结瓜性强，盛果期果实生长快，可每隔 1～2 天采收一次。采收时间以清晨为好，采收方法是用剪刀在果柄处剪断，采收后易轻放，切忌重压，以保持果实的商品外观。

五、无公害丝瓜病虫害综合防治技术

丝瓜的主要病害有病毒病、霜霉病和白粉病。虫害主要有蚜虫、斜纹夜蛾、跳甲、瓜绢螟等。做到无公害丝瓜病虫害综合防治，采取单一的防治措施效果不佳，应以农业防治为主，优先应用生物防治技术、物理防治技术，科学选用高效、低毒、低残留农药。从加强栽培管理入手，采取"预防为主、综合防治"的植保方针。

1. 做好病虫害的预测

各种病害的发生都有其固有的规律和特殊的环境条件，可根据其发生特点和所处的环境，结合田间预测、预报情况，科学分析病虫害发生趋势及消长规律，及时采取有效的防治措施，将病虫害控制在初级阶段或发生之前。可有效地减轻或避免病虫害的发生。

2. 综合运用农业防治技术

（1）根据不同茬口选用对应抗病虫品种是丝瓜优质高产的有效方法之一。

（2）科学地进行田间管理。

①在收获后或种植前要清洁销毁前茬作物的残枝落叶和田间杂草，杂草落叶往往是病虫害病菌、虫卵的潜伏之处；因此，在丝瓜生育期间，要及时清洁棚室，将病株、病叶等销毁或深埋；②实行轮作，轮作倒茬阻断土壤病害传播的同时也切断害虫的生活史，可有效的减轻病虫害发生；③在棚室栽培上一次性施用大量充分腐熟的农家肥，结合深翻，以熟化土壤，培肥地力，增加土壤缓冲性能和透气性，为作物生长提供良好条件；④采用高畦栽培、地膜覆盖、肥水一体化等技术措施，可保温、保墒、降低空气湿度，促进植株健壮生长，减少病害的发生。

3. 实行物理防治

（1）在棚室内悬挂黄板，诱杀蚜虫、粉虱等小飞虫。种植丝瓜的温室大棚内一般每亩中型板（25cm×20cm）悬挂 30 个左右，并且要均匀分布。悬挂高度要高出作物顶部 10cm，并随作物的生长高度而调整。

（2）在棚室外悬挂频振式杀虫灯，利用害虫的趋光、趋波特性，杀灭害虫，具有高效、经济、环保的优点。

（3）夏季空茬期采用地表覆膜或高温闷棚的方法，利用阳光高温消毒，可杀死土表病菌和虫卵，尤其对线虫有良好的防治效果。

4. 化学防治措施

丝瓜病毒病的防治主要是防治蚜虫，同时用 20% 病毒 A 可湿性粉剂 500 倍液进行叶面喷雾防治，并注意保持土壤湿润。丝瓜霜霉病等病害的防治可选用甲霜灵、乙膦铝粉剂、70% 代森锰锌 500 倍液、72% 雷多米尔 600 倍液、75% 百菌清可湿性粉剂 800 倍液等药物，连续喷药 2~3 次，每次间隔 7~9 天。丝瓜虫害可选用阿维菌素、功夫乳油或 10% 的吡虫啉可湿性粉剂 1 000 倍液进行喷雾防治蚜虫、斜纹夜蛾、跳甲、瓜绢螟等。

第十三章　苦瓜栽培技术

苦瓜又名癞瓜、凉瓜、癞葡萄、君子菜、红姑娘、锦荔枝等，属葫芦科苦瓜属的一年生蔓生植物。苦瓜原产于印度东部热带地区，我国的明代即有苦瓜的栽培记载。苦瓜营养丰富、味苦性寒、清热消暑、减肥养血、滋肝补肾、降糖降脂，具有较高的药用价值。随着经济的快速发展，人民生活质量的提高，苦瓜由南方蔬菜迅速发展到北方市场。

一、苦瓜栽培的生物学基础

（一）形态特征

1. 根

苦瓜的根系比较发达，侧根较多，主要分布在 30～50cm 的耕作层内，根群分布最深可达 2.5～3m，横向分布最宽可达 1～1.3m。根系喜欢潮湿，但又忌雨涝，所以栽培上应加强防旱除涝。

2. 茎

苦瓜的茎蔓生，有主蔓和多级侧蔓组成，茎蔓节间有卷须，可攀缘生长。茎浓绿色有五棱，茎蔓分枝能力很强，每个叶腋间都能发生侧枝而形成子蔓、孙蔓。茎节上着生叶片，卷须、花芽、侧枝。

3. 叶

苦瓜的初生真叶对生，绿色、盾形。从第三片真叶开始为互生，掌状浅裂或深裂，叶面光滑、深绿色，叶背浅绿色，一般具 5

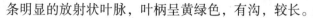

条明显的放射状叶脉，叶柄呈黄绿色，有沟，较长。

4. 花

苦瓜的花为雌雄同株异花，单性虫媒花，目前栽培的品种雄花多，雌花少；一般在主蔓上第十至十八节着生第一朵雌花，此后间隔 3~7 叶节又着生雌花。苦瓜的雌花子房下位，花瓣 5 瓣，呈黄色，雌花柱头 5~6 裂。雄花鲜黄色，花瓣 5 片，雄蕊 5 枚，花药 5 个，花柄细长，柄上有一绿色苞叶。

5. 果实

苦瓜的果实为浆果，果实表面有许多不规则的瘤状突起，果形多数为纺锤形、长圆锥形和短圆锥形。嫩果多为浓绿、浅绿或灰白色，成熟果为黄红色，果实达到成熟后，顶部极易开裂，露出血红的瓜瓤。瓜瓤内包着种子，一般每瓜有 20~50 粒种子。

6. 种子

苦瓜的种子较大，千粒重为 150~200g，种子扁平，呈龟甲状，表面有花纹，白色或棕褐色，种皮坚硬，较厚，吸水发芽困难，播种后出土时间较长。种子在常温下储藏，发芽年限为 3~5 年。

（二）生长发育周期

1. 发芽期

从种子萌动到第一片真叶显露为发芽期，一般需 7~10 天。苦瓜种子发芽最适宜温度为 30~35℃，胚根伸出并与种子平面垂直，长 3mm 时为适播期，发芽期幼芽生长主要依靠种子储藏的养分，出土后靠子叶光合作用所产生的营养物质生长。

2. 幼苗期

苦瓜从第一片真叶显露至第五片真叶展开，并开始抽出卷须为幼苗期。一般需 15 天左右。此期地下根生长旺盛，地上部腋芽开始活动，花芽开始长出，是苗体形成的关键时期。植株标志：株高约 15cm，4~5 片真叶，叶色浓绿。

3. 抽蔓期

苦瓜开始抽出卷须至植株现蕾为抽蔓期，一般需 7 ~ 10 天，此期植株地上、地下部同时迅速生长，瓜苗由直立生长状态，转变为匍匐生长，进入旺盛生长阶段。

4. 开花结果期

植株现蕾至生长结束的时期。其中现蕾至初花约 15 天，开花到采收 12 ~ 15 天。结果期长短受栽培条件的影响很大。此期的特点是营养生长和生殖生长同时并进，是苦瓜一生中营养面积最大，需肥水最多的时期。

（三）对环境条件的要求

1. 温度

苦瓜喜温耐热，不耐寒，遇霜即死。苦瓜发芽适温为 30 ~ 35℃，苗期至抽蔓期生长适温为 20 ~ 25℃，开花结果期适温为 25 ~ 30℃，但苗期适当的低温（15℃）和短日照（短于 12h），能促进苦瓜花芽分化，增加雌花数量。提早开花结果。

苦瓜种子发芽需要较高（30 ~ 35℃）的温度，低于 20℃以下，发芽缓慢，低于 13℃以下基本上不发芽。生长期适温为 25℃，低于 10℃以下则生长不良，5℃以下植株显著受冻害。在 15 ~ 30℃时，温度越高，越有利于苦瓜的生长发育，使苦瓜结果早，果实膨大快，瓜体顺直，产量和商品率高，品质也好，15℃以下和 30℃以上对苦瓜植株生长和结果都不利。

2. 光照

苦瓜属于短日照植物，喜强光，不耐弱光，对日照长度要求不太严格。在光照强度达到 10 万 lx 的炎热夏季，苦瓜依然能良好生长。但在阴雨寡照的情况下生长发育受阻，会因光照不足而造成落花落果，而苗期光照不足会降低抗低温能力和易引起徒长。一般早熟品种满足 13h 的光照，晚熟品种满足 12h 的光照，历经 30 天后即可通过短日照阶段进行开花结果。

3. 水分

苦瓜根系发达，具有较强的吸水能力，性喜湿润，但不耐涝。降雨或浇水过多出现积水形成土壤缺氧，苦瓜易出现沤根、萎蔫，严重时植株枯死。同样，苦瓜若出现干旱，会影响植株生长和果实发育，造成畸形果多，商品性差，干旱严重时会造成植株死亡。

4. 土壤与营养

苦瓜适应性广，对土壤条件要求不严格，但其根怕水渍，宜选择排水性能好的沙质壤土栽培。苦瓜生长期长，单株生长量大，持续结果期长，因此，要求土壤有机质含量高，保肥保水能力较强，需肥量较大。如果生长后期肥水不足，则植株易出现早衰、结果少、果实小、品质下降。

二、日光温室苦瓜冬春茬栽培技术

日光温室冬春茬苦瓜上市时间在春节前后，虽然结果前期苦瓜的上市量少，但价格最高，销售最好，需求量大。播种时间应根据当地的气候条件和自身的温室设施保护条件而定，一般北方地区播种时间在9~10月较为适宜，争取赶在春节前上市销售。

（一）品种选择

温室冬春茬栽培宜选用耐低温、弱光、早熟、抗病、生长势强、苦味稍淡的品种为宜，其颜色多为浅绿色或白色，如湘丰一号、夏丰苦瓜、长身苦瓜、寿光长绿苦瓜、绿人苦瓜等。

（二）培养壮苗

该茬苦瓜一般利用嫁接育苗，砧木选用云南黑籽南瓜或90-1，可满足苦瓜在10℃低温下正常生长，达到苦瓜春节前上市，提高产量和效益的目的。苦瓜和黑籽南瓜用种量500~750g/亩。

1. 浸种催芽

将种子浸泡于 55~60℃ 的热水中，不断搅拌至水温 30℃ 继续浸泡。浸种时反复搓洗掉种子表面黏液，然后用温清水冲洗干净，苦瓜浸种 12h，黑籽南瓜浸种 8h 后捞出晾至种皮半干用纱布包好置于 30~35℃ 环境中催芽，催芽期间每天用温水冲洗一次，保持种子湿润，80% 的种子露白后即可播种。

2. 播种

在温室前沿中部光照和温度最佳地段，做成宽 1m 的畦，畦四周高出地面 10cm，畦埂踩实，畦内铺 8cm 厚细沙并刮平形成沙床。播种前浇透温水，然后把露白的苦瓜种子均匀播于沙上，覆盖 2cm 厚的细沙，浇水后铺盖地膜，待 50% 以上苦瓜种子叶露头时揭掉地膜。黑籽南瓜比苦瓜晚 1~2 天直播于装好营养土的营养钵内。

播种至出苗前，苦瓜苗床白天温度控制在 32℃ 左右，夜温 20~22℃，出苗后白天 23~25℃，夜温 15~17℃，以防夜温高，幼苗高脚徒长。黑籽南瓜出苗后，温度白天为 30℃ 左右，夜温保持在 18℃ 左右。

（三）嫁接及嫁接后的管理

苦瓜嫁接多采用靠接法进行嫁接。当黑籽南瓜子叶展平，心叶初露，苦瓜幼苗 1 叶 1 心时用靠接法嫁接，具体嫁接技术参照以上黄瓜嫁接育苗部分。嫁接后将嫁接苗钵放入小拱棚内，棚内前 3 天全部遮阴，温度白天保持 32℃，夜间 20℃，湿度保持在 90%。其后逐渐见光（10~15h/天遮光），7 天后全天见光，10 天后切断苦瓜根或去掉嫁接夹，并降低苗床温度。白天 25℃，夜温 15℃，定植前 5 天进行低温练苗，白天保持 18~20℃，夜温 10~12℃. 苦瓜壮苗的标准为：苗龄 40 天左右，苗高 20cm，4 叶一心，叶色绿，叶片厚，根系发达，无病虫害。

（四）定植

1. 整地起垄

温室于定植前 15～20 天要施足基肥，每亩施优质土杂肥 5 000kg，复合肥 N：P：K（13-18-14）150～200kg，深耕于 25～30cm 土中，封闭棚室 7 天进行高温消毒。然后在温室内按 60～80cm 南北划线起垄，垄高 20cm，大行距 110～120cm，小行距 70～75cm。

2. 定植

按株距 30～35cm 定植，每亩密度 2 000～2 500株。采取暗水定植，栽苗深度以露出嫁接口为宜，栽后覆膜，膜下浇水。

（五）定植后管理

1. 温度管理

苦瓜定植后要提高气温和地温，使之迅速发根缓苗，一般定植一周内缓苗期间基本不通风，温度保持在白天 30～35℃，夜晚 15～20℃，白天温度超过 35℃时中午可通小风。缓苗后开始通风，白天温度控制在 25～28℃，夜晚 15℃左右。结果期白天保持在 25～30℃，夜温控制在 13～17℃。如遇到寒流、雨雪等不良天气，温室夜温低于 10℃时，应采取增温措施，如加盖草毡、防雨膜、上暖风炉等。

2. 水肥管理

苦瓜一般定植后 5～7 天要浇一次缓苗水，缓苗水要浇足浇透，有利于扎根和培育壮苗。苦瓜生长前期温度低，生长慢，生长弱，在施足底肥的情况下，不需要追肥浇水，主要以中耕松土、保墒升温为主。气温回升进入开花结果期后，需肥水量迅速增加，可在结果期每次配合浇水亩追施复合肥 15～25kg，国光冲施肥和川之沃 4 号（海藻酸水溶肥）作为追肥冲施效果更佳。

补施 CO_2 气肥，增加光合效能，增加有机营养物质的积累，提高品质和产量，推广应用20多年来效果明显，有条件的可在结果期应用。

3. 光照管理

温室冬春茬苦瓜栽培，经常遇到雨雪连阴，出现低温、寡照天气现象，而苦瓜又是喜光作物，对生长发育影响很大。为了延长光照时间和加大进光量，除温室草毡早揭晚盖，经常清扫棚膜外，温室后墙要张挂反光幕，有条件的温室要吊挂碘钨灯或白炽灯进行人工补光，增加光照强度，抵御不良天气的影响。

4. 整枝吊蔓

苦瓜植株主蔓分枝能力较强，如果任其生长，会消耗大量营养，影响通风透光、主蔓正常生长和开花结果。温室栽培苦瓜一般当植株长至30~40cm时开始吊蔓，首先顺行南北向放置两行铁丝（14号），将铁丝两头固定在温室东西向吊蔓铁丝上（8号），然后在种植行上方吊蔓，铁丝下方每一苦瓜植株拴一根下垂尼龙绳进行吊蔓上架。选择晴天吊蔓时把主蔓上0.8m以下的侧蔓全部摘掉，靠主蔓结瓜。当主蔓生长到接近本行的吊蔓铁丝时，进行落蔓。在落蔓的同时摘除侧蔓和下部老叶带出室外，进行落蔓时要把各行各株主蔓顶部放在同一高度，有利于通风透光。

5. 人工授粉和采收

苦瓜为虫媒花，冬春温室内无昆虫传粉，因此，必须坚持在开花结果期进行人工授粉，方法是在每天9~10时把当日开放的雄花摘取，去掉花瓣。将花粉涂抹在雌花柱头上，一般一朵雄花可涂抹2~3朵雌花。苦瓜长成后要及时采收商品瓜，防止与同蔓上的幼瓜争夺养分，减少化瓜和坠秧。白绿色苦瓜坐稳后可套袋，套袋后可变为纯白色，美观晶莹，提高苦瓜的商品性。

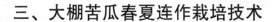

三、大棚苦瓜春夏连作栽培技术

（一）品种选择

大棚苦瓜春夏连作栽培应选用耐低温弱光、耐高温高湿、抗病性强、商品性好、高产耐贮的中晚熟品种，如株洲长白苦瓜、湘丰2号、英引苦瓜、翠绿大顶、精选槟城苦瓜等。

（二）播种育苗

大棚苦瓜一般在1月中旬至2月初育苗，连作棚选用嫁接育苗，新棚也可用自根苗。苦瓜为喜温作物，而育苗期正值严冬寒冷时期，一般在日光温室中育苗。在大棚中育苗，苗床要设小拱棚，苗床下要铺地热线加热，并准备保温被或草毡等保温措施。种子催芽及嫁接育苗方法参照上节培养壮苗部分。

（三）定植

1. 整地施肥

前茬作物收获后清理大棚并整地，整地前施充分腐熟的鸡粪或猪粪2 000～3 000kg/亩，硫酸钾型（12-18-15）复合肥100～150kg，一次性均匀施入并深翻25cm，然后做成60cm和80cm的大小垄，每垄一行。

2. 适时定植

大棚苦瓜一般选在立春过后2月中旬至3月上旬定植，栽苗宜选用"冷尾暖头"的晴天上午进行，定植前把经过5～7天炼苗且苗龄在四叶一心的苦瓜苗去掉营养钵放入按株距40cm挖好的穴中，浇足水后封土，栽后在两窄行上覆盖地膜。如果早栽苗提前上市，可以在两窄行上插上竹弓，再覆盖一层小拱棚三膜保护。

（四）定植后管理

大棚苦瓜春夏连作栽培的管理参照上节部分。进入 5 月底 6 月初立夏后可撤掉棚膜转入露地生产。此时气温高生长旺盛，应及时摘蔓和落蔓，去掉棚膜后浇水次数增加，在无雨情况下应 7 ~ 10 天浇一次水，隔一水追一次化肥，化肥最好选用冲施肥和水溶肥，以提高产量和效益。阴雨天气注意及时排水防止水渍，另外还要及时采收，采收过晚影响品质和产量。

四、无公害苦瓜病虫害综合防治技术

苦瓜的病害主要有枯萎病、白粉病、疫病、病毒病、炭疽病、灰霉病、霜霉病等，虫害主要有蚜虫、白粉虱、斑潜蝇、瓜实蝇、红蜘蛛、瓜绢螟、小地老虎等。苦瓜一旦发生病虫害，直接影响苦瓜的产量和商品性，在苦瓜病虫害的防治上采取综合防治措施，以农业防治为主，化学防治为辅，达到无公害生产。

1. 选用抗病虫品种

苦瓜不同品种对病虫害的抵抗力不同，特别是病害，一般杂交一代中晚熟品种比早熟品种抗病，所以在生产上选用抗逆性强，耐热抗病，高产优质的优良品种是苦瓜优质高产的有效措施。

2. 农业防治

（1）苦瓜许多病菌和害虫往往寄生在植株、杂草和土壤中，因此，在收获后或种植前一定要坚持清扫温室或大棚及其周围，把残株、病叶、杂草带出棚室外集中焚烧或深埋，切断传染源头。

（2）每茬苦瓜定植前，坚持深翻，高温闷棚，土壤处理等措施杀灭病菌和害虫。

（3）温室大棚栽培苦瓜采取嫁接育苗进行换根从而避免苦瓜枯萎病的发生，露地种植也在推广应用。

（4）棚室栽培苦瓜采用高畦种植、地膜覆盖、膜下浇水，不但增温保墒、减轻杂草，关键是降低棚室湿度，从而减轻苦瓜霜霉病、灰霉病、疫病等病害的发生。

（5）苦瓜宽窄行种植，及时整枝吊蔓、落蔓，保持良好的通风透气条件，也抑制病害的发生。

（6）温室大棚栽培苦瓜坚持施用大量充分腐熟的有机肥，培肥地力，活化土壤，改善土壤的通透性，有利于苦瓜根系发育，也提高苦瓜的抗病虫能力。

3. 物理防治

苦瓜病毒病是由蚜虫、飞虱传播，此病可防不可治，因此早发现早切断传播源是防治的有效途径。棚室栽培苦瓜一是在放风口安装防虫网，杜绝蚜虫、飞虱等害虫的进入。二是在棚室内悬挂粘虫板，诱杀蚜虫、粉虱等小飞虫。一般每亩中型板（25cm×20cm）悬挂 30 个左右，悬挂高度要高于苦瓜 10cm，并且随吊蔓高度而调整，在棚室内分布要均匀。粘虫板不但防蚜虫、飞虱，对瓜实蝇、斑潜蝇、瓜绢螟等也能有效防治，但主要作用是预防苦瓜病毒病的发生。

4. 化学防治

苦瓜病虫害防治应早预测、早发现、早防治，并且轮换用药，避免产生抗药性。在用药方面，尽量使用高效低毒无公害农药，优先使用生物农药防治。苦瓜病毒病可在苗期用 20% 香菇多糖进行预防，苦瓜立枯病、霜霉病、疫病可用 72.2% 的普力克进行防治，灰霉病可用 50% 扑海因进行防治。蚜虫、白粉虱、潜叶蝇等可用 10% 吡虫啉可湿性粉剂进行防治，棚室阴雨天夜晚可用 10% 灭蚜烟剂进行熏棚。红蜘蛛、瓜绢螟可用 1% 阿维菌素进行防治。

第十四章　辣（甜）椒栽培技术

　　辣椒又名秦椒、广椒、海椒、番椒、辣茄，为茄科辣椒属，一年生或多年生草本植物。起源于中南美洲热带地区的墨西哥、秘鲁等地，明朝末年传入中国。相传中国的辣椒一是由丝绸之路的甘肃、陕西等地传入，故有秦椒之称；二是经东南亚海路进入广东、广西、云南等地、又有广椒之名。辣椒果实色泽鲜艳，风味好，营养价值高，不但可作调味品，还含有丰富的辣椒素、胡萝卜素和维生素A、维生素C，维生素C含量居蔬菜之首位。食用辣椒可以增加热能，促进血液循环，增加食欲有利于消化，并且提高人体抵抗能力和免疫能力。辣椒除鲜食外，还可腌制和干制，加工成辣椒干、辣椒粉、辣椒油和辣椒酱等，也是出口创汇的重要农产品之一。

一、辣（甜）椒栽培的生物学基础

（一）植物学特征

　　1. 根

　　辣椒的根系不如番茄、茄子发达，根量少，入土浅、根群一般分布于15～30cm的土层中。根系的再生能力弱，不易发生不定根，不耐旱也不耐涝。

　　2. 茎

　　茎直立，基部木质化，较坚韧，茎高30～150cm因品种不同而有差异。分枝习性为双杈分枝，也有三杈分枝的。一般情况下，

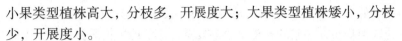

小果类型植株高大，分枝多，开展度大；大果类型植株矮小，分枝少，开展度小。

3. 叶

叶片为单叶互生，卵圆形、长卵圆形或披针形。通常甜椒较辣椒叶片稍宽。叶先端渐尖，全缘，叶面光滑，有光泽，也有少数品种叶面密生茸毛。

4. 花

完全花，单生，丛生（1～3）朵或簇生。花冠白色、绿白色或紫白色。一般品种花药与雌蕊柱头等长或柱头稍长，营养不良时易出现短柱花，短柱花常因授粉不良导致落花落果。属常异交作物，天然杂交率约10%。

5. 果实和种子

果实为浆果，下垂或朝天生长，果实形状有扁柿形、长灯笼形、方灯笼形、长羊角形、短羊角形、长牛角形、短牛角形、长指形、短指形、樱桃形等多种形状。青熟果（嫩果、商品成熟果）浅绿色至深绿色，少数为白色、黄色或绛紫色，生理成熟果转为红色、橙黄色或紫红色。果皮与胎座之间形成较大的空腔，果实有2～4个心室。一般大果型果实微辣或不辣，而果实越小越辣。种子着生在果实的胎座上，成熟时呈短肾形，扁平，浅黄色，有光泽，千粒重4.5～8.0g，发芽年限为4年，一般使用1～2年种子。

（二）环境条件要求

1. 温度

辣椒喜温，不耐霜冻，对温度的要求略低于茄子，但高于番茄，禁忌高温和暴晒。在15～30℃范围内都能生长，最适生长温度是白天23～28℃，夜晚18～23℃，低于15℃要盖膜保护，超过30℃就要通风遮阴，浇水降温。

2. 光照

辣椒的光饱和点约为3万lx，补偿点约为1 500lx，较番茄、茄子低，为中光性植物。光照时间的长短都能进行花芽分化和开花，但种子在黑暗的条件下容易发芽，而幼苗生长需要良好的光照条件。在高温、干旱、强光条件下，根系发育不良，易发生病毒病和果实日烧病。根据这一特点，辣椒适宜密植，更适于保护地栽培。

3. 水分

辣椒既不耐旱，也不耐涝。植株本身需水量不大，但因根系不发达，需经常浇水才能获得丰产。一般大果型品种需水量大，小果型品种需水量较少。幼苗期需水量少，开花结果期需水量较多。此期如遇干旱极易落花落果和果实变形；反之，如水分过多，会引起植株萎焉，严重时成片死亡。

4. 土壤及营养

种植辣椒以肥沃、富含有机质、保水保肥力强、排灌方便、土层深厚的沙壤土为宜。辣椒对营养条件要求较高。氮素不足或过多都会影响营养体的生长及营养分配，导致落花落果。充足的磷、钾肥有利于提早花芽分化，促进开花和果实膨大，并能促进根系下扎和植株健壮，增强抗倒和抗病虫能力。

（三）辣椒生长发育周期

辣椒在热带地区是多年生灌木，在温带地区多作一年生栽培。整个生长发育过程可分为发芽期、幼苗期、初花期和结果期4个时期。

1. 发芽期

从种子萌动到子叶展开，真叶显露。在温湿度适宜和通风良好的条件下，从播种到现真叶需10~15天。同等条件下，均匀饱满的种子发芽快而齐，幼苗长势旺，因此，生产上应选择饱满新种子。

2. 幼苗期

从第一片真叶现露到门椒现大蕾为幼苗期。幼苗期的长短因苗

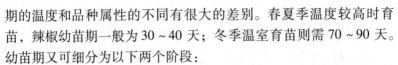

期的温度和品种属性的不同有很大的差别。春夏季温度较高时育苗，辣椒幼苗期一般为 30～40 天；冬季温室育苗则需 70～90 天。幼苗期又可细分为以下两个阶段：

（1）基本营养生长阶段。从第一片真叶显露到具有 3～4 片真叶为止。这一阶段以根系、茎叶生长为主，为下一阶段分化奠定营养基础。

（2）花芽分化及发育阶段。辣椒幼苗一般在 3～4 片真叶时开始花芽分化，从花芽分化到开花一般需 30 天左右，此期幼苗根茎叶生长与花芽分化和发育同步进行。辣椒分苗易在 3 叶期进行，3 叶期后应创造适宜的苗床环境条件，使秧苗营养生长良好，花芽分化正常进行。由于辣椒根系再生能力弱，小苗最好在育苗盘分苗移至营养钵内，减轻移栽时伤根缓苗慢。

3. 初花期

从门椒现大蕾到坐果为初花期，需要 20～30 天，此期是辣椒从以根茎叶生长（营养生长）为主转向以开花结果生长（生殖生长）为主过渡的转折时期，也是平衡秧果的关键时期，直接关系到果实的形成和产量特别是早期产量的高低。若茎叶生长过旺出现"疯秧"现象，会推迟开花结果和落花结果；反之，如茎叶生长量小，坐果多，则出现坠秧现象，植株生长缓慢，果实小，产量低。

4. 结果期

从门椒坐果到拉秧结束为结果期，一般需 90～150 天，时间长短视拉秧而定。此期植株不断分枝，开花结果，结果先后被采收，是辣椒产量形成的重要阶段。一般分为两个阶段，第一个产量高峰期在冬季或春季到炎夏，由于夏季高温不适宜辣椒生长，一般结果期会出现 30～40 天的间歇期。8 月中旬立秋过后，辣椒会再发新枝开花坐果，进入第二个结果产量高峰期。此时要恢复到第一个结果高峰期的肥水管理水平，7～10 天浇水追肥以保持植株健壮生长，实现恋秋或秋延成功。对于不能或不宜恋秋的早熟或中早熟品种，可以在第一个产量高峰期过后拔秧换茬。

（四）辣椒的品种类型

辣椒自明代引入我国栽培以后，在全国各地种植范围广，品种类型较多，其中一年生辣椒为栽培种，可根据果实形状、辣味有无和熟性早晚进行分类。

1. 按果实形状分类

辣椒按果实形状可分为灯笼椒、长辣椒、簇生辣椒、圆锥椒、樱桃椒 5 类。其中，灯笼椒又可细分为甜椒，大柿子椒，小圆椒 3 类。此类辣椒植株粗壮高大，叶片肥厚，花大果大，味甜，不辣或稍辣。长辣椒类植株中等而稍开张，果多下垂，长角形，先端尖锐，常弯曲，辣味强。按形状又可细分为牛角椒、羊角椒、线辣椒 3 个品种群，一般牛角椒产量高，辣味淡；线辣椒产量低，辣味浓；而羊角椒介于二者之间。簇生椒植株低矮丛生，茎叶细小开张，果实簇生而向上直立，并生 3 ~ 10 个，又名朝天椒，果小皮薄，辣味极强，多作干椒用。圆锥椒类和樱桃椒类植株较小，果实较小，朝天着生，呈圆锥或樱桃形，极辣，多作加工或观赏用，适合庭院种植，大田种植不多。

2. 按果实辣味分类

辣椒按果实辣味可分为甜椒型、微辣型和辛辣型。其中甜椒类型属于灯笼椒类，植株高大健壮，叶片肥厚，花大果大，味甜肉厚，品质好，宜做鲜菜生食凉拌或炒食。微辣类型多属于长角椒和灯笼椒类，植株中等，果实向下生长，果肉较厚，微辣，宜作炒食。辛辣类型多属于簇生椒，圆锥椒和樱桃椒类。植株较矮，叶狭长，分枝多，果实小，果皮薄，朝天生长，种子多，辣味浓烈，多作干椒、加工制酱和观赏用。

3. 按熟性早晚分类

辣椒按熟性早晚可分为早、中、晚熟 3 类。

（1）早熟类型。第一朵花着生节位在 8 节以下的，结果早，前期产量高，生育期较短。

（2）中熟类型。第一朵花着生节位在 8 ~ 12 节。

（3）晚熟类型。第一朵花着生节位在 12 节以上的，植株高大，生育期长，产量高。

二、日光温室辣（甜）椒秋冬茬高效栽培技术

日光温室辣（甜）椒一般 7 月中下旬遮阴防雨育苗，立秋后的 8 月中旬定植于温室，10 月下旬至 11 月上旬开始采收，主要供应元旦至春节市场，春节前后结束换茬。此栽培模式前期温度高，光照强，特别是育苗期要防止病毒病的发生；后期光照逐渐减弱，温度越来越低，要尽量争取在有限的时间内获得较高的产量，后延或贮藏供应春节以获得较高效益。

（一）品种选择

温室秋冬茬辣（甜）椒栽培应选择苗期耐高温、后期耐低温，耐弱光、易坐果、抗病强的高产品种，如中椒 13 号、湘研 15 号、航椒 8 号、中农 301、康大 601、国禧 107 等。荷兰的红英达、世纪红，以色列考曼奇、斯马特等进口彩色甜椒品种个大皮厚、鲜艳丰产，适合元旦春节期间礼品销售。

（二）遮阴育苗

日光温室秋冬茬辣（甜）椒育苗播种期中原地区为 7 月 15 ~ 25 日，正值高温多雨季节，育苗成功的关键是防蚜虫、防暴雨、防高温、防病毒病。苗床上方必须搭建防雨棚，最好借助棚室骨架。棚顶覆盖旧薄膜，并加盖防虫网、遮阳网，四周通风。育苗方法可采用营养钵护根育苗或泥炭营养块育苗，苗床要求地势高燥，排水良好，防止积水。一般用种子 80 ~ 100g/亩，育苗面积 50 ~ 70m^2。营养土可选用未种蔬菜的熟土 7 份，腐熟后的鸡或猪粪 3 份，每 1m^2 营养土加入硫酸钾型（15 : 15 : 15）复合肥 1kg，过筛

掺匀。苗床杀菌可用40%五氯硝基苯或45%敌磺钠10g/m²。为预防辣（甜）椒病毒病，种子可用10%硫酸三钠或0.5%高锰酸钾水溶液浸种15～20min，洗净药液后在30℃温水中继续浸泡6～8h。播种前要浇透底水，由于当时温度较高，种子可不催芽，经消毒浸种后即可播种。夏季育苗杂草危害较重，人工除草费工费时，播种后可用48%氟乐灵或33%施田补100mL/亩进行封闭土壤处理。随即盖上遮阳网或草苫进行覆盖保墒，出苗后及时去除覆盖物以防徒长。浇水要在傍晚进行，确保苗床见干见湿。发现蚜虫、白粉虱等害虫及时喷药防治，以减少病毒病的传播。定植前苗床逐渐减少遮阴，移栽前3～5天完全撤下覆盖物，一般苗龄30～35天，8～10片真叶即可定植。

（三）整地定植

1. 施肥整地

定植前20～25天清理温室开始整地施肥，施优质腐熟农家肥4 000～5 000kg/亩，名优硫酸钾型（15：15：15或16：16：16）复合肥150～200kg，硫酸锌1～2kg，硼砂1kg，然后深耕25～30cm耙平。按大行距60～70cm，小行距40～50cm划线起垄，垄高10～15cm。定植前10天扣好棚膜，温室内用45%百菌清烟剂500g/亩加22%敌敌畏烟剂500g熏蒸闷棚5天进行高温消毒，然后打开通风口，待气味散尽后定植。

2. 定植

日光温室秋冬茬辣（甜）椒选8月下旬至9月上旬阴天或晴天下午定植。首先按株距35～40cm挖深10cm左右的穴，一穴双株，定植深度以与土坨相平为宜，定植时要浇足水，3～5天缓苗后再合垄。有条件的每畦铺两条滴灌管到幼苗根部，并加以固定；如无滴灌设施，可在窄行间覆盖黑色地膜保墒防草和膜下暗灌，可起到降低湿度，防止病害发生的作用。

3. 田间管理

（1）肥水管理。定植后 5～7 天浇一次水以利缓苗，缓苗后适当控水进行浅中耕，促进根系下扎进行蹲苗。门椒坐果并开始膨大时开始浇水追肥，一般追三元素复合肥 15～20kg/亩，冲施肥或水溶肥每次 6～10kg/亩效果更好。一般采取浇一次清水，追一次肥水，可追 2～3 次。随着气温的降低，浇水的次数应明显减少，以减轻空气湿度和提高地温。

（2）温度管理。定植初期光照较强，温度较高，温室需昼夜大通风。10 月下旬霜降已过，外界气温下降明显，夜晚要盖严棚膜。室内温度白天控制在 25～30℃，夜晚 15～18℃。11 月上中旬以后天气逐渐寒冷，要在强冷空气来临之前加盖草苫防冻，使温室夜晚温度不低于 15℃，有利于开花结果和植株生长。进入 12 月上中旬，外界气温已经十分寒冷，随时都有雨雪霜冻，要在草苫上加盖防雨膜以免雨雪后受冻。此茬辣（甜）椒栽培，中后期应尽量延长白天见光升温时间，通风时间逐渐变短。雨雪天气白天也要揭苫，可适当晚揭早盖以提高室温。

（3）植株调整。一般采用双秆或三秆整枝，即每株留 2～3 个主枝向上生长，其余侧枝和腋芽全部摘除。门椒坐果膨大后，将下部老叶全部打掉，后期每个椒下只留 2 片叶。11 月底以后开花结的果已不能长大，可在此时摘顶心，促使已结果实膨大，减少养分消耗。为防止植株结果倒伏，坠断果枝，在开花结果前要用尼龙绳吊秧。首先在每个定植行上方南北方向拉一道 14 号铁丝，然后每株辣（甜）椒吊 2～3 根尼龙绳，上端系在铁丝上，下端用小竹棍固定在定植行上，或将吊绳直接系在椒的分杈处，随着植株的生长，将保留的 2～3 条主枝缠绕在尼龙绳上，侧枝应注意调整伸展方向，以尽大限度地受光。

（4）采收。日光温室秋冬茬辣（甜）椒中原地区一般 10 月底至 11 月上旬即可采收。门椒和对椒可适当早摘，有利于促进植株生长和上部结果。采收一般应在早晨室内温度较低时进行，最好用无锈剪刀连同果柄上的节一同剪下，然后整齐摆放于周转木、塑料或纸箱内，箱内衬纸或保鲜袋。一般春节期间，辣（甜）椒装箱礼品销售价格、效益均最好。温室先期采收的可窖藏或缸藏法贮藏2~3月然后集中上市。辣（甜）椒适宜的贮藏温度为7~9℃，空气相对湿度为85%~90%。湿度小容易萎蔫、脱水；湿度较大容易腐烂变质。

三、日光温室辣椒冬春茬栽培技术

日光温室辣椒冬春茬栽培一般于秋末冬初育苗，立春前后定植于温室，初春上市一直采收到夏季。早春茬辣椒生育期间温光条件优越，植株生长旺盛，采收频率较高。如果7月中旬剪枝再生栽培，采收期间可延续到元旦前后，不但产量高，而且效益更好。

（一）品种选择

温室辣椒冬春茬栽培宜选择耐低温弱光、耐热抗病、高产早熟、果形辣味等产品特征符合当地消费习惯的辣（甜）椒品种，如洛椒9号、津椒5号、康大301、康大601、中椒10号、国禧103、国禧105，荷兰瑞克斯旺公司彩椒品种塔兰多和富康也可温室早春种植。

（二）播种育苗

温室辣（甜）椒冬春茬栽培一般在10月中旬至11月中旬播种育苗。可在温室内常规营养钵育苗、泥炭营养块育苗。近年来，辣椒穴盘育苗比例逐年增加，培育8~10叶大苗用50孔穴盘。基质选用草炭、蛭石2:1，覆盖料一律用蛭石，50孔穴盘每1 000盘装基质6m³，每1m³基质可加入三元复合肥2.5kg，同时加入60%多福可湿性粉剂100g进行消毒。辣椒种子70~80g/亩，消毒浸种后在25~30℃条件下催芽，3~4天后80%种子露白后可直接单籽点播于穴盘中。常规育苗播于苗床中撒细土覆盖 0.5~1cm，然后用农膜或无纺布覆盖保墒，出苗后揭掉覆盖物，3~4 片叶后分苗于营养钵内。一般辣椒苗龄 80~90 天，株高 15~20cm，8~9 片真叶并现小花蕾时即可定植，定植前 7~10 天停止浇水并进行降温炼苗，1 月中下旬至 2 月上中旬定植。

（三）定植及田间管理

参照上节"温室辣（甜）椒秋冬茬栽培"部分。

（四）再生栽培

辣椒在高温的 7 月中旬，结果部位上升，气温在 30℃ 以上生长处于缓慢状态，出现歇伏现象。可选晴天上午在四门斗结果部位下端缩减侧枝。为防伤口感染病害，剪后应及时喷施 50% 多菌灵和 72% 农用链霉素，剪枝后，追施有机肥 3 000kg/亩，硫酸钾型三元素复合肥 50~100kg。浇水后培土，促进新枝发生，进行再生栽培，可后延采收至元旦前后。

四、大棚辣椒秋延后栽培技术

大棚辣椒秋延后栽培一般在炎夏遮阴育苗，立秋后定植于大棚，10 月下旬至 11 月上旬扣膜保护并开始采收，11 月下旬至 12 月上旬可在大棚内加盖小拱棚和草苫防冻保护，尽量后延活秧保鲜或贮藏后集中上市。在河南省西平县及安徽省和县、阜南县推广面积较大，经济效益较高，已形成大棚辣椒秋延后一条龙服务、加工产业，带动地方经济发展。

（一）品种选择

大棚辣椒秋延后栽培的品种应具备耐热、抗寒性强、抗病丰产、株形紧凑、坐果集中等。目前生产上常用的品种有康大 301、康大601、航椒8号、国禧103、国禧107、湘研13号、中椒6号、洛椒4号和汴椒1号等。

（二）育苗和定植时间

大棚秋延后辣椒的育苗时间要求比较严格。播种过早，苗期持续高温多雨时间长，幼苗容易徒长和感染病毒病；播种过迟，虽然病害轻，但后期温度低，植株上层果实积温不够，影响产量和品质。根据华北地区的气候条件和生产实践，适宜播期为7月中旬，一般采用小拱棚或大棚进行遮阴、降温、防暴雨，畦田式育苗。华北地区大棚秋延后辣椒一般在处暑前后的8月下旬定植完成，苗龄30天左右，8~10片真叶，根系发达，无病虫的辣椒苗移栽，剔除无根、无头、病虫苗。

（三）定植密度和方法

1. 定植前准备

（1）定植前先搭好大棚，施好肥，整好地，做好畦，打好垄。

（2）苗床用10%吡虫啉和20%吗啉胍·乙酸铜水溶液喷洒一遍，避免病虫随苗移入大田。

（3）移苗前一天先将苗床灌一次透水，有利于起苗和防止伤根。

（4）起苗用弯铲或竹签挖根，随起随运随栽。

2. 定植密度

定植时每沟栽两行，行距33~40cm，穴距26~33cm，每穴一株，5 000~7 500株/亩。对于国禧103、国禧107等甜椒类型品种应稀植，5 000株/亩左右；对于汴椒1号、洛椒4号等牛角椒类型品种应密植，7 000株/亩左右。

3. 定植方法

首先在畦面按行距33~40cm开10cm深的定植沟，在定植沟内浇足定植水后按26~33cm的株距摆苗，然后封土。3~5天缓苗后可在畦面上覆盖黑色地膜保墒防草，盖膜时把苗掏出并用细土盖严洞口，地膜四周用细土也要压实封严，以减少水分蒸发，有利于根系下扎。移栽最好在阴天或晴天下午 5 时后，移栽后 3 ~ 4 天用遮阳网遮阴。

（四）田间管理及采收

大棚秋延后辣椒定植 3 ~ 5 天要浇缓苗水，之后进行中耕适当蹲苗，控制浇水以免徒长导致落花落果。门椒果实达到 2 ~ 3cm 大小时，植株茎叶和花果同时生长，可以进行追肥浇水。进入高温雨季过后 9 ~ 10 月气温凉爽，日照充足，是辣椒开花结果的高峰期，如前所述，浇一次清水后，在结合浇水追肥一次，每次追国兴施它绿冲施肥或金大地水溶肥 6 ~ 10kg/ 亩，每隔 15 ~ 20 天冲施一次，可冲施 3 ~ 4 次，效果要比普通复合肥好。门椒和对椒要及时采收，以免坠秧。为防倒伏和枝条折断，大棚秋延后辣椒普遍在畦垄外侧用竹竿水平固定植株，同时疏剪下部老叶和弱枝，对 10 月下旬不能形成果实的侧枝进行摘心，减少养分消耗。

大棚秋延后辣椒中后期管理的重点是防寒保温和采收。10 月下旬至 11 月上旬霜冻来临之前及时扣膜保护，放风时间和放风量逐渐减少。11 月下旬至 12 月上旬强冷空气来临之前，在大棚内要加盖小拱棚。根据自己条件，小拱棚上可加盖草苫或无纺布保温防冻，没有条件的可在大棚内辣椒植株上盖上农膜，上面覆盖麦秸进行保温防冻，5 ~ 7 天选晴天上午 10 时以后至下午 4 时之前扒开麦秸和农膜见光一次进行活秧保鲜。后延时间越长，价格越高，如延长到元旦，春节采购上市，甚至辣椒长老变红，一次性收获供应节日市场，比 10 月下旬上市的价格可以翻一番，大幅度提高效益。也可以提前分批收获后进行缸藏、窖藏或沟藏保鲜后集中上市。

五、大棚辣椒春提前栽培技术

大棚辣椒春提前栽培中原地区一般可立春的 2 月中下旬至 3 月上旬定植，4 月下旬至 5 月上旬上市供应春季市场，采收至 7 月中旬后进行剪枝再生栽培，二茬果可一直采购到冬初强霜冻为止。辣椒经过储藏保鲜，供应期可大幅度延长，实现大棚辣椒一年一大茬栽培，产量和效益十分理想。

（一）品种选择

大棚辣椒春提前栽培宜选耐低温弱光、耐热抗病、密植早熟、果型辣味符合当地消费习惯的辣椒或甜椒品种。目前，生产上一般选用中农 301、康大 601、墨玉大椒（F1）、韩国大椒王（F1）、津椒 5 号、洛椒 9 号、中椒 10 号、国禧 105、航椒 8 号、湘研 19 号等，荷兰瑞克斯旺公司塔兰多、富康等彩椒品种也适合大棚早春种植。

（二）播种育苗

1. 育苗时间及设施

大棚辣椒春提前栽培的目的是争取提前上市抢占市场，要求辣椒栽大苗和护根育苗，苗龄一般 90～100 天，8～10 叶现花蕾。一般于 11 月中下旬在日光温室内育苗，在大棚内育苗必须苗床上方加盖小拱棚并准备草苫或保温被防寒。

2. 育苗方法

大棚春提前辣椒育苗一般分两段进行。第一阶段育小苗，辣椒种经消毒、浸种、催芽后直接播于苗床，有条件的也可以播于 50～72 的穴盘。第二个阶段育大苗，辣椒苗长到 3 片真叶时分苗到营养钵（10×10cm 或 8×10cm）内管理。春提前一般双株定植，分苗时分双株。基质或营养土配制及具体育苗、管理方法参照以上章节。

3. 适时定植

（1）定植时间及设施。中原地区仅有一层农膜保护的大中棚春提前辣椒苗定植时间为3月上旬。如果在大棚内加盖小拱棚保护，定植时间可提前到2月中下旬。大棚定植辣椒苗一定选在立春过后的"冷尾暖头"晴天进行。

（2）施肥整地。前茬腾茬后清理干净进行冻茬20～30天，定植前15～20天大棚要扣膜防雨雪增地温。此茬辣椒一次定植采收半年，因此要增加施肥量。一般施腐熟有机肥5 000kg/亩以上，硫酸钾型控释肥、缓释肥、长效缓释肥150～200kg，深耕25～30cm。连作大棚为防土传根部病害，用40%五氯硝基苯或45%敌磺钠1.5～2.0kg/亩翻入土壤消毒处理。整平耙细后，按1m一梗打线，梗高10～15cm，梗上部宽35～40cm，底宽55～60cm。

（3）定植密度。大棚春提前辣椒要比秋延后辣椒定植密度大。因为春提前要的是早期的价格和产量；而秋延后要的是后期上市的大果和红果。春提前辣椒一般一穴双株，宽窄行定植，宽行60cm，窄行40cm，每梗栽两行，调斜角定植，穴距33～40cm，7 000～8 000株/亩。定植时浇透水，定植后可在畦垄间喷洒33%施田补或48%氟乐灵100mL/亩封闭杂草，喷后立即铺70～80cm宽地膜覆盖地面增温保墒。

4. 定植后管理

（1）前期管理。大棚春提前辣椒前期管理的重点是保温防寒，一般定植后大棚包括大棚内小拱棚密闭5～7天。在此期间如遇强倒春寒天气，棚四周尤其是北面要用草苫或玉米秆挡风防寒。7～10天浇过缓苗水后进行中耕、放风和蹲苗，直至门椒露出2～3cm时可浇水追肥。门椒、对椒可早摘以免坠秧。进入盛果期后加大追肥浇水力度，追肥以冲施肥、水溶肥和硝基肥为主，尿素和磷酸二氢钾也可配合冲施。

（2）中期管理。大棚春提前辣椒一般3月中旬可撤掉棚内小拱棚，5月底至6月初可撤掉大棚膜进入露地管理。为防止植株倒伏，坠断果枝，一般用竹竿顺在种植行间绑枝固定，不采取吊绳。在摘果或绑枝的同时摘除门椒以下老叶和侧枝带出棚外。6~9月露地管理后要注意雨后及时排水，防治病毒病、青枯病和炭疽病，虫害注意防治蚜虫、茶黄螨、棉铃虫和烟青虫。

（3）再生秋延。参照第三节"日光温室辣椒冬春茬栽培技术"第四小节"再生栽培"部分。

六、无公害辣（甜）椒病虫害综合防治技术

无公害辣（甜）椒病虫害防治的原则是以预防为主，防治为辅。在防治的策略上以农业防治为主，药剂防治为辅。在药剂使用上优先推广应用生物农药，高效低毒农药应交替使用，避免病虫产生抗药性。

辣（甜）椒常见的病害有病毒病、炭疽病、疫病、软腐病、青枯病等；虫害主要有蚜虫、白粉虱、茶黄螨、棉铃虫、烟青虫、甜菜夜蛾等。

（一）农业防治

（1）坚持选用优良抗病虫品种。

（2）辣椒种子浸种消毒、苗床营养土及棚室坚持土壤消毒处理，消除病虫传播源头。

（3）棚室放风口安装防虫网，棚室内悬挂粘虫板，消除病虫传播媒介。

（4）棚室栽培高畦垄作，覆盖地膜、铺设滴灌、膜下浇水、消除病虫发生环境。

（5）化除或中耕防草，老叶、残株、棚边杂草清除后带出棚室外晒干焚烧或掩埋，消除病虫中间寄主。

（二）物理防治

利用蚜虫对黄色有趋性的特点，用黄板来诱集有翅蚜。黄板由纤维板或硬纸板制作而成，材料可因地制宜，大小一般为 20 ~ 40cm。纤维板或硬纸板用油漆涂成黄色，外涂机油，然后将其钉上木条插在田间。黄板离地高度应掌握黄板的高度略高于西葫芦植株。

（三）生物措施防治

（1）保护地内设置黄板诱杀白粉虱、蚜虫、美洲斑潜蝇等，也可释放丽蚜小蜂控制白粉虱。

（2）可选用 1% 农抗武夷菌素 150 ~ 200 倍防治灰霉病、白粉病；用 0.9% 虫螨克乳油 3 000 倍防治叶螨，兼治美洲斑潜蝇；用 72% 农用链霉素 4 000 倍液和新植霉素 4 000 倍液防治细菌性叶枯病。

（四）药剂防治

（1）病毒病。辣椒病毒病重在苗期预防，发现病株及时拔除销毁，可用 20% 香菇多糖、8% 宁南霉素、20% 吗啉胍·乙酸铜、1.5% 植病灵防治。

（2）炭疽病。可用 25% 咪鲜胺、50% 福美双防治。疫病可用 70% 安泰生、69% 烯酰吗啉、72.2% 普力克、47% 加瑞农、68.75% 银法利防治。

（3）软腐病、青枯病等细菌性病害。可用 56% 靠山、20% 叶枯唑、72% 农用链霉素、77% 可杀得防治。

（4）蚜虫、白粉虱。可用 10% 吡虫啉、48% 乐斯本、2.5% 联苯菊酯、5% 尼克朗、3% 啶虫脒等进行防治。棚室夜晚可用 20% 敌敌畏烟剂熏蒸。

（5）茶黄螨、红蜘蛛。可用 2.5% 天王星、20% 灭扫利、1%

阿维菌素、21%灭杀毙等进行防治。

（6）棉铃虫、烟青虫、甜菜夜蛾属于钻心害虫，应早发现早防治；卵孵期和幼龄期是最佳防治时期，可用10.5%甲维·氟铃脲（福将）、20%氯虫苯甲酰胺（康宽），生物农药0.3%印楝素、3.2%苏云金杆菌效果更好。

第十五章　番茄栽培技术

番茄别名西红柿、洋柿子。原产于南美洲西部的秘鲁和厄瓜多尔的热带高原地区，17～18世纪传入中国。在秘鲁和墨西哥，最初称之为"狼桃"。果实营养丰富，含有可溶性糖，有机酸和钙、磷、铁等矿物质，特别是含有丰富的维生素和多种氨基酸。具有减肥瘦身、消除疲劳、增进食欲、提高对蛋白质的消化、减少胃胀食积等功效。番茄适应性广，产量高，果实柔软多汁、酸甜适口，是蔬菜和水果兼用蔬菜，也是重要的蔬菜加工原料，是中国最主要的蔬菜种类之一。

一、番茄栽培的生物学基础

（一）形态特征

1. 根

番茄根系较强大，分布广而深，盛果期主根深入土壤达1.5m以上，根展也能达2.5m，大多根群在30～50cm的耕作层中，在1m以下的土层中根系分布较少。栽培中采用育苗移栽，伤主根，促进侧根发育，侧根、须根多，苗壮。根的再生能力很强，其在茎节上易生不定根。所以扦插繁殖容易成活。

2. 茎

半直立性匍匐茎。幼苗时可直立，中后期需要搭架。少数品种为直立茎。茎分枝力强，所以需整枝打杈。据茎的生长情况分为：自封顶类型（一般早熟），无限生长类型（一般中晚熟）。

3. 叶

番茄叶分子叶、真叶两种。真叶表面有茸毛，裂痕大，是耐旱性叶。早熟品种叶小，晚熟品种叶大，大田栽培叶深，设施栽培叶小，低温叶发紫，高温下小叶内卷，叶茎上均有毛和分泌腺，能分泌有特殊气味的汁液，菜青虫恶之，虫害较少。

4. 花

两性花，每一花序的花数一般为 5~8 朵，多的 20 余朵。自花授粉。在不良环境下，特别是低温下，易形成畸形花，易形成畸形果或落果。个别品种或有的品种在某些条件影响下可以异花授粉，天然杂交率 4%~10%。

5. 果实

从授粉到成熟需 40~50 天，果实形状多种多样：有圆球形、扁圆形、梨形、长圆形。果实颜色多种多样：有红色、粉红色、橙红色、黄色、绿色、白色等。

6. 种子

种子呈灰褐色或黄褐色，种子扁平，肾形。种子比果实成熟早，授粉后 35 天具有发芽能力，50~60 天完熟。千粒重 3~3.3g，寿命 4~5 年，生产上多用 1~2 年的新种子。

（二）生长发育周期

1. 发芽期

发芽期是指种子发芽到第一片真叶出现。在适宜条件下一般需要 7~9 天。种子发芽和温度、水分、空气的关系非常密切。番茄种子发芽的适宜温度是 28~30℃，最低温度为 12℃，超过 35℃对发芽不利。种子开始发芽先急剧吸水，30min 可吸水达到种子重量的 1/3，在 2h 内达到 2/3，以后逐渐缓慢，8h 后吸水趋于饱和。同时开始进行强烈的呼吸，需要大量氧气，也消耗自身贮存的养分。所以有了新鲜、饱满的种子、充分满足所需的温、湿、气条件，才能使发芽顺利进行。

2. 幼苗期

幼苗期是指第一片真叶展开到定植。幼苗期要经历两个阶段：即 2~3 片真叶花芽分化前为基本营养阶段，主要是根系生长及生长点的叶原基分化，吸收积累养分为营养生长及花芽分化做准备，同时子叶和真叶能产生成花激素，对花芽分化有促进作用。所以这一阶段创造适宜的环境条件，给予充足的光照，适宜的温度和良好的营养是培育壮苗的重要环节。2~3 片真叶展开后进入第二阶段，花芽开始分化，花芽分化与营养生长同步进行。一般播种后 20~30 天分化第一个花序，以后每 10 天左右分化一个花序。花芽开始分化后每 2~3 天分化一个小花，同时，与花芽相邻上方的侧芽也在分化生长成叶片。所以，花序的分化，花序上小花的分化，叶片的分化及顶芽的生长是连续交错进行的。如第一花序出现花蕾时，上面各穗花序的花芽处于发育或分化状态。

花芽分化的节位高低、数目、质量受品种及育苗条件的制约。一般早熟品种 6~7 片叶后出现第一花序，中晚熟品种在 7~8 片叶出现第一花序。如果育苗条件不良，花芽分化节位提高，花芽数目减少，花芽质量变劣。对花芽分化影响最大的是光照及温度条件。根据试验表明，高温能促进花芽分化期，但高温下花芽数目减少。温度越低花芽分化期越长，但花芽数目增多。当夜温低于 7℃时则易出现畸形花。

花芽分化与日照时数、光照强度也有密切关系。据试验，光照充足花芽分化早、节位低、花芽大，促进开花及早熟。

花芽分化与水分的关系，表现为缺水时花芽分化及生长发育都不好，水分稍多影响不大，所以育苗期应注意控温不控水，当然也不是说水越多越好。此外，肥沃疏松的苗床土含有丰富的氮、磷、钾，幼苗营养状况好，有利于花芽分化及生长发育。育苗期间生长和发育是同时进行的，营养生长是植株发育的基础，根系发育状况，叶面积大小，茎粗都与花芽分化有关。

3. 开花坐果期

开花坐果期指第一花序现蕾，开花到坐果的短暂时期。是番茄从营养生长为主过渡到生殖生长与营养生长同时进行的转折期。对产品器官形成与产量（特别是早期产量）影响极大。此期营养生长与生殖生长的矛盾突出，是通过栽培技术措施，协调两者关系的关键时期。一般来说，水肥过多可能导致中晚熟品种徒长，过控则易使自封顶品种出现果坠秧现象，导致早衰、产量降低。

4. 结果期

结果期指第一花序坐果一直到采收结束拉秧的较长过程。其特点是秧果同步生长，营养生长与生殖生长的矛盾始终存在，栽培管理始终是以调节秧果关系为中心。一般情况下从开花到果实成熟需50～60天。环境条件适宜可能缩短，冬季低温寡光条件下需70～100天。单个果实的发育过程分为下面3个时期。

（1）坐果期。开花至花后4～5天。子房授精后，果实膨大很慢，用生长调节剂处理可缩短这一时期，直接进入膨大期。

（2）果实膨大期。花后4～5天至30天左右，果实迅速膨大。

（3）定个及转色期。花后30天至果实成熟。果实膨大速度减慢，花后40～50天，果实开始转色，以后果实几乎不再膨大，主要进行果实内部物质的转化。

（三）对环境条件的要求

1. 温度

番茄为喜温性蔬菜，适应性较强。种子发芽在25～30℃时最为理想。植株的生长发育在15～35℃的温度范围内均可适应，但生育适温为20～30℃。在18～20℃的温度条件下虽能正常生长，但落花率较高。平均温度在24～27℃时，可以开花，已受精的子房能正常结果。当日温超过30℃，夜温超过25℃时生长缓慢，并由于花粉机能减退而抑制结果。在温度超过35℃时生长停顿。40℃以上的高温，易使茎叶发生日灼，叶脉间呈灰白色，并发生坏死现象。反之，在温度低于15℃时，生长和开花均受到影响，低于10℃生长缓慢，花粉死亡，会出现开花不结果的现象；5℃时茎叶都停止生长；当继续下降到2℃时，植株会遭受寒害，到 -1 ~ 2℃植株将严重受冻。番茄的生长发育需要一定的温度，不论茎叶生长还是开花结果，都较有利。一般夜温比日温应低 5 ~ 10℃，日温最好是 20 ~ 25℃，夜温为 15 ~ 20℃。

2. 光照

番茄是喜强光的作物。如果光照不足，或连续阴雨天常导致植株瘦弱、茎叶细长、叶薄色淡、花粉不孕、落花落果及果实变形等现象。一般来讲，番茄的光饱和点为 70 000 lx；光补偿点为 1 000lx。

3. 湿度

番茄根深叶茂，蒸发量大，果实中含水量也较多。番茄根系入土深，对地下水有很强的吸收能力，特别是在结果盛期，最忌干旱缺水。如果水分亏欠，将影响生育，降低产量。为保证番茄的正常生育，最适宜的土壤相对湿度是 70% ~ 80%。

4. 土壤

番茄对于土壤的要求不太严格，但仍以保水保肥力良好的壤土为宜。番茄是深根性作物，根群很旺且入土较深。因此，土层深厚且排水良好的土壤能获得较好的收成。

二、日光温室番茄越冬一大茬栽培技术

1. 品种选择

日光温室越冬茬番茄要选用无限生长型番茄品种，品种应具有抗病、高产、耐低温、耐弱光、耐贮运等特点，可选用的品种有金棚11、金棚10号、欧盾、瑞星一号、爱吉112等。

2. 育苗

采用基质育苗，根系发达、生长快，苗盘规格为 50 孔或

72 孔。

（1）晒种。将种子铺在纸上，在阳光直射下晒种 2h，打破种子休眠，提高发芽率。

（2）浸种消毒。将水温调至 55℃，把种子均匀倒入温水中并不停搅动至水温降到 35℃，自然浸泡 4～6h 后捞出控干待播。包衣种子播前不需处理，干籽直播。

（3）播种。将基质装入穴盘，平压下陷 1cm，将处理好的种子平放入穴盘中，每穴一粒，播后覆基质刮平。

（4）洒水。穴盘苗对水的要求较高，水质的好坏直接影响苗子的质量，使用 pH 值较高的水会使苗僵化、长势弱、成活率低。播种后洒水应看苗、看天灵活掌握，每天以一次为宜。

（5）温度管理。播种后出苗前，白天温度控制在 25～30℃，夜温以 18～20℃为宜，出苗后降低温度，以防徒长，尤其是夜间温度。

（6）光照管理。出苗前需遮阴，拱土后把遮阴物去掉，让苗子充分见光。

（7）病害管理。为防止猝倒病的发生，可利用普力克 800 倍液加农用链霉素 4 000 倍液，在子叶展平后喷雾。

3. 整地定植

（1）定植前的准备。要求早日腾茬，及时清除前茬作物的残枝枯叶，深翻土地 30cm，闭棚高温消毒 10～15 天。然后整地施肥，每亩施腐熟有机肥 5 000kg，过磷酸钙 50kg、硫酸钾复合肥 40kg，硫酸镁、硫酸铜各 1.5kg，硼砂 1kg，硫酸亚铁 2.5kg，均匀施肥，深翻整平。按宽窄行起垄，大行距 90cm、小行距 50cm，垄高 15～20cm，采用膜下滴灌。

（2）定植方法。一般苗龄 25 天左右，9 月中旬定植，定植密度按品种的特性，掌握南密北稀，株距 35～45cm，每亩定植 2 500 株。定植时对苗子进行分类，即大小苗分开定植，大苗定植棚内后面，小苗定植前沿，以防大苗欺小苗，定植时为防止根部和根茎病害的发生，用秀苗1 000倍灌根，待翌日中午穴温提高后方可封土、盖地膜。

4. 定植后的管理

（1）光照管理。提高光照强度，延长光照时间，番茄对光照要求较高，必须设法满足生长需要。主要有以下几个方面的配套技术：一是棚膜选用透光率高的无滴膜，经常拖净棚膜上的灰尘；二是等秧苗缓苗后在后墙上张挂反光膜；三是在保证温度的前提下，覆盖的保温被早揭晚盖。

（2）实行变温管理。缓苗期要保持较高温度，要求白天28～30℃，夜间保持18～20℃，以利于缓苗，缓苗后应适当降温，白天23～28℃，夜间15℃，以便于促进光合物质的形成、运输和减少呼吸消耗。

（3）肥水管理。在定植水和缓苗水浇过以后，至开花坐果前一般不浇水，第一穗果长至核桃大时浇促果水，并结合浇水每亩冲施尿素10kg，硫酸钾5kg，以后根据生长情况，每15～20天浇一次水，浇水应选择在晴天的上午进行，严禁下午和阴天进行浇水，进入次年3月份以后应10～15天浇水一次，追肥应掌握每收一穗果一次，一般每次亩施三元素（15∶15∶15）复合肥15kg。结合用药，每隔10天喷一次0.3%磷酸二氢钾叶面肥，由于冬天放风量小，棚内CO_2浓度低，使用CO_2气肥，有利于植株光合作用，增产效果明显。

（4）植株调整。采用单干整枝，摘心换头的方法能有效地促进生殖生长，控制营养生长，取得较好的效果。具体的做法是：让主干无限生长结果，5～6穗时摘心，在顶部果穗下留一侧枝继续生长，再结5穗左右，其他部位的侧枝全部去掉，全年结果10～11穗。在生长过程中，每采收一茬果要及时进行落蔓去除黄叶，落蔓的方法可采用横向引蔓的方法落蔓，始终保持生长高度一致。在整枝的过程中，要进行疏花疏果，每穗留4～6个果，以保持生长均衡和果个一致，在每穗花序的第一朵花为突出的大型花时，多为畸形果，应该及时的清除掉。打杈摘叶，都应该在晴天的上午进行，以利于伤口的愈合，减少病害浸染。

（5）保花保果。开花时为保证坐果，需要进行激素处理，用丰产剂2号（每支兑水600~1 000g）或保果净1号（每小包兑水1 000g）药液喷花蕊；有条件的也可以用振荡器或雄蜂授粉，以促进果实的膨大。为防止灰霉病的发生，在蘸花药内加入0.15%速克灵，为避免重复涂药，掺广告色以作标志，蘸花应在上午8时~10时进行，蘸花时不可单花进行，应同时处理2~3朵花，以免坐果后，果实不均匀。

5. 采收

番茄以成熟的果实为产品，果实成熟分为绿熟期、转色期、成熟期和完熟期4个时期，越冬一大茬番茄果实较硬，成熟后可在植株上生长一个月，也不降低商品性，应根据市场行情选择一个较合适的价格采摘出售。

三、日光温室番茄秋冬茬栽培技术

日光温室秋冬茬番茄栽培是温室栽培较多的一个茬口，一般是7月中下旬播种育苗，8月上中旬定植，10月底始收，1月底结束，此茬的育苗期和定植后的前期，正值炎热之际，则病毒病的防治是该茬种植的关键。

（一）品种选择和播种期

秋冬茬番茄是秋天播种，秋末冬初收获，生育期限于秋冬季，采收期短，应选择抗病毒，大果型、丰产、果皮较厚，耐贮藏的优良品种，如金棚8号、瑞星五号、爱吉112、浙粉702、欧贝等。

（二）播种育苗

黄淮流域一般在7月中下旬育苗，育苗采用穴盘遮阴育苗。育苗期正值高温多雨季节，苗床必须具备防雨涝、通风、防虫、降温的条件，还必须具有薄膜覆盖的条件，培育出的秧苗才能适应温室条件，最好选地势较高，通风良好的地段，搭建拱棚，棚上覆防雨膜，膜上盖遮阴网降温，四周通风处用60目防虫网盖严，严防粉虱、蚜虫入内。拱棚附近的杂草清除干净，喷药防虫，减少虫源，在棚内做成1.2m宽的高畦面，畦面摆放穴盘，穴盘基质的配方：草炭70%、蛭石20%、珍珠岩10%，每1m³基质加三元素复合肥1kg，烘干鸡粪5kg，所加成分一定要混匀，以确保种苗的长势一致。

播种后苗床要遮阳降温保湿出苗，出苗后遮阳网早上和下午掀掉，中午光照强时盖上。育苗期间保持穴盘基质湿润，根据苗情和天气情况，每天浇水1~2次，每次以浇透基质为宜。幼苗期处于高温季节，基质蒸发量大，浇水较勤，昼夜温差小容易徒长，发现徒长时可喷0.05%~0.1%（1 000~2 000倍）矮壮素抑制。在苗高15~20cm，3~4片叶，25天左右的苗龄时就可以定植。

（三）定植

（1）定植前的准备。温室前屋面覆盖无滴膜，上下风口处扣60目防虫网，薄膜上盖遮阳网或喷降温涂料降温；每亩施腐熟的有机肥5 000kg，深翻耙平，开定植沟，沟内每亩施40kg磷酸二铵，用锄掺匀。

（2）定植方法、密度。定植前一天苗床用水浇透，定植大行距85cm、小行距55cm、株距40cm。

（四）定植后的管理

1. 缓苗期管理

定植后2~3天，根据土壤墒情进行一次松土、培垄，不使温度超过30℃，若温度过高，要在棚面上覆盖遮阳网降温，并要防止雨水进入棚内。

2. 缓苗后坐果前管理

缓苗后发现个别植株发生病毒病，应及时拔出，并用肥皂水洗手后再移栽。现蕾前适当控制水分，进行划锄松土，促进根系发育，防止地上部徒长，促进花芽分化和发育，不旱不浇水，浇水应在早晨或傍晚进行。开花时用番茄灵或丰产剂 2 号喷花处理，温度较高时处理浓度以 20 ~ 25mg/kg 为宜，番茄植株达到一定高度后不能直立生长，要进行吊蔓。

3. 结果期管理

第一穗果长到核桃大时，开始浇水追肥，每亩冲施尿素 10kg，随水灌入沟内；在第二穗果实膨大期，对叶面喷施 0.3% 磷酸二氢钾和 0.5% 尿素溶液。

4. 整枝打杈

整枝方式采取单秆整枝，除主干外，所有侧枝全部去除，留六穗果，上留两片叶打顶。要及时去除下部老叶，发现基部叶色发黄或感染病害时，要及时摘除，每个果穗留 3 ~ 4 个大而整齐的果实，其余疏去。在室外温度降到 15℃ 以下时合风口，在夜间温度不能保持 10℃ 以上时应及时上保温被，使白天温度保持在 22 ~ 28℃，夜间温度 13 ~ 18℃。

（五）采收和贮藏

此茬番茄采收越晚价格越高，不必催熟，第一穗果 10 月下旬开始采收，以后光照弱成熟比较慢，于 1 月上旬一次性采收完，若有青果，可装筐放在温室内贮藏。

四、日光温室番茄冬春茬栽培技术

（一）品种选择

冬春茬番茄主要是秋冬茬蔬菜收获后作连接茬用。在河南省一般在 11 月中下旬播种育苗，元月中下旬定植，4 月份始收，6 月中下旬拉秧，是栽培较容易的一茬蔬菜。冬春茬番茄栽培的适宜品种与越冬茬基本一致。多采用金棚 M603、富山 5 号、普罗旺斯、欧贝、瑞星 2 号、爱吉 112 等品种。

（二）播种育苗

本茬可采用苗床营养土育苗，也可采用穴盘育苗。苗床营养土育苗时苗床的播种量为 $5g/m^2$，将催芽后的种子撒播在育苗床上，苗床上覆盖地膜，起保温、保湿作用，保持室温白天 25～28℃，夜间不低于 20℃。70% 以上种子出苗后，揭开薄膜通风，保持室温白天 20～25℃，夜间 12℃左右，防止下胚轴过度伸长，形成高脚苗。3 片真叶前分苗到 10cm×10cm 营养钵。分苗选在晴天上午进行，分苗床要提前准备好并配好营养土，用 50% 多菌灵消毒，分苗时要带土起苗，尽量避免伤根。分苗后提高温度促进缓苗，水分管理按照见干见湿的原则，不宜过分控制。定植前 1 周加大通风，日温降至 18～20℃，夜温降至 10℃左右，进行秧苗锻炼，通常当苗龄达到 60～70 天，株高 20～25cm，8～9 片叶，第 1 花序现大蕾，即可定植。

（三）定植

前茬作物收获后，清除残枝烂叶及杂草，每亩施优质腐熟的农家肥 5 000kg，深翻 40cm，使粪土掺匀，耙平地面，按小行距50cm，大行距90cm 开沟定植。株距按 35～40cm 株距，株间点施磷酸二铵每亩施 4 000～5 000g，培土后逐沟浇水。

（四）定植后的管理

1. 温度管理

定植后密闭保温，促进缓苗。不超过 35℃不放风。缓苗后进行松土培垄并覆盖地膜，在小行和两垄上覆盖。结果前白天保持

25℃左右，超过 30℃放风。午后温度降到 20℃左右闭合风口，15℃左右覆盖草苫，前半夜保持 15℃以上，后半夜 10~13℃。进入结果期后，白天保持 25℃左右，前半夜 13℃左右，后半夜 10℃左右。

2. 肥水管理

在定植水充足的情况下，第一穗果坐住之前不浇水，促进根系发育，控制地上部营养体徒长。如果发现叶色浓绿，说明土壤水分不足，可在膜下浇小水。第一穗果实达到核桃大时开始追肥浇水，每亩追施硝酸铵 20~25kg 顺水冲入沟内。待第二穗果实膨大时，每亩追施磷酸二铵 20~25kg。第三穗果实膨大时，每亩追入氮、磷、钾复合肥 30kg。除了每次施肥时要进行浇水外，还要经常保持土壤相对湿度 80%左右，特别是果实膨大时不能干旱缺水，结果盛期每 7~10 天浇水一次，每次灌水量不宜过大，浇过水后要加强放风，降低空气相对湿度。

3. 植株调整

晚熟品种采用单干整枝，每株留 5~6 穗果摘心，早熟品种采用辅助单干整枝，主干留 3~4 穗果，侧枝留 1~2 穗果。每穗保留 3~4 个果实，其余疏去；防治落花落果的方法和催熟方法同越冬茬番茄。

（五）采收

采收后要运输 1~2 天的，可在转色期采收，此时期果实大部分呈白绿色，顶部变红，果实坚硬，耐储运，品质佳；采后就近销售的，可在成熟期采收，此时期果实 1/3 变红，果实未软化，营养价值较高，但不耐贮运，过去为了提早上市常采用乙烯催熟，现在为了提高品质，减少农药残留量，不用生长调节剂进行催熟。

五、大棚番茄春提前栽培技术

（一）品种选择

大棚番茄春提早栽培应选择耐低温、早熟、抗病、高产的品种，如金棚 M603、富山 2 号、粉都高产王、春雷、爱吉 112 等品种。

（二）培育适龄壮苗

番茄春提早栽培适宜苗龄一般为 55 ~ 65 天。早熟品种比晚熟品种苗龄可短些。在育苗设施好，光照管理适宜的条件下，苗龄可短些。定植时一般要求苗壮、苗齐、无病，幼苗 7 ~ 9 片叶，第一花序现大蕾。如果苗龄过短、幼苗太小，则开花结果晚，达不到早熟目的。苗龄过大，幼苗在苗床里开花，或者苗变成小老苗，长势衰弱，定植后易引起落花落果。大棚春番茄一般在日光温室内育苗，本茬可采用苗床育苗，等苗长到 2 ~ 3 片真叶时用营养钵分苗。在河南适宜播种期为 1 月中旬左右，其他各地应根据本地适宜定植期和育苗条件来确定，此时期育苗低温弱光，前期要注意采用加温和补光措施，后期要降温管理，防止低温冷害和高温危害。定植前要加强炼苗，提高幼苗的抗逆性。

（三）整地定植

大棚春提早栽培应尽量提早扣棚整地，一般定植前一个月左右扣膜，每亩撒施或沟施腐熟有机肥 5 000kg 左右，磷酸二氨 30 ~ 40kg，深翻 20cm 以上，然后做成 1.3m 宽高畦，或 50cm 行距的垄。当 10cm 地温稳定在 8℃ 以上，最低气温达 1℃ 以上时即可定植。华北地区一般 3 月中下旬定植，东北地区一般 4 月下旬定植。如大棚采用多层覆盖，或临时加温等保温措施，可适当提早定植。

定植时宽窄行定植，宽行 80cm 窄行 50cm，早熟品种株距 35cm 左右，中熟品种株距 38cm 左右，晚熟品种株距 40cm。定植最好在晴天上午进行，定植时尽量浇足定植水，把营养块充分泡开，促使根系尽快发育，并扎入土壤。大棚春番茄应尽量采用地膜覆盖。

（四）定植后的管理

1. 温度管理

定植初期以防寒保温为主。如遇寒潮，要采用扣小拱棚或拉天幕等多层覆盖，大棚四周围草帘子防寒。缓苗后白天大棚内气温保持 25～28℃，最高不超过 30℃，夜间保持 13℃以上。随着外温升高，加大放风量，延长放风时间，早放风，晚闭风。进入 5 月以后就要开始放风，尽量控制白天不超过 26℃ 夜间不超过 17℃。

2. 肥水管理

定植初期必须控制浇水，防止番茄茎叶徒长，促进根系发育，第一花序坐果后，每亩追施复合肥 30kg，灌 1 次水。第二、第三花序坐果后再各浇 1 次水，灌水要在晴天上午进行，灌水后要加强放风，降低棚内空气湿度，棚内湿度过大易发生各种病害。

3. 植株调整

大棚春番茄整枝方法一般采用单秆式整枝，无限生长类型品种可留 5～6 层果摘心，有限生长类型品种可留 3～4 层果摘心，及时摘掉多余的侧枝。结合整枝绑蔓摘除下部老叶，病叶，并进行疏花疏果。番茄植株可用塑料绳吊蔓，或用细竹竿插架支撑，如插架一般采用篱形架。为防止落花落果，在花期加强温度、水分等环境条件管理的同时，进行人工辅助授粉（振动器授粉），或采用番茄灵或丰产剂 2 号等坐果激素处理蘸花。

（五）采收

大棚春番茄的采收期随着气候条件、温度管理、品种不同而有差异。一般从开花到果实成熟，早熟品种 40～50 天，中熟品种

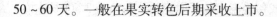

50~60天。一般在果实转色后期采收上市。

六、大棚番茄秋延后栽培技术

（一）品种选择

大棚秋番茄是夏播秋收栽培，生育前期高温多雨，病毒病等病害较重，生育后期温度逐渐下降，又需要防寒保温，防止冻害。应选择抗病性强、早熟、高产、耐贮藏的品种。目前，生产上的常用品种有：金棚8号、瑞星五号、瑞星六号、爱吉112、惠裕、欧贝等，各地应结合本地特点具体选择。

（二）播种育苗

大棚秋番茄如播种过早，苗期正遇高温雨季，病毒病发生率高，播种过晚，生育期不足，河南以6月下旬至7月初育苗为宜。采用穴盘育苗移栽，大棚秋番茄育苗移栽可以采用小苗移栽，也可采用育大苗移栽。小苗移栽一般在两叶一心时，将小苗栽进大棚，苗龄15~18天，这时植株二级侧根刚刚伸出，根幅不大，定植时伤根少，易缓苗。小苗定植浇水要及时，否则土壤易板结而"卡脖"掉苗。大苗移栽是目前生产上普遍采用的形式，苗长到5~6片叶，日历苗龄25天左右定植。这种方法的优点是苗期便于集中管理，定植晚，有利于轮作倒茬。番茄越夏育苗可采用遮阳网进行遮阴育苗，以减轻病害，培育壮苗。

（三）整地定植

大棚番茄秋延后定植正处于高温、强光、多雨季节，故要做好遮阴防雨的准备。及时修补棚膜的破损处，在棚膜上覆盖遮阳网或喷降温涂料，平时保持棚顶遮阴，四周通风，形成一个凉爽的遮阴棚。定植前清洁棚内上茬的残株，一般每亩施腐熟农家肥5 000kg

左右。选择在阴雨天或傍晚温度较低时定植，每亩栽3 500株左右。

（四）定植后的管理

1. 温光调节

栽培前期尽量加强通风，降低温度，白天温度高于30℃要在棚膜上覆盖遮阳网或撒泥浆。雨天盖好棚膜，防雨淋。进入9月以后，随着外界温度的降低应减少通风量和通风时间，同时撤掉棚上的遮阳网，10月以后应关闭风口、注意保温。

2. 水肥管理

浇过定植水后，要及时中耕松土，不旱不浇水，进行蹲苗，促进根系生长。第一穗果核桃大时随浇水冲施磷酸二铵15kg/亩、硫酸钾10kg/亩，以后随着植株的生长进行追肥灌水，15天左右追一次肥。前期浇水要在傍晚时进行，有利于加大昼夜温差，防止徒长。

3. 植株调整

如植株徒长，应及时喷洒浓度为1 000mg/L的矮壮素，可有效抑制徒长。大棚秋番茄生长速度快，应及时的进行插架、绑蔓。大棚秋番茄多采用单秆整枝，即主干上留5穗果，其余侧枝摘除，第5穗果开花后，花序前留两片叶摘心。前期病毒病较重，后期晚疫病较重，发现病毒病和晚疫病的植株要及时拔出，用肥皂水洗净手后再进行田间作业。大棚秋番茄保花保果、疏花疏果的方法与温室种植秋冬茬番茄相同。

（五）采收和贮藏

大棚秋番茄果实转色以后要陆续采收上市，当棚内温度下降到2℃时，要全部采收，进行贮藏。一般用简易贮藏法，贮藏在经过消毒的室内或日光温室内。贮藏温度要保持在10~12℃，相对湿度70%~80%，每周倒动一次，并挑选红熟果陆续上市。秋番茄一般不进行乙烯利人工催熟，以延长贮藏时间，延长供应期。

七、无公害番茄病虫害综合防治技术

随着番茄种植面积的增加，品种的增多，种植方式也多样化，其病虫发生种类和面积也明显增加，危害损失日趋严重，防治难度逐步加大，已成为制约番茄生产的严重障碍。随着社会的发展和人民生活水平的提高，人们对番茄的需求已经由数量增长型转为质量增长型，对安全、营养、无污染的蔬菜需求与日俱增。这就对病虫害防治技术，尤其是化学农药的使用提出了更高要求。因而生产优质、无公害蔬菜就成为蔬菜生产的必然趋势和发展方向。

番茄病虫害时常发生，危害严重的虫害有蚜虫、白粉虱、棉铃虫、烟青虫，病害有晚疫病、灰霉病、早疫病、溃疡病、叶霉病、青枯病、病毒病等。

在病虫害防治上，按照"预防为主、综合防治"的植保原则，以农业防治为基础，优先采用物理防治、生物防治技术，按照病虫害的发生规律科学使用化学防治技术。

（一）农业防治

（1）选用抗（耐）病的丰产良种。

（2）轮作换茬减少病虫来源。合理轮作，改善土壤理化性质、培肥地力，消灭病虫来源，减轻病虫害发生。轮作时，番茄应避免与茄科蔬菜轮作、可与草莓或葫芦科蔬菜轮作。

（3）合理施肥。注意使用有机肥，增施磷钾肥，一般每亩施用农家肥 5 000kg 以上，磷酸二铵 25kg 左右，或配施磷酸二氢钾7.5kg 左右，增强番茄植株的抗病力。

（4）培育无病虫壮苗，大力推广使用穴盘育苗。

（5）高畦深沟栽培，加强田间管理。实行窄畦、深沟、高垄栽培，做到三沟配套，排水良好，切忌大水漫灌。最好全膜覆盖，采用滴灌技术灌溉，在定植幼苗后，垄面及暗灌沟用超薄膜覆盖，采用软管、渗管等滴灌技术灌溉。

(6) 及时清除病株、病果，清洁田园，整枝时接触到病株、病果时应及时洗手消毒。

（二）物理防治

1. 灯光诱杀

利用害虫对光的趋性，用黑光灯、频振式杀虫灯等进行诱杀。尤其在夏秋季害虫发生高峰期对蔬菜主要害虫起到了良好的诱杀作用。使用频振式杀虫灯减少了农药使用量，减少了对环境的污染，减少了对天敌的杀伤，不会引起人畜中毒。而且省工、省力、方便，经济效益、生态效益和社会效益均十分显著。近年来，频振式杀虫灯已在全国蔬菜生产中广泛推广应用。

2. 性诱剂诱杀

这是近年来发展起来的一种治虫新技术，具有高效、无毒、不伤害益虫、不污染环境等优点。在害虫多发季节，每亩菜田排放水盆 3~4 个，盆内放水和少量洗衣粉或杀虫剂，水面上方 1~2cm 处悬挂昆虫性诱剂诱芯，可诱杀大量前来寻偶交配的昆虫。

3. 黄蓝板诱杀

黄蓝板诱杀指利用害虫特殊的光谱反应原理和光色生态规律，用黄蓝板、诱杀害虫。在温室大棚内采用悬挂粘虫板，遮挡和诱杀蚜虫、粉虱等小飞虫。种植番茄的日光温室内悬挂粘虫板，一般每亩中型板（25cm×20cm）悬挂 50 个左右（其中黄板 30 个、蓝板 20 个），并且要均匀分布。用塑料绳或铁丝一端固定在温室大棚顶端，另一端拴住捕虫板预留空眼；悬挂高度要高出作物顶部 10cm，并随作物的生长高度而调整。

4. 防虫网隔离技术

防虫网是一种采用添加防老化、抗紫外线等化学助剂的优质聚乙烯原料，经拉丝织造而成，形似窗纱，具有抗拉力强度大、抗热耐水、耐腐蚀、耐老化、无毒无味的特点。蔬菜防虫网是以防虫网构建的人工隔离屏障,将害虫拒之于网外,从而达到防虫保菜的效果。防虫网覆盖栽培,是农产品无公害生产的重要措施之一,对不用或少用化学农药,减少农药污染,生产出无农药残留,无污染、无公害的蔬菜,具有重要意义。

(三)化学防治

化学农药仍是目前防治病虫害的重要而有效的手段。无公害蔬菜并非不使用化学农药,关键是如何科学合理地使用。严格控制蔬菜的农药残留不超标和严格控制蔬菜的农药安全使用间隔期,是保证化学农药不超标的重要措施。

1. 晚疫病

番茄晚疫病又称疫病,是流行性很强、破坏性很大的病害,给番茄生产造成很大危害,严重时造成大片死苗和烂果,可使整个棚室毁坏。

该病在番茄的整个生育期内都可以感病,主要危害叶片、花序、茎秆以及青果。一般从植株中下部开始发病,发病叶片一般从叶缘开始,出现暗绿色水浸状不规则斑点,病健交界处不明显;病斑由叶片向主茎发展,造成主茎变细呈现黑褐色;青果染病,果实肩部产生暗绿色的近圆形污斑,后变褐色凹陷,有时可波及半个果实,湿度大时病部产生稀疏的白霉;花序染病,最初先从花柄显症,花柄变黑、缢缩,严重时整个花序凋落。发病初期可使用72.2%霜霉威盐酸盐水剂800倍液、58%甲霜灵·锰锌可湿性粉剂500倍液。以上各种药剂可轮换选用,进行茎叶喷雾,视病情每隔5~7天1次,连续防治2~3次。

2. 灰霉病

该病在植株的苗期和成株期均可以发病,为害叶片、茎、花序、果实。苗期染病,子叶先变黄后扩展到茎,产生暗褐色病变,病部缢缩,易折断。成株叶片染病,多自叶尖向内呈"V"形腐烂,呈水浸状,后变黄褐色,具有深浅相间的不规则轮纹。果实染病，蒂部残存的花瓣或柱头首先被侵染，并且向果面和果柄扩展，导致幼果软腐。使用的药剂有50%速克灵可湿性粉剂1 000倍液、50%异菌脲可湿性粉剂1 500倍液、40%嘧霉胺悬浮剂1 200倍液、50%凯泽1 200～1 500倍液。每隔7～10天1次，连续防治2～3次。保护地还可以用烟剂、粉尘剂，如百菌清、速克灵烟剂，甲霉灵粉尘剂。

3. 早疫病

危害叶片、茎秆、花、果实。成株叶片染病产生褐色坏死小点，后扩展成圆形或近圆形病斑、黑褐色，具有同心轮纹，用放大镜观察，轮纹表面有刺状物产生，病斑直径可达10mm，当湿度大时，分生孢子和分生孢子梗发育形成灰色霉层。发病后期，病斑可在茎上以及花托上发生，引起上部茎坏死和花托变黑、枯死。果实染病始于花萼附近，产生褐色椭圆形病斑，病斑直径可达10～20mm，病斑上部可产生黑褐色霉层。药剂防治：70%代森锰锌可湿性粉剂500倍液、50%异菌脲可湿性粉剂1 000倍液、58%甲霜灵·锰锌可湿性粉剂500倍液、47%春·王铜可湿性粉剂800～1 000倍液。以上药剂可根据具体情况轮换交替使用。

4. 枯萎病

番茄枯萎病发生在番茄生长的中后期，最早发病时间是开花以后。发病初期，病茎一侧自下而上出现凹陷，致使一侧的叶片发黄，变黄后可使一侧首先枯死，继而整株死亡。剖开病茎可见维管束变褐，湿度大时病斑处由于分生孢子不断繁殖的结果，产生红褐色的霉层。感病初期，采用85%三氯异氰脲酸1 000倍液进行叶面喷雾，连续使用2～3次，用药间隔期5～7天。

5. 煤污病

病菌主要为害番茄的叶片，初在番茄的叶正面产生稀疏的霉丛，后变成灰黑霉层，当病情严重时，叶背面的组织坏死，叶片逐渐变黄干枯。发病初期使用72.2%霜霉威盐酸盐水剂800倍液、72%锰锌·霜脲可湿性粉剂600倍液进行茎叶喷雾，连续用药两

次，用药间隔期 5～7 天。

6. 溃疡病

番茄的整个生育期均可发病。幼苗发病，真叶从下向上开始萎蔫，叶柄或胚轴上产生凹陷的坏死斑，横剖病茎可见维管束变褐，髓部出现空洞，可致幼苗死亡。成株染病，从下部叶片开始显症，发病初期，叶片边缘退绿打蔫后卷曲，严重后叶柄、侧枝上产生灰褐色条状枯斑，茎部开裂，剖茎可见，髓部开始变空，维管束变褐。病茎变粗，在病茎处，产生许多不定根或瘤装突起，最终病茎髓部全部变褐，造成全株死亡。染病果实上产生特征性的鸟眼斑，多个病斑融合使果实表面粗糙。发现病株拔除，喷洒 52% 代森锌·王铜 800 倍液、77% 氢氧化铜可湿性微粒粉剂 800～1 000 倍液、15% 四霉素 800 倍液。

7. 青枯病

番茄青枯病又称细菌性枯萎病。进入花期，番茄株高 30cm 左右，青枯病株开始显症。先是顶端叶片萎蔫下垂，后下部叶片凋萎，中部叶片最后凋萎。也有一侧叶片先萎蔫或整株叶片同时萎蔫的。发病初期，病株白天萎蔫，傍晚恢复，叶片变浅绿，病茎表皮粗糙，茎中下部增生不定根或不定芽，湿度大时，病茎上可见初为水浸状后变褐色的斑块，病茎维管束变褐色，切面上维管束溢出白色菌浓，病程进展迅速，严重病株 7～8 天即可死亡。发病初期喷洒 52% 代森锌·王铜 500 倍液、15% 四霉素 600 倍。连续用药 2～3 次，用药间隔期 5～7 天。

8. 黄化曲叶病毒病

番茄植株感染病毒后，初期主要表现生长迟缓或停滞，生长点黄化，节间变短，植株明显矮化，叶片变小变厚，叶质脆硬，叶片有褶皱、向上卷曲，叶片边缘至叶脉区域黄化，以植株上部叶片症状典型，下部老叶症状不明显；后期表现坐果少，果实变小，膨大速度慢，成熟期的果实不能正常转色。番茄植株感染病毒后，尤其是在开花前感染病毒，果实产量和商品价值均大幅度下降。采取措施防治好烟粉虱、是控制病害蔓延的关键。

防治方法：①通过选用 50～60 目防虫网覆盖栽培、在大棚内挂黄板诱杀、及时摘除老叶和病叶、清除田间和大棚四周杂草等措施，可以降低烟粉虱虫口密度，切断传播途径，减少发病。

②叶面喷施 80% 抗败坏血酸、98% 牛蒡寡聚糖 1 500～2 000 倍，以增加番茄的抗病性，降低发病几率。

③由于当前没有治疗番茄黄化曲叶病毒的特效农药，田间一旦发现病株，立即拔除进行销毁，防止病害进一步传播蔓延。

第十六章　茄子栽培技术

茄子古名伽、落苏、酷酥、昆仑瓜、紫膨等，属茄科茄属以浆果为产品的 1 年生草本植物、热带多年生。茄子起源于亚洲东南热带地区，印度至今仍有茄子的野生种，野生种果小味苦，经长期栽培驯化，风味改善，果实变大，18 世纪由中国传入日本，中国西晋即有栽培，是茄子的第二起源地。茄子在全世界都有分布，以亚洲栽培最多，欧洲次之。全国各地均有栽培，为夏季主要蔬菜之一。随着保护地茄子栽培技术推广，茄子可以达到一年四季供应。茄子幼嫩浆果可炒、煮、煎、炸、干制和盐腌。每 100g 嫩果含水分 93 ~ 94g，碳水化合物 3.1g，蛋白质 2.3g，还含有少量特殊苦味物质，有降低胆固醇、增加肝脏生理功能的效应。

一、茄子栽培的生物学基础

（一）形态特征

1. 根

茄子的根系发达，吸收能力强。主根能深入土壤达 1.3 ~ 1.7m，横向伸展达 1.2m 左右。它的主要根群分布在 35cm 以内的土层中。茄子根木质化较早，再生能力差，不定根发生能力弱，在育苗移栽时，尽量减少伤根。

2. 茎

幼苗时期为草质，成苗以后逐步木质化，木质化越高，其直立性越强。茎的颜色与果实、叶片的颜色有相关性。主茎分枝能力较强，几乎每个叶腋都能萌芽发生新枝，分枝习性为"双杈假轴分枝"。

3. 叶

茄子单叶互生，叶片肥大。叶片大小因品种和植株上着生的节位不同而异。一般低节位和高节位的叶片都比较小，而 1 ~ 3 次分枝中部叶位的叶片比较大。茄子的叶形有圆形和倒卵形。叶面粗糙有茸毛，叶脉和叶柄有刺毛，叶色一般为深绿色或紫绿色。

4. 花

茄子为两性花，紫色、淡紫色或白色，一般为单生，花较大而下垂。花由萼片、花冠、雄蕊、雌蕊 4 大部分组成。茄子开花时雄蕊成熟，花药筒顶孔开裂，散出花粉。茄子第一朵花着生节位高低与品种的属性有关，一般第一朵花早熟品种出现在第五六节位，晚熟品种出现在第十至第十五节位。

5. 果实

茄子果实为浆果，心室几乎无空腔。它的胎座特别发达，形成果实的肥嫩海绵组织，用以储存养分供人们食用。果实的形状有圆球形、倒卵圆形、长形、扁圆形等。果肉的颜色有白、绿和黄白色之分。果皮的颜色有紫、暗紫、赤紫、白、绿、青等。

6. 种子

茄子种子发育较迟。茄子商品成熟时只有种皮，不影响食用，只有到老熟时才能形成饱满种子。种子一般为鲜黄色，形状扁平而圆，表面光滑、粒小而坚硬，千粒重一般 4 ~ 5g。

（二）生长发育周期

1. 发芽期

从种子吸水萌动到第一真叶显露，正常情况下需 10 ~ 12 天，发芽期主要靠种子自身储存的营养进行生长，在苗床要保持适宜的温度和湿度，同时还要防止形成高脚苗。

2. 幼苗期

从第一片真叶露出到显蕾，一般需要 50～60 天。一般情况下，茄子幼苗长到三四片真叶，幼茎粗度达到 0.2mm 左右时，就开始花芽分化，长到五六片叶时，就可现蕾。

3. 开花结果期

门茄现蕾后进入开花结果期。茄子每个叶腋几乎都潜伏着 1 个叶芽，条件适宜时可萌发成侧枝，并能开花结果。茄子的分枝结果习性很有规律。早熟种 6～8 片叶，晚熟种 8～9 片叶时，顶芽变成花芽，其下位的腋芽抽生两个势力相当的侧枝代替主枝呈丫状延伸生长。以后每隔一定叶位顶芽又形成花芽，侧枝以同样方式分枝一次。每一次分枝结一层果实，先后在第一至第四的分枝杈口的花形成的果实分别被称为门茄、对茄、四门斗、八面风。所以，只要创造适宜的环境条件，满足其生长发育的需要，茄子的增产潜力很大。

（三）对环境条件的要求

1. 温度

茄子喜温，不耐寒。苗期白天以 20～25℃，夜晚 18～25℃ 为宜；开花结果期以 30℃ 为宜。温度低于 10℃，停止生长，低于 15℃，则茄子出现落花落果，低于 20℃，植株生长缓慢，影响授粉和果实发育。

2. 光照

茄子对光照强度和光照时数要求较高。光照时数延长，则生长旺盛；相反，如果光照不足，则花芽分化晚，开花迟。光照不足不但影响产量，并且影响色素形成，果实着色不好，紫色品种尤为明显。

3. 水分

茄子植株较大，叶面蒸腾量也大，因此，对水分的需要量大，特别在门茄"瞪眼"以后需水量逐渐增多，一般茄子苗期需水量少，开花结果期以后需水量多，但是，空气相对湿度长期超过80%以上时，就会引起病害的发生，因此，在温室大棚栽培茄子时采取高垄栽培、地膜覆盖、膜下浇水等。

4. 土壤营养

茄子对土壤的要求不太严格，一般在含有机质多、疏松肥沃、排水良好的沙壤土上种植最好，pH 值 6.8 ~ 7.3 为宜。茄子需氮肥较多，磷肥次之，钾肥最少。茄子植株在生长前期需要磷肥多一些，特别是幼苗期，如果磷肥供应充足，有促进根系发育、茎叶粗壮、提早花芽分化的作用。所以，在生产上富磷复合肥当基肥应一次性施入。

二、日光温室茄子越冬一大茬栽培技术

此茬栽培在中原地区一般在 8 月中旬播种，9 月中旬分苗或嫁接，10 月上中旬定植，元旦至春节上市供应春节期间紧俏市场。虽然前期由于气温低，光照弱而产量稍低，但价格最高，销售最为抢手。立春过后，气温转暖，迅速进入盛果期，供应 3 ~ 4 月茄子市场，虽然价格略低于春节前后，但产量高，总体收入高，这茬茄子一直可以卖到麦收结束的 6 月上中旬，长达半年的上市期，经济效益十分可观。

（一）品种选择

温室茄子越冬一大茬栽培宜选用耐低温、弱光、抗病高产的中早熟品种，同时还要兼顾当地消费习惯，如豫南地区喜欢绿圆茄，豫北、京津地区喜欢紫圆茄，而南方城市和地区喜食紫长茄，以免影响销路。目前，生产上绿圆茄多选用新乡糙青茄、西安绿罐、绿秀 1 号（北京绿亨）等品种；紫长茄多采用进口品种布利塔、娜塔丽（10-706）以上两个紫长茄品种，由荷兰瑞克斯旺公司培育。紫圆茄可以选用紫圆-3（荷兰品种）、圆丰一号（天津科润蔬菜所）。

（二）培育壮苗

茄子嫁接育苗是解决由于温棚茄科连作引起黄萎病、青枯病、根腐病等多种土传病害的有效途径。嫁接换根后还提高茄子的抗低温能力，砧木一般采用野生茄或托鲁巴姆，嫁接方法一般采用贴接和劈接两种方法，这两种方法都要求砧木比茄子接穗提早 30~40 天播种。

1. 基质、营养土配制

茄子苗可利用穴盘（规格 32 穴或 50 穴）育苗，而砧木直接育在营养钵内（规格 10cm×10cm），穴盘育苗的基质配方可用草炭∶蛭石∶珍珠岩 =3∶1∶1，每 1m³ 基质加硫酸钾型（15∶15∶15）复合肥 1kg（用水溶解喷拌），再加腐熟烘干鸡或猪粪 5kg 拌匀。装营养钵的营养土可选用未种蔬菜的熟土 7 份，腐熟后鸡或猪粪 3 份，每立方米营养土加入硫酸钾型（15∶15∶15）复合肥 1kg，过筛掺匀。

2. 催芽育苗

温室茄子越冬一大茬栽培育苗时间为 8 月中旬，砧木育苗时间为 7 月中旬，播种前种子晒种 1~2 天，然后用高锰酸钾 200 倍浸种消毒 20min，洗净药液和种子表面黏液后在 30℃ 水温下，浸种 8~9h，捞出后用纱布包好置于 25~30℃ 条件下催芽，催芽过程中每天冲洗一次种子采取变温处理（30℃ 高温 14~16h、20℃ 低温 12h）发芽快，一般 6 天种子根尖可吐白，80% 种子露白后即可播种。茄种播于穴盘，把拌好的基质装盘后，打播种孔，孔深 1cm 左右，每孔的正中央平放一粒胚芽朝下种子，上面覆盖基质，然后把播种后的穴盘摆放于温室内，当时温度尚高，覆盖地膜保墒即可。砧木同样方法点播于营养钵内。

3. 适时嫁接

9 月中旬茄苗进入 4 叶后即可嫁接，嫁接选在晴天无风遮阴进行。在营养钵内砧木上操作，减少分苗移栽伤根。

（1）贴接法。取 4~5 叶营养钵砧木 1 株，留一片真叶，斜削去生长点，把接穗从子叶上也斜削成 30°斜角，刀口长 0.5~0.7cm，使砧木和接穗斜切口相吻合，用嫁接夹夹住。

（2）劈接法。砧木 5~6 叶，茎粗如铅笔杆，取营养钵砧木 1 株，留 2 片真叶，剪去生长点，用刀从砧木中间向下切 1cm 左右，然后把接穗从子叶上 1cm 处下削成楔状，插入砧木切口中，使砧木和接穗切口处有一边的表皮对齐吻合，用嫁接夹固定。

4. 嫁接苗管理

茄子嫁接后苗床管理需封闭遮阳 3~4 天，白天温度 25~30℃，夜晚 15~18℃，4 天遮阳后可变为花荫，2 天后去掉遮阳物转入正常管理，定植前 5~7 天控制浇水进行低温炼苗。

（三）起垄定植

1. 施肥整地

茄子为深根系作物，整地时要深翻土壤 30cm，每亩施充分腐熟有机肥 5 000kg，硫酸钾型三元素复合肥 150~200kg，为防止温室连作土传根部病害，用 40% 五氯硝基苯或 45% 敌磺钠 1.5~2kg/亩，结合整地进行棚室土壤消毒处理，可有效预防病害发生。耙平耙细后按大小行开沟，大行距 70cm，小行距 50cm，沟宽 15cm，深 15cm，呈南北向 M 形的高垄畦，有条件的可在高垄畦面上铺设滴灌。

2. 定植

温室茄子越冬一大茬栽培定植应选择 10 月上中旬的晴天上午进行。首先在高垄上按穴距 33cm 挖坑，然后放入去掉营养钵的嫁接茄苗，栽苗深度以土坨比垄面低 1cm 为宜。浇足水后把垄封平，然后用 70~80cm 宽地膜覆盖栽苗小行，实行膜下浇水，栽苗错对交叉，定植密度为 3 300 株/亩左右。

3. 及时扣棚膜

茄子栽苗时外界气温已低，霜降即将来临，需及时扣棚膜，既提高温度有利于缓苗，又防止茄苗受寒。扣棚膜后白天温度保持在20～30℃，夜晚不低于18℃。

（四）定植后管理

1. 温度管理

茄子定植扣棚后前期重点是提高地温和气温，5～7天尽量少通风，缩短缓苗时间，抓住10月中旬至11月中下旬大的寒流没有来临之前的良好天气，使茄苗迅速生长开花结果。温室白天温度控制在25～35℃，夜晚保持在15℃以上。外界气温逐渐降低，随时都有强冷空气来临，因此要加盖草苫或保温被和防雨膜，是温室气温夜晚始终保持在14℃以上，保证茄子果实的正常发育。外界气温最低的12月到次年1月份遇到极端最冷天气，温室要有临时加温设备开启，如暖风炉、电暖器等，主要在夜间加温。立春过后天气转暖，茄子进入盛果期，要逐渐加大放风量和放风时间，促进气体交换。

2. 肥水管理

温室茄子一般定植7天左右浇足浇透缓苗水，缓苗到开花结果这一时期由于外界气温逐渐降低应控制浇水追肥，让根系向纵深处发展，寒流及阴雨天气禁忌浇水，浇水选在晴天，一般在门茄"瞪眼"以后。春暖时节，气温回升，温室茄子进入旺盛生长阶段，也是夺取高产的关键时期，对水肥需要量加大，浇水一般选在对茄及四门斗露出以后，追肥次数也增加，一般采取"一清一浑"。追肥最好选用冲施肥、金大地水溶肥效果更佳。另外，棚室茄子随着盛果期的到来，对CO_2的需求量加大，补充CO_2气肥不但能增产，而且还减轻病害的发生。

3. 保花保果

温室茄子越冬栽培，由于冬春温度较低导致茄子坐果率也低，生产上广泛采用激素抹花。抹花后可促进茄子早坐果，提早成熟，提高前期产量和效益。目前，生产上主要应用 2,4-D 和防落素（PCPA）两种，使用方法是配成溶液于上午 8～10 时在开放的茄子花后把上用毛笔涂抹，为避免重复涂抹，溶液配成黑色、红色或白色作为标记。

4. 植株调整

立春过后温室茄子生长速度快，下部老叶失去功能作用，成为养分耗养。打去老叶，有利于下部通风透光，减轻病害，增加花蕾，提高坐果，改善品质。整枝摘叶一定选晴天进行，有利于伤口愈合，防止病菌感染。当"对茄"坐果后，把"门茄"以下侧枝除去，当"四门斗"4～5cm 大小时，除去"对茄"以下老叶、黄叶、病叶及过密的叶和纤细枝。整枝摘叶一般用剪刀，避免茄子植株的刺扎伤和人为传播病菌、病毒。

5. 及时采收

茄子以嫩果为产品，及时采收达商品成熟的果实对提高产量和品质非常重要。采收果实的大小，应根据生长情况和市场价格而定。温室茄子前期植株小、价格高应采小果，让植株加快生长速度形成下一茬茄果；植株大，价格稳应采大果，达到抑制植株生长和增加收入的目的。一般采果也使用剪刀选择早晨进行，这时茄子果皮鲜嫩有光泽有利于市场销售，中午采果装入保鲜袋后由于气温过高容易变色影响销售。中国传统节日销售量大，价格也高，节日后价格低，销量小已成为市场规律，因此温室茄子节前重采，节后慢采。

三、大棚茄子三膜覆盖早春栽培技术

（一）品种选择

大棚茄子早春栽培应选择耐低温弱光、抗病高产、外形美观的早中熟品种。目前，生产上绿圆茄多选用新乡糙青茄、西安绿茄等品种；紫长茄多采用布利塔、安得烈（均由荷兰瑞克斯旺公司培育）品种，国产品种表现好的有迎春（F1）和紫龙1号（F1），紫圆茄新品种有圆丰1号（天津科润蔬菜所）和郑茄2号（郑州蔬菜所）。

（二）播种育苗

（1）播种期。为保证在定植时有100天左右的苗龄，茄苗达到现大蕾标准，中原地区播种期一般在10月底至11月初，这时外界气温尚可，出苗较为容易，但分苗时和分苗后气温逐渐降低，需倍加保护。

（2）苗床选择。一般在日光温室内进行，在大棚内育苗要加小拱棚，苗床铺设地热线，并准备草毡、保温被等保温设施。茄子小苗也可采用50孔或32孔穴盘基质育苗，但分苗必须在营养钵内护根移栽。大棚茄子早春栽培一般采用自根苗，连作老棚选用嫁接苗，但需提前育砧木，分苗一般在11月中下旬，苗龄达到3~4叶一心时晴天进行。

（3）育苗、嫁接及管理。参照上节培育壮苗部分。

（三）定植

1. 施肥整地

大棚茄子一般选用粮食作物耕地建棚，连作蔬菜棚要考虑嫁接育苗和土壤处理消毒。1月下旬前将大棚内清理干净，施入腐熟土杂肥5 000kg/亩左右，硫酸钾型三元复合肥100~150kg，40%五氯硝基苯或45%敌磺钠1.5~2kg掺细土撒匀，深翻25cm以上，并将地面整成小高畦，垄距120cm，垄高15~18cm。

2. 定植时间

立春过后的2月上旬到2月中旬晴天上午进行，过早气温低不发根缓苗慢，过晚苗龄过大成老苗影响产量。

3. 定植方法

宽窄行定植，宽行 70cm，窄行 50cm，每垄两行，三角定苗，株距 33～35cm 挖穴，每亩定植 3 000～3 300 株，穴深 10cm 左右，放入去掉营养钵的茄苗，浇足水后封土，为防止杂草危害，可顺垄喷洒 48% 氟乐灵乳油或 33% 施田补乳油每亩 100mL 进行封闭土壤处理，然后铺 70～80cm 宽地膜，实行膜下浇水，有条件的可铺设滴灌。

4. 扣小拱棚

定植后每 2 行茄子上方插上竹弓，覆盖 2m 宽农膜四周压严保温缓苗，达到早春茄子三膜覆盖栽培。

（四）定植后管理

参照上节"定植后管理"部分内容，大棚茄子三层膜覆盖，一般 3 月中下旬门茄可上市，这时气温渐高可除去内层小拱棚，5 月下旬外界气温已达到 25℃ 以上可揭去大棚膜转入露地生产，但浇水次数增加。

（五）大棚春茄越夏再生

大棚茄子早春三膜覆盖栽培采果盛期集中在价格较为理想的 4～5 月份，进入 6 月中下旬以后价格回落，叶片开始老化，植株衰败，此时进入炎热多雨的夏季，也不适应茄子结果。炎热过后，立秋转凉，市场出现秋淡季蔬菜供应。若重新育苗定植，不但时间上来不及赶上，而且费工、费时，高温季节种植难度很大。近年来，有经验的菜农采用大棚早春茄子夏季剪枝再生，到秋淡季大量上市，而且价格较好，省工、省时而且增加收入十分明显。具体方法是：于 6 月下旬把茄子门茄上两个分枝只留 1～2 个壮芽，把上部剪掉。清理枝叶和杂草，在种植行中开 10cm 的深沟，施入 200～300kg/亩腐熟饼肥和 70～100kg 三元复合肥，然后封沟浇水，促进枝芽萌发。之后对已萌发枝条的植株进行疏枝培土促进结果。

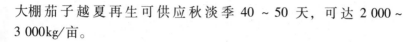

大棚茄子越夏再生可供应秋淡季 40～50 天，可达 2 000～3 000kg/亩。

四、无公害茄子病虫害综合防治技术

茄子病害主要有苗期猝倒病、立枯病、绵疫病、褐纹病、黄萎病、青枯病等病害；茄子的虫害主要有茶黄螨、红蜘蛛、根结线虫、棉铃虫等。一般来讲，棚室茄子病虫害无公害综合防治应以农业防治为基础，加强生态环境调控，药物防治以生物农药为主，把化学防治作为补充的措施配合使用，这样不但病虫害能防得住，茄果商品性好，没有污染，而且省工省费，防治效果好。

（一）农业防治、物理防治

参照"第十三章'四、无公害苦瓜病虫害综合防治技术'"部分。

（二）化学防治

茄苗猝倒病和立枯病可用72.2%普力可进行防治；绵疫病可用64%杀毒矾、72%克露进行防治；褐纹病可用75%百菌清、70%代森锰锌进行防治；黄萎病、青枯病属于土传病害，嫁接可彻底预防，防治药物一般用50%琥胶肥酸铜（DT）600倍液进行灌根，新型微生物农药康地蕾得500～600倍液灌根有显著防治效果。

茄子虫害茶黄螨、红蜘蛛，可用20%灭扫利、0.9%爱福丁进行防治；根结线虫可用5%米乐尔、克线特进行防治；棉铃虫可用1%阿维菌素、苏云金杆菌防治。

第十七章　马铃薯栽培技术

马铃薯别名土豆、山药蛋、地蛋、洋芋、地豆、洋山药、荷兰薯等，为茄科、茄属，能形成地下块茎的栽培种。起源于秘鲁及智利高山地区，经印第安人驯化，约有 8 000 年栽培历史，哥伦布发现新大陆后，陆续传到世界各地。欧美各国人民的日常食品中马铃薯与面包并重，被称为第二粮食作物。1650 年传入中国，在冷凉的东北、西北和西南山区种植面积很大，为粮菜兼用作物。传入中原地区有百年的历史，可以作为二季栽培，作为淡季供应蔬菜在城市郊区发展很快。马铃薯块茎富含淀粉、蛋白质、脂肪、纤维素、多种维生素和无机盐，对人体保持营养平衡和健康十分有利，可以称之为最廉价的保健食品。

一、马铃薯栽培的生物学基础

（一）植物学特征

1. 根

根系是在块茎萌生后，芽长 3~4cm 时，从芽的基部发生出来，构成主要吸收根系，称为初生根或芽眼根。以后随着芽的伸长，在芽的叶节上与发生匍匐茎的同时，发生 3~5 条根，长 20cm 左右，围绕着匍匐茎称匍匐根。初生根先水平生长约 30cm，然后垂直向下深达 60~70cm，匍匐根主要是水平生长。

2. 茎

茎分地上和地下两部分。地上茎绿色或附有紫色素，主茎以花芽封顶而结束，取而代之为花下 2 个侧枝，形成双杈式分枝。各叶腋中都能发生侧芽，形成枝条，茎横切面多棱形，在棱角处沿茎伸长方向有波状或直形附着物叫茎翼，有叶柄基部两侧组织向下延伸形成。因品种不同，茎节有长短之分；植株有直立、披散、微倾等状态。地下茎包括主茎的地下部分，匍匐茎和块茎。主茎地下部分可明显见到 8 或 6 节，在节处生出根和匍匐茎。地下茎一般为白色或浅紫色。地上茎有光合作用、支撑枝叶、运输养分和水分的功能，而地下茎对植株生长和块茎膨大起着承上启下，养分、水分运输传导作用。匍匐茎呈白色，在土壤中呈水平方向伸长，早熟品种一般 3～10cm，晚熟品种 10cm 以上。匍匐茎顶端膨大形成块茎，单株匍匐茎多，结薯也多，而薯块则小，生产上的每株 3～5 个薯块较好。块茎是茎的变态，形状有圆形，卵圆形、扁形、长圆、椭圆等形，皮色有白、黄、粉、红、紫、斑紫等色，这些特征是识别品种的标志。薯块上有芽眼，而芽眼多少，深浅也是鉴别品种的标志。通常每个芽眼上由一个主芽，两个副芽组成，块茎通过休眠后，顶芽的主芽先生长而后侧芽的主芽相继发生，主芽受损后由副芽取而代之。马铃薯优良品种要求薯形好，椭圆或卵圆形，顶部不凹，脐部不陷，表皮光滑，芽眼少而浅（平），利于清洗和削皮加工等。

3. 叶

马铃薯初生叶为单叶，心脏形成倒心脏形，以后发生的叶为奇数羽状复叶，顶部叶片单生，顶生小叶之下有四五对侧生小叶，小叶柄上和小叶之间中肋上着生裂片叶。叶片表面密生茸毛，一种披针形；一种顶部头状，有收集空气中水汽，抗虫作用。

4. 花

马铃薯的花为聚伞花序，花芽由顶芽分化而成。花冠 5 瓣连结形成轮状花冠，花内有 5 个雄蕊和 1 个雌蕊，每个小花有一个花着生在花序上。花色有白、粉红、紫色、紫红色等。马铃薯是自花授粉作物，每朵花开花时间为 3～5 天，每个花序开花持续 15～30

天，一般上午 8 时开花，下午 6 时左右闭花。

5. 果实与种子

马铃薯的果实为浆果，圆形或椭圆形，前期为绿色，后期转为黄绿色。浆果直径 1.5cm 左右，从受精到成熟需 30 ~ 40 天，成熟后有芳香味。浆果多为 2 心室，一般单果内有种子 100 ~ 200 粒。种子扁平近圆形或卵圆形，浅褐色，种皮上密布细毛，种子很小，千粒重 0.5 ~ 0.6g，新种子有 5 ~ 6 个月的休眠期，休眠期过后种子才能正常发芽。

（二）生长发育周期

1. 发芽期

从种薯解除休眠，芽眼处开始萌芽，抽出芽条，直至幼苗出土为发芽期。未催芽的种薯播种后，温湿度适宜条件下 30 天左右幼苗出土，温度低时需 40 天出苗，催大芽加盖地膜播种 20 天左右就能出苗。

2. 幼苗期

马铃薯从出苗到主茎第一叶序环的叶片完成，即第 6 片叶平展，复叶逐渐完善，幼苗出现分枝，匍匐茎伸出，地茎初具雏形，团棵孕蕾，幼苗期结束，一般需经 15 ~ 20 天完成。

3. 发棵期

复叶完善，叶片加大，主茎现蕾，分枝形成，植株进入开花初期。与此同时，根系快速生长，继续扩大，块茎逐渐膨大至直径 3 ~ 4cm，并逐步转向块茎生长的特点，此期一般 20 ~ 25 天发棵期结束。

4. 结薯期

主茎生长完成并开始侧生茎叶生长后，茎叶和块茎的干物质量达到平衡时，便进入以块茎生长为主的结薯期，此时植株生长旺盛达到顶峰。此期长短因品种、气候条件、栽培条件、农艺措施不同而变化很大，中原地区一般 40 ~ 50 天完成。

5. 休眠期

在马铃薯栽培上是从地上部茎叶变黄，茎叶中养分输送到块茎积累淀粉，直至茎叶衰败枯死或开始收获时。此期长短也与品种有关，中原地区一般 20 天左右。

（三）对环境条件的要求

1. 温度

马铃薯原产南美洲高山地区，因此生长发育需要较冷凉的气候条件。块茎解除休眠后，当温度超过 5℃时，芽眼萌动开始发芽。播种后地温 10～13℃时，幼芽生长迅速，出苗快。茎叶的生长与块茎膨大最适宜的温度不一致。茎叶生长最适宜的温度为 21℃，超过 25℃以上，茎叶生长缓慢，呼吸作用增强；块茎膨大最适宜的地温为 15～18℃，养分积累迅速，块茎膨大快，薯皮光滑，食味好，地温超过 25℃以上，膨大缓慢，呼吸作用消耗，薯皮木栓化，表皮粗糙，食味差，产量低。块茎积累最多的温度范围为 12～25℃，高温与低温都不利于薯块生长。

2. 光照

马铃薯是喜光作物，种植密度过大会相互遮阴引起光照不足，光合作用减弱引起植株生长细弱而降低产量。长日照对茎叶生长和开花有利，短日照有利于养分积累块茎膨大。日照时间以 11～13h 为宜，在此日照条件下，茎叶发达，光合作用强，养分积果多，块茎产量高。光对块茎的幼芽有抑制作用，黑暗条件下，幼芽生长又细又长，散射光条件下幼芽粗壮发绿。因此，春季播种，种薯春化（暖种）或催芽都是在温室或大小棚散射光条件下进行。

3. 水分

马铃薯生长过程中必须供给足够的水分才能获得高产。不同生长时期对水分的要求不同，发芽期仅凭块茎内贮备的水分便能正常生长，待芽条发生根系从土壤中吸收水分后才能正常出苗。幼苗出土后茎叶较小，需水量较少，土壤含水量短时间偏低能促进根系下扎，但过于干旱影响根系生长。从现蕾到开花是马铃薯一生中需水量最多的阶段，土壤干旱，水分不足，植株叶片发黄萎蔫，块茎表皮木栓老化，停止膨大，被称为停歇现象。浇水或降雨后，植株恢复重新生长，被称为倒青现象。中原地区3～5月往往干旱少雨，需要浇水来满足马铃薯生长发育对水分的要求。另外，生长发育所需的营养元素只有溶解于水后才能被根部吸收利用，所以，干旱不但影响植株光合产物的制造，而且影响养分的运转而导致减产。

4. 土壤与肥料

马铃薯要求土层深厚，疏松透气，养分肥沃的轻质壤土种植最好，土壤 pH 值 5～6.5 呈微酸性为宜。但一般沙质土壤肥力差，保水保肥能力差，应该注意多施有机肥。而黏性土壤透气性差，块茎发育不良，易产生畸形薯，薯皮粗糙影响商品质量，也应该多施有机肥改良土壤。种植采取高垄栽培，增加透气性，有利于排水浇水，使种植的薯块，薯形美观，表皮光滑，而且便于收获。

马铃薯是高产作物，需要肥料也较多，肥料充足时植株可达到最高生长量，相对应薯块产量也最高。氮、磷、钾三要素中马铃薯需要钾肥最多，其次是氮肥，需要磷肥最少，三者需要的比例为4∶2∶1（钾∶氮∶磷）。马铃薯喜有机肥，多施有机肥不但养分齐全，而且疏松土壤有利于块茎膨大，一般在作为基肥使用。化肥一般选用硫酸钾型高钾低氮三元素复合肥，也作基肥一次性施入。追肥只供提苗与发棵，硝基肥、水溶肥效果最好。

二、多层覆盖马铃薯早春优质高效栽培技术

中原地区由于冬夏不适合马铃薯生长，一般宜作春秋二季栽培，特别是春季露地种植的马铃薯只有到6月上中旬才能上市销售。历经数十年蔬菜市场销售形成这样一个规律，每年4～5月，由于东北，西北和西南秋收冬贮的马铃薯水分降低变软，温度回升后腐烂和发芽，严重影响商品外观质量，市场出现新鲜马铃薯空缺

现象。马铃薯提前种植，地膜覆盖，外加小拱棚或阳畦栽培，用保温被或草苫覆盖短时防寒，争取在 4 ~ 5 月空缺时间上市，供应宾馆、酒店等高端消费人群，价格将是平时的 2 倍以上，经济效益成倍增长。

（一）品种选择

马铃薯品种众多，品种间差异大，选种不当会导致不结薯或结薯很小而失败。研究实践表明，优良品种及高质量脱毒种薯，对产量的贡献率可达 60% 以上。中原二季作地区保护地早春栽培应选择结薯早、抗病强、外观好的早熟品种，如豫马铃薯一号（郑薯五号）、豫马铃薯二号（郑薯六号）、郑薯七号、鲁马铃薯一号、鲁马铃薯二号、东农 303，克新 4 号等。特别指出的是要到正规育种单位购买脱毒种薯，如郑州市蔬菜所和山东省农科院蔬菜所都有马铃薯脱毒中心；从荷兰引进品种费乌瑞它，经多年改良驯化，已成为适应中原地区保护地主栽品种，该品种以上两所都有繁育，就近购买。

（二）种薯催芽

马铃薯需种 100 ~ 125kg/亩，播种前 20 ~ 25 天进行切块催芽，首先晒种 2 ~ 3 天后进行切块，切块时充分利用顶端优势，30 ~ 50g 的薯块切 2 块，80 ~ 100g 的薯块，可上下切 4 块，每块种薯有 1 ~ 2 个芽眼，重量 25 ~ 30g。拌种可以一袋滑石粉掺两袋甲基托布津掺拌。为了防止马铃薯苗期病虫害，也可以用扑海因 50g 或安泰生 100g 加入高巧 20mL 兑水 100mL 喷洒到 100kg 薯块上，晾干后进行催芽。薯块催芽一般在温室后墙或阳畦中进行，首先铺 5cm 厚的湿沙，摆放一层薯块后，撒上一层细沙，如此可放薯块 2 层，室或畦内保持温度 18 ~ 20℃催芽，待芽长 3cm 时可见散射光，芽绿化变粗后即可播种。

（三）适时播种

1. 施肥整地

选择地势平坦，排灌方便，土层深厚，土质肥沃的沙壤土种植，避免与茄科作物连作。马铃薯是喜肥高产作物，必须采用以有机肥为主，氮、磷、钾、微肥结合的平衡施肥法。一般土杂肥5 000kg/亩或商品生物有机肥150~200kg，三元复合肥（15∶15∶15 或 16∶16∶16）150~200kg，硫酸锌1.2kg，硼砂1kg，结合整地20~30cm一次性施入。

2. 适期早播

一般要求：土壤深10cm处地温为7~12℃时开始播种。中原地区阳畦和小拱棚多层覆盖，选择1月下旬至2月上旬晴天播种。实行一垄双行种植，垄距85~90cm，种两行，小行距20cm，浇水后调斜角摆芽朝上薯块，用少量细土盖住芽，覆土起垄，要求种块到垄顶12~15cm，把垄搂平实后，喷施施田补等芽前除草剂封闭防治杂草，然后铺90~100cm宽地膜进行拉紧覆盖，膜边埋入土中10cm左右，然后插上竹弓盖上农膜和草苫或保温被。

（四）田间管理

马铃薯多层覆盖早春栽培定植后，前期管理以增温防寒保苗为主，草苫或保温被早揭晚盖，寒流雨雪天气尤为注意，阳畦或拱棚内白天温度20~26℃，夜晚温度保持在12~14℃。一般播种后20天左右将陆续顶膜，应选择晴天破孔放苗，并用细土将破孔掩盖。早春气温回升较快，一般3月中下旬去除草苫或保温被，4月中下旬可撤阳畦或拱棚农膜。马铃薯一般出苗后25天现蕾，此时薯块开始膨大，地上部植株已发棵封垄，应及时进行浇水和培土，培土的次数及厚度以薯块不露出地面为准，单薯质量0.25kg及以上，薯块越大越容易露出地面见光变青，影响马铃薯的商品价值，播种时种薯距覆土顶部少于15cm时，更要注意及时培土。薯块进入迅速膨大期后要及时防治晚疫病和蚜虫、茶黄螨等，结合浇水用冲施肥或水溶肥进行追肥，"施它绿"、"金大地"冲施肥一般每次6～10kg/亩。据试验，马铃薯栽培采用肥水一体化技术可增产20%～30%。保持土壤湿润，地皮见干见湿，收获前7～10天停止浇水，视薯块大小和行情收获上市。

三、中棚覆盖秋延后马铃薯栽培技术

中原地区立秋后的8月中旬至11月上旬是马铃薯秋季生产季节，气候变化规律为前期温度高，日照长，适宜地上部茎叶生长，后期温度逐渐降低，日照变短，虽然适宜马铃薯块茎积累膨大。但是，霜降过后的10月下旬至11月上旬，随时都有冷空气来临霜冻发生导致栽培结束。如果在霜降前的10月下旬11月上旬进行中棚扣膜保护，让马铃薯继续生长，薯块继续膨大。温度继续降低，在中棚内加盖小拱棚，逐渐加盖草苫或保温被防冻，使其尽量后延生长，达到活秧保鲜。秋季栽培马铃薯收获后就近供应市场品质好，售价高，这也是中原地区秋播马铃薯效益较高的一个原因。在11月下旬至元月中旬大雪或超强冷空气来临之前集中收获储存，在恶劣天气下，北方和西南秋季马铃薯无法长途运回的时间内集中销售，不但提高了马铃薯秋季产量，而且增加收入显著。

（一）种薯选择

马铃薯播种的品种和上节早春栽培的品种相同，生产一般选用春季收获的薯块，要求种薯无病、无虫、无裂、无伤，大小均匀的薯块，这样的薯块病毒性退化轻，种性好，后代产量高。种薯切块播种，初秋高温多雨容易腐烂死苗，造成减产，所以，生产上一般采用小整薯播种。一是小薯不能形成商品，节约购种成本，而是避免切块后烂苗减产，而且有利于苗齐苗壮增产。小种薯选择50g左右的薯块，每亩需要300kg左右。

(二)适时播种

中原地区小整薯秋播以8月上旬播种为宜。马铃薯有休眠期，秋播前种薯一般用5mg/kg赤霉素浸种5min解除休眠后在低温沙床内催芽5天，待芽长1~2cm即可播种（施肥、整地、播种参照春季播种方法，不同的是秋季一般不铺设地膜覆盖）。5月下旬收获的马铃薯常温储存至8月时已萌芽，可不再催芽，挑选无病虫害且已萌芽的种薯可直接播种。

(三)田间管理

播种后扣棚前为露地栽培，当时气温尚高，墒情不足影响出苗，应在早晨或傍晚进行浇水，一是可以降低地温，二是促使早出苗，出壮苗。浇水后及时中耕松土保墒，破除板结，增加土壤通透性。幼苗出土后，保持土壤湿润，促进地上部快速生长。雨后要及时排水，并进行中耕培土。10月中旬霜降前浇一次水后进行上中棚扣膜防霜保护，封棚后转入保护地栽培，减少浇水次数。根据天气变化情况，强寒流来临之前的11月中旬。在中棚内要加小拱棚以后逐渐加盖草苫或保温被进行保护，根据市场行情和保护条件及茬次安排而收获集中上市。

四、无公害栽培马铃薯病虫害综合防治技术

马铃薯病虫害防治应按照"预防为主，综合防治"的原则进行防治。保护地栽培通过选用优良品种脱毒种薯，培育壮苗或小种薯整薯播种，高畦垄作，增施有机肥料等农业措施可以有效地预防病害的发生。悬挂粘虫板，安装黑光灯，配制糖醋液（红糖2份、白酒1份、醋1份、敌百虫0.01份）等物理措施诱杀，不但有效降低虫害的发生，还预防病毒病的发生。化学农药防治作为一个辅助手段进行，优先应用生物农药，选择使用高效低毒农药。

　　马铃薯病害主要有病毒病、晚疫病、疮痂病、环腐病和软腐病等。虫害主要有地老虎、蛴螬、蚜虫、二十八星瓢虫、茶黄螨、甜菜夜蛾等。病毒病可用20%香菇多糖或15%植病灵Ⅱ号苗期预防，疮痂病预防一般用2~3kg/亩硫磺粉撒施后犁地进行消毒。晚疫病一般在始花和盛花期、膨大期分别用70%安泰生和银法利进行预防。环腐病和软腐病属于细菌性病害，以农业防治为主，药物可用叶枯唑、宁南霉素进行防治。蚜虫和二十八星瓢虫，可用70%艾美尔、2.5%功夫防治。地老虎一般用辛硫磷、敌百虫拌炒香麦麸傍晚撒施诱杀。蛴螬可用辛硫磷、毒死蜱颗粒剂犁后耙前土壤处理。茶黄螨可用20%灭扫利、1%阿维菌素进行防治。甜菜夜蛾可用721b（苏云金杆菌）、甲维盐防治。

第十八章　芹菜栽培技术

芹菜属伞形花科芹属，二年生草本植物。别名芹、旱芹、药芹菜、野芫荽等。起源于地中海沿岸地区。芹菜的栽培种和野生种均可用作药材和香料。芹菜在我国栽培历史悠久，种植分布广泛。由于芹菜适应性较广，世界各地均有栽培，河南省能达到周年供应。芹菜营养丰富，据测定，每 100g 可食用部分中含蛋白质 0.7g，脂肪 0.1g，碳水化合物 5.0g，钙 37.0mg，铁 1.4mg，磷 45.0mg，维生素 B_1 1.03mg，维生素 B_2 1.20mg，维生素 C 10.0mg。芹菜叶柄肥嫩，含有丰富的矿物质、盐类、维生素和芹菜油，具挥发性芳香味，既能增进食欲，又有降低血压、健脑和清肠利便的作用。可炒食、生食或腌渍。据营养学家对叶柄和叶进行的 13 个项目的营养成分含量的分析，芹菜叶的营养比叶柄高得多，芹菜叶有 10 个项目超过叶柄。芹菜自古以来就作为药用，芹菜性味甘凉，有平肝清热、祛风利湿、健胃利血、调经镇静、降低血压及健脑等功效。

一、芹菜栽培的生物学基础

(一)形态特征

1. 根

芹菜的根系是浅根系，根系一般分布在 7~36cm 的土层内，但多数根群分布在 7~10cm 的表土层，横向扩展最大 30cm 左右。由于根系分布浅，因此，芹菜不耐旱，直播的芹菜主根系较发达，经移植的主根被切断而促进侧根的发达，因而芹菜适宜育苗移栽和无土栽培。

2. 茎

茎在营养生长期为短缩状，生殖生长期伸长成为花苔，并可产生一二级侧枝。

3. 叶

叶着生在短缩茎的基部，为二回奇数羽状复叶，每一叶有 2 ~ 3 对小叶和 1 片尖端小叶。叶为卵形 3 裂。边缘锯齿状。叶柄较发达，为主要食用部分。

芹菜以其叶柄的形态分为本芹（即中国类型）和洋芹（即西芹、欧洲芹）两个类型。

4. 花

芹菜为二年生蔬菜，第二年开花，花为复伞形花序。花小，白色，花冠有 5 个离瓣，虫媒花，一般为异花授粉，但自交也能结实。

5. 果实

果实为双悬果，圆球形，果实中含挥发性方向油脂，有香味。成熟时沿中线裂为两半果，但并不完全开裂，种子成褐色，种皮革质，内含一粒种子，种子粒小，椭圆形，表面有纵纹，透水性能差。有休眠期，发芽慢，收获时不易发芽，高温下发芽更慢，在有光条件下比黑暗条件容易发芽。种子千粒重 0.4g 左右。生产上播种用的种子实际上是植物学上的果实。

（二）生长发育周期

在二年的生长发育周期内，芹菜要经过以下 6 个时期。

1. 发芽期

从种子萌动到子叶展开，在 15 ~ 20℃ 条件下，需 10 ~ 15 天。

2. 幼苗期

从子叶展开到有 4 ~ 5 片真叶，这一阶段为幼苗期。在 20℃ 左右条件下，需 45 ~ 60 天为定植适期。幼苗期适应性较强，可耐

30℃左右的高温和 4～5℃低温。

3. 叶丛生长初期

从 4～5 片真叶到 8～9 片真叶。植株高达 30～40cm，在 18～24℃适温下需 30～40 天，遇 5～10℃低温 10 天以上易抽薹。

4. 叶丛生长盛期

从 8～9 片真叶到 11～12 片真叶。此时叶柄迅速肥大增长，生长量占植株总量的 70%～80%，在 12～22℃条件下，需 30～60 天为采收适期。

5. 休眠期

采种株在低温下越冬（冬藏）。被迫休眠。

6. 开花结果期

越冬芹菜受低温影响通过春化，营养苗端在 2～5℃时开始转化为生殖苗端。春季在 15～20℃和长日照下抽薹，形成花蕾，开花结籽。

（三）对环境条件的要求

1. 温度

芹菜属耐寒性蔬菜，要求较冷凉湿润的环境条件。种子发芽最低温度为 4℃，最适温度是 15～20℃，7～10 天出芽。低于 15℃或高于 25℃，就会降低发芽率和延迟发芽时间，30℃以上几乎不发芽。当温度降到 4℃以下或高于 30℃以上时，呼吸作用显著降低或停顿。幼苗能耐 -4～5℃低温，植株能耐 -7～10℃低温，营养生长阶段以 15～20℃为最适宜，温度 20℃以上时芹菜生长不良容易发病，导致品质下降。秋芹菜之所以高产优质，就是因为它的营养生长盛期正处在温度比较适宜的季节。早春芹菜如果播种较早，幼苗在 10℃以下低温，经 10～15 天就能通过春化，在长日照下抽薹。

在栽培技术上，一般掌握白天的温度适当高些，促进芹菜的同化作用，对叶片的增加和叶柄的伸长有利。叶面积大，叶片宽，根也发育好；而夜间的温度低一些，这对叶片的增重、叶柄的肥大和根部的发育均有利。较高的气温和地温虽可增加芹菜叶片的数量，但容易造成植株徒长，形成严重的自然脱叶。在高气温、高地温和水肥不足的情况下，植株易老化、糠心。降低产品品质。所以在芹菜栽培过程中，注意避免高温、干旱和脱肥的不良影响。

2. 光照

适宜的光照条件对促近芹菜的发育有明显作用。芹菜的光补偿点为 2 000lx，光饱和点为 4.5 万 lx。弱光促使芹菜纵向伸长并表现为直立性；光强芹菜表现为横展性。芹菜的开展度，除其他条件外，与光的强度有密切的关系，所以，芹菜在生育初期要有充分的光照，使植株尽量开展，以促进发育。

长日照可促进苗端分化为花芽，促进抽薹开花，短日照可延迟成花进程而促进营养生长。春季日照较长，所以，芹菜容易未熟抽薹。在栽培上春芹菜要适期播种，保持适宜温度和短日照是防止抽薹的重要管理措施。

日照时数对芹菜营养生长阶段的形态发育较为重要。日照时间加长，则植株表现直立性，短日照下植株成开张性。日照时间长时，株高也有增加的趋势。据研究，过短日照时数使芹菜立心期延迟，对产量影响较大，一般不要短于 8h；而过长日照时数，则对地上部分和地下部分生长势起到抑制作用，往往也会引起减产，通常超过 13h 就明显表现出对生长不利，在 8 ~ 10h 的光照条件下对芹菜形态发育与生长都较为有利。

芹菜在营养生长期不耐强光，喜中等光（1 万 ~ 4 万 lx）。光照强度对叶片向外扩张有利，延迟立心期，使成熟期延长，不宜发挥增产潜力，而立心期后，减弱光照强度，利于心叶肥大。故夏季栽培利用遮阳网等进行遮光有利于高产。适当密植，可提前形成立心叶，也有利于高产。

3. 水分

芹菜在发芽期要求较高的水分。土壤水分含量为 10% 以下，芹菜种子发芽率为零，水分多比水分过少要好。据试验证明，浸在水中的种子，发芽率高达88%。故在播种后床土要保持湿润。芹菜为浅根系蔬菜，吸水能力弱，对土壤水分要求较严格。芹菜因栽植密度大，总的蒸腾面积大，要求土壤和空气经常保持湿润状态，特别是到营养生长盛期，地表布满白色须根，更需要充足的湿度。适时灌水，保持充足的土壤水分，能增加叶的同化作用，增加叶片数量，增大叶面积，使植株高大，同时促进根的生长发育。生长过程中缺水，叶柄中厚壁组织加厚，纤维增多，植株易空心、老化，产量、品质均降低。栽培上要根据土壤和天气情况，注意充足的水分供应。

4. 土壤

芹菜适宜有机质丰富、保水保肥力强的壤土或黏壤土。沙土、沙壤土地易缺水、缺肥，使芹菜发生空心现象。芹菜对土壤酸碱度适应范围为pH值6.0~7.6，它的耐碱性比较强。

芹菜要求完全肥料。在整个生长过程中氮肥始终占主要地位。氮肥是保证叶片生长良好的最基本条件，对产量影响较大。氮肥不足显著影响叶的分化，叶数明显减少，叶柄伸长慢，重量轻，影响产量，氮肥缺乏对初期和后期影响更大。但氮素过多也不利于芹菜生长。具体说，土壤含氮浓度200mg/kg最为适宜，地上部发育良好；在400mg/kg时，则生长明显不好，叶变短，特别是第一节间长度变短而且变轻，叶柄粗度变细；氮素过浓时，则叶柄细，叶片宽而大，易倒伏，并且立心期变短，收获延迟。在整个生长期中，初期和后期需氮肥量较大。

磷肥对叶柄第一节的伸长影响较明显，所以，初期不能缺磷。但磷素过多会引起叶柄和叶伸长，呈细叶状，叶片重量变轻，维管束增粗，口感变差，影响品质。土壤中磷素含量以150mg/kg为宜，有利于叶的分化。

钾肥可以促进叶柄粗壮而充实，增加产量，还可以提高光泽度，减少纤维，提高品质。如果在生长后期缺钾，对产量、品质影响较大。土壤中钾素含量通常保持在 80mg/kg 为好，心叶肥大期再提高到 120mg/kg。如果钾肥过多，妨碍钙的吸收，诱发干心病，也阻碍硼的吸收，易使叶柄开裂并发生黑心病。

芹菜对肥料的需求规律是，苗期和后期需各种肥料较多，初期需磷肥较多，后期需钾肥较多，氮、磷、钾的吸收比率，本芹约为 3∶1∶4，西芹约为 4.7∶1.1∶1.0。

芹菜对硼的需要较强，虽然要求数量甚少，但不可缺少。缺硼时在芹菜叶柄上发生褐色裂纹、下部劈裂、横裂、株裂等，或发生心腐病，发育明显受阻。在干燥、氮肥多及钾肥多的情况下，植株吸收硼困难；而钙过多或不足够时，也影响硼的吸收。一般每亩可施用硼砂 0.5 ~ 0.7kg。钙肥不足会发生心腐病导致停止发育，但由于各元素间的拮抗作用，如果过多地施用氮肥和钾肥，即使有充足的钙肥，也仍然会阻碍钙肥的吸收。所以，在生产上要注意氮肥、磷肥、钾肥的配合使用，高温、低温、干燥等也会阻碍根系的活动，使钙的吸收减少。

5. 气体

芹菜在发芽过程中对氧的要求比其他种子高，氧气浓度达不到 10% 以上，发芽就不好。土壤中浅层含氧量多，芹菜主要根系密集在浅土层中。

CO_2 在空气中含量为 0.03%，虽不能满足芹菜光合作用的需要，但露地生产由于空气流动快，可以不断补充，保证光合作用的进行。而在保护地生产，特别是冬春茬日光温室生产，由于通风不畅，棚内外气体交流受阻，棚内 CO_2 浓度随着芹菜光合作用的进行而降低，不能满足其要求。为促进芹菜生长，最好增施 CO_2 气肥。

芹菜在整个生长发育期间需要的温度、光照、水分、肥、气体等各种环境条件是互相联系、互相制约的。在生产中要采取各种相应措施调节这些条件，促进芹菜迅速生长发育而获得高产、优质、高效益。

（四）芹菜的类型和品种

目前我国普遍栽培的芹菜属中，根据叶柄的形态可分为中国芹菜和西芹两种类型。

1. 中国芹菜

中国芹菜也称本芹，叶柄细长，高100cm左右，依叶柄颜色分为青芹和白芹。青芹叶片较大，绿色，叶柄粗，株植高大而强健，香味浓，产量高，但不易软化。白芹叶细小，淡绿色，叶柄黄白色，植株矮小而柔弱，香味淡，品质好，宜软化。按叶柄充实与否又分为实心和空心两种。实心芹菜叶柄髓腔很少，腹沟窄而深，品质较好，春季不易抽薹，产量高，耐贮藏。空心芹菜与其相反，春季易抽薹，抗热性较强，宜夏季栽培。中国芹菜栽培历史悠久，种植范围广，经过长期不断栽培驯化，各地形成了很多适合当地条件地方优良品种，如天津白庙芹菜、开封玻璃脆、津南实芹、济南青苗芹菜、郑州实秆青、新泰芹菜、青梗浦芹、广州白梗芹菜、四川白秆芹菜、汉中空秆芹菜等。

2. 西芹

西芹又名洋芹、欧洲芹菜，是近代从国外引进的优良品种，属欧洲类型。植株高60～80cm，叶柄肥厚而扁宽，宽达2.4～3.3cm，多为实心，味淡脆嫩纤维少，一般单株重1～2kg，耐热性不如中国芹菜。西芹引进品种有意大利夏芹、意大利冬芹、荷兰西芹、德国皇后、美国脆嫩、文图拉、佛罗里达683、高犹他52-70、福特朗克、自由女神等，国外引进经科研单位改良的西芹品种有凤凰西芹、郑研皇太后、秋实西芹等。

西芹生长较慢，生长期长，产量高于中国芹菜，目前，保护地栽培普遍采用西芹品种。

二、日光温室秋冬茬芹菜栽培技术

秋冬茬芹菜一般7月中下旬开始育苗，苗龄50~60天，9月中下旬至10月上旬定植，70天左右收获。这一茬芹菜主要供应元旦春节市场。

（一）品种选择

在品种选择方面，日光温室生产要选择冬性较强、抽薹较晚的品种，同时还要抗病、高产。玻璃翠、天津白芹、美国西芹、凤凰西芹、新生代西芹等都是较好的品种。本地选择皇帝（或皇后）西芹的比较多，西芹具有单棵大、耐低温、产量高的优点。由于生长期长，定植时要求有较大单株。

（二）培育育苗

壮苗是高产的基础。生长粗壮，颜色浓绿，次生根多而白，无病虫害，即为壮苗。

1. 整地做畦

芹菜适宜在富含有机质、疏松、肥沃、保水、保肥的壤土或黏壤土中生长，土壤中性或为碱性。在育苗前半个月，土壤要翻耕晒白。结合翻耕，地施腐熟有机肥5 000~8 000kg/亩，过磷酸钙50~100kg，尿素10~15kg作基肥，地整好后做畦，畦宽一般2m，畦面要平、细、实。

2. 种子处理

在播种前7~8天进行。

（1）消毒。用48℃恒水温浸泡种子30min，其间不断搅拌，然后取出放入凉水中浸种。

（2）浸种。在凉水中浸种24h。浸种过程中用棉布搓洗几遍，每次搓洗后用清水淘洗，以利种子吸水。

（3）催芽。将浸泡过的种子用清水搓洗干净，捞出沥净水分，用透气性良好的棉布包好，再用毛巾覆盖，放在 15 ~ 20℃ 条件下催芽，一般经过 6 ~ 7 天，有 30% ~ 50% 的种子发芽露白时即可播种。可对种子进行以下方法处理以促使发芽：一是用 5mg/kg 的赤霉素（每支 20mL，加水 4kg 即为 5mg/kg）浸种 12h，捞出后待播。二是变温处理种子浸好后取出，放在 15 ~ 18℃ 温箱内，12h 后将温度升高到 22 ~ 25℃，在经过 12 小时后将温度降到 15 ~ 18℃ 这样经过 3 天左右种子即可出芽播种。

3. 播种

（1）播种时间。7 月中下旬 ~ 8 月上旬。

（2）播种量。栽大田需种量为 50 ~ 100g/亩，每 1m² 苗床播种量 0.5 ~ 1g。

（3）播种方式。分为条播和撒播两种。

因芹菜种子细小而量少，应掺一些细沙便于播种。播种前浇足底水，待水下渗，土壤可操作时，按 6 ~ 7cm 的行距用锄在畦面划沟，将种子均匀撒于沟内，用细沙覆盖，厚度 0.3 ~ 0.5cm。播种最好在阴天或午后进行，以防日晒伤芽。

（4）喷洒除草剂。播种后出苗前，可选用 72% 都尔乳油或除草通，每亩 100 ~ 150mL 加水 60kg，可有效防除单子叶与双子叶杂草；出苗后选用 10.8% 的高效盖草能乳油每亩地 30mL 加水 60kg，均匀喷施畦面，可有效杀死禾本科杂草。

4. 苗期管理

播种后出苗前要保持苗床土壤湿润，当幼芽顶土时，可轻浇 1 次水。为防止芹菜出现死苗、烂苗及高脚苗现象，可在出苗前在畦面上盖草帘或架设遮阳网，以降温、保湿，防止阳光直射及雨水的直接冲刷。小苗出齐以后仍保持土壤湿润，每隔 2 ~ 3 天浇一次小水，早晚进行，幼苗长出 1 ~ 2 片叶时可撒 1 次细土，并将遮阴物逐渐去掉，制造花荫，锻炼幼苗。苗期温度白天 15 ~ 20℃，不超过 22℃，夜间不低于 8℃。幼苗长出 3 ~ 4 片叶时，进行分苗，6 ~

7cm 见方留 1 棵苗。也可用 128 孔的穴盘分苗。要随移栽、随浇水并适当遮阴，分苗一般在午后进行。分苗前要进行炼苗。分苗成活后可追 1 次肥，每亩施尿素 5kg。当苗高 10cm 时可随水亩冲施尿素 6kg。待苗 5～6 片叶时定植。苗龄 60～70 天。

由于苗床不同位置温、光、水等条件不一致，苗子长势有所区别，分苗时应大小苗分开栽植，对特别弱的苗可通过偏肥偏水的办法调整，使其生长均匀一致。

整个生育期温度不能过低，光照强度不能过弱，否则易提前抽薹，降低产量和质量。西芹属于绿体春化型植物，一般播种后 45～60 天、4～5 片真叶时，在 3～10℃ 低温下，经过 20～30 天完成春化过程。之后，在高温长日照条件下即进入生殖生长阶段，抽薹、开花、结籽。为了避免这种情况的发生，在幼苗期应尽可能把气温、地温升高一些，并且短时间超过适温以上，有利于平衡气温和升高地温。

（三）整地定植

9 月中下旬及 10 月上旬定植。上茬蔬菜收获后，立即清理残株废物，深翻土壤，整平地面，芹菜产量高低与品质优劣，与充足的氮素肥料及农家肥有密切关系。芹菜对氮素肥料的吸收量最大，据有关资料介绍，芹菜整个发育期施肥大致为氮 60kg/亩、磷、钾各 40kg。其中氮素用作基肥和追肥各占 1/2，钾肥 2/3 用作基肥，1/3 用作追肥，磷肥全部作为基肥。施 5 000kg/亩左右的农家肥，既有疏松的作用，又能补充微量元素。基肥撒施后精靶 1 遍，使肥料与土壤充分混合然后做畦。畦宽一般 1～1.2m。

苗床在定植前 1～2 天浇透水，便于定植时起苗少伤根，定植时连根挖起菜苗，把大小苗分级、分畦定植，栽苗时在畦内按行距开南北向沟，按穴距定植。对病苗、弱苗要淘汰。随起苗随栽植。栽植深度以"浅不露根、深不淤心"为度，以免影响发育和生长；随栽随浇小水稳苗，使幼苗根系与土壤紧密结合，防止幼苗根系架空吊死。一般培育大棵的，行株距 30cm，栽 7 000 ~ 8 000 株/亩；培育中型棵的，行距 30cm，株距 25cm，栽 9 000 ~ 10 000 株/亩。培育小棵的，栽植密度可以更大。栽后及时浇移苗水。

（四）定植后的管理

1. 温度调节

白天室温控制在 15 ~ 25℃、夜间 10℃左右，促进叶片增加和叶柄肥大。当室温超过 25℃时，用放风调节温度，低温小放，高温大放。生长后期，为促进芹菜加速生长，增加产量，可适当提高温度，白天控制在 20 ~ 25℃，随着室外气温的降低，夜间温室内温度降到 10℃时要注意加强保温，防止冻害，以利于继续生长。

2. 肥水管理

定植成活后要蹲苗 7 ~ 10 天，期间，心叶开始生长时进行松土。结束蹲苗后，垄面不干不浇水，保持垄面见干见湿，以提高地温，促进生根，为中后期迅速生长打好基础。但对弱小苗应给于偏施肥水，以促进弱苗升级。从地上部看，株型紧凑、敦实，叶色深绿至浓绿，叶柄粗壮时，施肥灌水，实行小水勤灌，促进生长。当植株长到 5 ~ 6 片叶时，开始进入旺盛生长期，要加强肥水管理。随着温室内温度降低，适当延长浇水间隔时间，从每 7 ~ 10 天浇一次改为 10 ~ 15 天浇一次。浇水要在上午进行，浇水后要加强放风，以免湿度过大，造成芹菜徒长和病害。芹菜最适宜的空气湿度为 80%，土壤湿度 80% ~ 90%。全生育期追肥 3 ~ 4 次，每次追硫酸铵 10 ~ 15kg/亩，前期和后期追肥时可适当补充钾肥。生长期间容易滋生杂草，要及时拔除，中耕除草宜浅不宜深。

三、大棚芹菜秋延后栽培技术

（一）品种选择

秋延后芹菜由于前期天气炎热，后期天气冷凉，选好品种相当关键，一般选择既耐热又耐寒，生长快，产量高，抗病性强的品种如开封玻璃脆、天津实芹、凤凰西芹、新生代西芹等。

（二）播种育苗

秋芹菜育苗正值高温季节，出苗慢，管理困难。生产上经常采用遮阴覆盖的育苗方式，6月中下旬播种育苗。

1. 选育苗地

选择地势高，排灌方便、土质疏松肥沃的沙壤土作育苗畦。

2. 整地作畦

苗床要施足底肥（同温室秋冬茬芹菜），精细整地，做成平畦。整地前施优质腐熟畜禽粪肥3 000kg/亩左右，45%优质复合肥25 ~ 30kg，硼砂500g作基肥，肥土充分混匀。

3. 精细播种

播种前种子先进行低温浸种催芽，一般用冷水浸泡24h后置于18 ~ 20℃的温度条件下催芽，有30%左右的种子露白时即可播种。

（三）苗期管理

当芽子顶土时选择早晚时候轻洒一次水，2天后苗出齐。出苗以后选择阴天或下午4时以后逐步撤去覆盖物，勤浇浅浇小水保持土壤湿润，期间间苗1 ~ 2次，幼苗长到2 ~ 3片真叶时追肥一次，以后根据苗子生长情况可再追肥1次。当苗龄60天左右有4 ~ 5片真叶时定植。

（四）定植及管理

1. 定植期

延秋芹菜在 9 月上中旬定植为宜。过早温度高，苗子恢复慢，过晚生长期短产量低。所以，恰当地掌握定植期是获得延秋芹菜高产的一个关键环节。

2. 定植密度

定植密度应根据品种特性及栽培方式而定，本芹（8 ~ 10）cm ×（10 ~ 12）cm；西芹（10 ~ 15）cm ×（15 ~ 20）cm；植株开展大而高的品种应较稀。

3. 定植后管理

延秋芹菜定植后一般需要 15 ~ 20 天的缓苗期。这一时期要小水勤浇，保持土壤湿润，促进缓苗。心叶开始生长时，进行蹲苗锻炼，蹲苗时间一般 10 ~ 15 天。蹲苗期结束后，根系已经比较发达，当气温下降到 20 左右时，植株生长加快，可采取氮肥和腐熟的人粪尿或沼液交替追肥的方法，第一次追硫铵 15 ~ 20kg/亩，10 天后冲施人粪尿 750 ~ 1 000kg。在水分管理上，每追一次肥就浇一次水。收获前 10 天停止浇水。当株高 60 ~ 80cm 时即可收获。其他管理同温室秋芹菜栽培。

四、大棚芹菜越冬栽培早春上市优质高效栽培技术

（一）品种选择

一般选择玻璃翠、西芹等。

（二）种子处理与育苗

本茬芹菜播种期为 8 月中下旬，11 月上中旬定植，2 月中下旬

开始采收。播种前用温水浸种然后在清水中浸泡 12～24h，其他与温室秋冬茬芹菜相同。在催芽的同时精细整地做畦，畦宽 1～1.2m，畦长视大棚宽度而定，苗床施入优质土杂肥 5 000kg/亩，氮肥 20kg，磷肥 30kg，钾肥 20kg，然后细耙 2 遍，使土肥充分混合均匀。整平后轻踩一遍，然后灌透水，以备播种。18～20℃时催芽时间 5～7 天即可。播种方法与温室秋冬茬芹菜相同。

（三）苗床管理

播种后及时用稻草覆盖畦面，保湿、降温、防雨，或用遮阳网搭荫棚，以达到降温的目的。出苗前，要使畦面经常保持湿润状态，雨季注意排除畦面积水，热雨后浇灌井水降温。1～2 片真叶时开始间苗，随着苗龄增长，逐渐撤除遮阴物，缩短遮阴时间，锻炼幼苗。此外，还要及时防治苗期病虫害。当苗子 5 片真叶时即可定植。

（四）定植及管理

1. 定植

前茬作物拉秧后，平整地面，施农家肥 5 000kg/亩，做畦，规格同温室秋冬茬。行株距（15～20）cm×（8～10）cm，每穴 1 株，定植时其他注意事项同温室秋冬茬芹菜。

2. 定植后管理

定植初期要设法提高室内气温和地温，提早 10～15 天扣棚以提高地温。

（1）缓苗期。一般 15～20 天，要保持畦面不干，小水勤浇。白天当棚温高于 25℃时及时通风降温排湿。

（2）蹲苗期。缓苗后结合浇水追肥 1 次，每 1 亩追尿素 7.5kg，然后控制浇水，多次中耕蹲苗。等地表翻白根时结束蹲苗。一般蹲苗 15 天左右。

（3）越冬期。芹菜生长中期，随着天气变冷，室温下降，应及时采取措施（如夜晚棚内搭盖双层薄膜、草苫围棚四周保温）。保证室温白天在 18～20℃，夜间以不受冻害为宜。"大雪"节后关棚不再通风，并及时浇一次冻水，防止芹菜受冻。

（4）春季管理。随着气温回升，芹菜开始生长，应加强肥水管理。心叶开始生长时每亩追施 1 次 10kg 尿素；15 天后再追一次，施 20kg。4～5 天浇一次水。肥水齐攻，加速营养生长，控制抽薹。随着外界气温升高，逐渐加大通风量，使温度不高于 25℃。收获前 8～10 天，停止浇水。

3. 增施 CO_2 气肥

芹菜在越冬生产中，由于棚内外气体交换受阻，棚内 CO_2 浓度随着芹菜光合作用的进行而下降，尤其是早晨日出后 CO_2 浓度更低。为加强芹菜光合作用，促进生长发育，达到高产、优质、高效的目的，在保护地内增施 CO_2 气肥是一项投入少，效益高的技术措施。CO_2 气肥施用方法　目前，生产上广泛使用的主要有两种。一是稀硫酸与碳酸氢铵发生化学反应，生成硫酸铵和水并放出 CO_2，使棚内 CO_2 达到适宜的浓度。可以把塑料桶吊在棚室内离地 1.2m 的高处，缓慢倒入稀释好的硫酸，每天日出后半小时放入碳酸氢铵，边倒边搅拌，同时将棚室密封 2h 后再放风。从缓苗开始，可连续施放 40～60 天（阴雨天停放），温室内每天一次性增施 1～2kg/亩 CO_2 就可明显增产。其浓度晴天以不超过 1 500mg/kg，阴天 500～800mg/kg 为宜。此法比较经济，但费工费时。稀硫酸配制方法：1 份硫酸对 4 份水。必须先倒入水，然后再缓缓把硫酸倒入水中，慢慢搅匀。二是施用液体 CO_2 肥。

4. 张挂反光幕

棚室张挂聚酯镀铝膜反光幕增温补光是冬季棚室生产中一项投入少、见效快、方法简便、节省能源、能大幅度提高蔬菜产量和温室效益的科学方法。

（五）收获

芹菜要适时收获，过早收获不能高产；过晚收获，养分向根部转移，使叶柄质地变粗，甚至出现空心，影响产量，降低品质。抽薹较慢的品种，收获期较长。如果温度条件较好的棚室，芹菜花芽分化较晚，可适当延长收获期。具体时间应根据市场需求和植株长势决定。

五、无公害芹菜病虫害综合防治技术

病虫害防治原则贯彻"预防为主，综合防治"的植保方针，坚持以"农业防治、物理防治、生物防治为主，化学防治为辅"的无害化治理原则。通过选用抗性品种，培育壮苗，加强栽培管理，科学施肥，改善和优化菜田生态系统，创造一个有利于芹菜生长发育的环境条件；优先采用农业防治、物理防治、生物防治，配合科学合理地使用化学防治，将芹菜有害生物的为害控制在允许的经济阈值以下，达到生产安全、优质的无公害芹菜的目的。

（一）农业防治

1. 选用抗病虫品种

根据不同茬口安排适宜的品种是控制病虫发生的有效措施之一。

2. 清洁田园

每茬作物收获后或定植前都要把植株残败枝叶、杂草等清除出园深埋或集中烧毁，防治病菌虫卵的再侵染。

3. 高温闷棚

利用炎夏的棚室空档期，深翻土壤高温闷棚，可有效杀灭病菌及根结线虫。

4. 轮作倒茬

与葱蒜类蔬菜生产进行 2 年以上的轮作。

（二）物理防治

防虫网隔离，在放风口设置防虫网隔离，减轻虫害发生；黄板诱杀蚜虫、白（烟）粉虱，用 30cm×40cm 的黄板，按照每亩挂 30～40 块的密度，悬挂高度与植株顶部持平或高出 5～10cm。

（三）生物防治

积极保护利用天敌，防治病虫害，如用丽蚜小蜂防治白粉虱；采用生物源农药如农用链霉素、新植霉素等生物农药防治病虫害。

（四）化学防治

根据防治对象的生物学特性和危害特点，选用高效低毒、低残留、安全的农药，尤其是生物源农药，矿物源农药和低毒农药，有限度地使用中毒农药，禁止使用剧毒、高毒、高残留农药。同时科学掌握防治适期、有效最低浓度、最佳防治时间等，尽量减少施药的数量和次数，严格遵守安全间隔期。优先采用烟熏法，在干燥晴朗天气也可喷雾防治，注意轮换用药，科学防治。

芹菜的病虫害主要有斑枯病、早疫病、软腐病、蚜虫、白粉虱等。

1. 斑枯病

45% 百菌清烟剂 200g 次/亩，傍晚暗火点燃闭棚过夜，熏两次，间隔 10 天；发病初期可用 75% 百菌清可湿性粉剂 600 倍液或 50% 多菌灵可湿性粉剂 800 倍液喷雾。

2. 早疫病

百菌清烟剂 200g 次/亩，熏两次，间隔 10 天；用 50% 多菌灵可湿性粉剂 800 倍液或 72% 杜邦克露可湿性粉剂 800 倍液喷雾。

3. 软腐病

发病初期用 5% 甲 K 杀菌剂或新植霉素 3 000 倍液喷雾。

4. 蚜虫、白粉虱

10% 吡虫啉可湿性粉剂 2 000 倍液喷雾防治或 0.3% 的苦参碱 500 液喷雾均可。

（五）生理性病害及管理

芹菜生理病害有烧心、空心、叶柄开裂和缺硼症等，影响生长，降低品质。

1. 烧心

烧心多是由缺钙引起的。开始心叶叶脉间变褐，逐渐叶缘细胞坏死，呈黑褐色。多在 11～12 片真叶时发生，再生育初期很少出现。此症状在高温、干旱、施肥过多的条件下容易发生。在干旱的条件下，由于根系对钙元素的吸收能力减弱，则易引起植株缺钙。

为此，首先要注意避免高温干旱，进行适温适时管理，施氮、钾、镁等肥料要适量，一旦发生烧心症状，可用 0.5% 的氯化钾或硝酸钾水溶液向叶面喷施。

2. 空心

空心是一种生理老化现象，发生的部位是叶柄。大多从叶柄基部开始向上延伸。在同一植株上外叶先于内叶，由叶基到第一节间发生较早。叶柄空心部位呈白色絮状。空心在沙性土壤中发生较多，进展也快；肥分不足或后期脱肥，土壤干旱或温度过高、过低也时有发生；过量喷施赤霉素、受冻以后，或产品过熟和久藏失水都易引起或造成空心。

预防措施：应避免在沙性过大的土壤上栽培；除施足底肥外，在生长发育中要及时追肥，如发现叶片颜色转淡出现脱肥现象时，可用 0.1% 尿素水进行根外追肥。用赤霉素处理时，应同时喷布氮肥。

3. 缺硼

产生缺硼症的原因：一是由于土壤中缺硼；二是土壤中其他营养元素偏多而抑制了对硼元素的正常吸收。另外，在高温干旱的条件下容易发生缺硼症。

预防措施：如土壤中缺硼，每亩可施用硼砂 1kg，以补充硼元素的不足；发生缺硼症状后，用 0.1%～0.3% 的硼砂水溶液进行叶面喷雾。

4. 叶柄开裂

多数表现为茎基部连同叶柄同时开裂，不仅影响商品品质，而且病菌极易侵染，发病霉烂。

产生叶柄开裂的原因，多为在低温、干旱条件下，由于生长发育受到严重抑制所致。另外，在突发性的高温、多湿条件下，由于植株吸水过强。组织充水，也能发生。

预防措施：进行正常的温湿度管理，加强保温措施；深耕土壤，多施有机肥，促进根系生长发育，增强其抗旱、抗低温能力。

第十九章 草莓栽培技术

草莓属于蔷薇科草莓属，是多年生常绿草本植物。草莓的果实柔软多汁，甜酸适度，芳香浓郁，营养丰富。每100g果肉含有蛋白质1g，脂肪0.6g、糖6~8g、酸0.8~1g、无机盐0.6g、粗纤维1.4g、维生素C 50~120mg。浆果除供生食外，还可加工成草莓酱、草莓汁、草莓酒和糖水草莓等罐头食品。

一、草莓栽培的生物学基础

（一）形态特征

1. 根

草莓根系在土壤中分布较浅，主要分布在距地表25cm深的土层中，少量根系可达40cm以下的土层。新根白色，后逐渐老化变为褐色。所以，草莓栽种、施肥等不需如木本果树那么深。

2. 茎

草莓的茎按年龄分为新茎、根状茎和匍匐茎3种类型。其中，匍匐茎是草莓营养繁殖的器官。每株可生长10余次匍匐茎，每一母株一般产生30~50株匍匐茎苗。但由于匍匐茎苗发生早晚不一，因此大小不一样，先发生的形成大苗，靠近母株；而后发生的形成的苗较小。离母株越近，形成越早的匍匐茎苗生长发育越好，定植后当年可形成大量花芽，第二年即可开花结果。

3. 叶

草莓叶自短缩茎上以2/5叶序抽生，叶腋部位有腋芽。叶片为三出复叶，偶有 4～5 小叶者，小叶圆或椭圆形，叶缘锯齿状。叶是草莓进行光合作用的主要器官。

4. 花

草莓的花白色，为两性花，花序上花柄、花和小花柄总称为花簇或花穗，同一花序上，中心花最先开放，然后自内向外开放。正常的草莓花具有花萼 5 枚、副萼 5 枚、花瓣 5 枚。花瓣内有雄蕊 20～25 枚，雌蕊一般 200～400 枚。

5. 果实

草莓食用的果肉为花托部分，植物学上称为假果，由于果实柔软多汁，栽培学上称为浆果。果实的大小，以第一级序果大小为准，由 3～60g 不等，一般为 10～25g。果实的大小、颜色、现状等因品种及栽培条件不同而存在着很大差异。同一花序上的果实，依其在花序上的级序而有差别，第一序果最大，第二、第三序果依次变小。

（二）生长发育周期

1. 萌芽和开始生长期

春季地温稳定在 2～5℃时，根系开始生长，根系生长比地上部早 7～10 天。此时的根系生长主要是上年秋季长出的根继续延伸，随着地温的升高，逐渐发出新根。草莓早春生长主要依靠根状茎及根中储藏的营养物质。根系生长 7 天左右顶端开始萌芽，先抽出新茎，随后陆续出现新叶，越冬叶片逐渐枯死。春季开始生长的时期为 3 月上、中旬。

2. 现蕾期

地上部生长约 1 个月后即在 4 月上、中旬出现花蕾。当新茎长出 3 片叶，而第四片叶未全长出时，花序就在第四片叶的托叶鞘内显露，之后花序梗伸长，露出整个花序。显蕾后植株仍以营养生长为主。随着气温升高和新叶相继发生，叶片光合作用加强，根系生长达到第一个高峰。

3. 开花和结果期

从花蕾显露到第一朵花开放需 15 天左右。由开花到果实成熟约需 1 个月左右。花期的长短，因品种和环境条件不同而有所不同，一般持续 20 多天左右。在同一花序上有时甚至第一朵花所结的果已成熟，而最末的花还正在开。因此，草莓的开花期与结果期难以截然分开。在开花期，根停止延长生长，并且逐渐变黄，在根茎的基部萌发出不定根。到开花盛期，叶数及叶面积迅速增加，光合作用加强。果实成熟前 10 天，体积和重量的增加达到高峰，此时叶片制造的营养物质几乎全部供给果实。果实成熟期为 5 月上、中旬。

4. 旺盛生长期

草莓的果实即浆果采收后，植株进入旺盛生长期，先是腋芽大量发生匍匐茎，新茎分枝加速生长，新茎基部发生不定根，形成新的根系。匍匐茎和新茎的大量产生，形成新的幼株。这一时期是草莓全年营养生长的第二个高峰期，可延续到秋末。期间在酷热的约 1 个月的时间，草莓处于缓慢生长阶段，特别热的天气甚至停止生长，处于休眠状态。秋末随着气温下降，植株生长减缓，体内营养物质逐渐积累，组织渐趋成熟。

5. 花芽分化期

花芽分化的主导因素是温度和日照长短，温度影响大于日照，多数品种需 5~10℃ 的温度，与日照长短无关；在 10~24℃（适宜 17℃）和 8~12h 日照的条件下开始花芽分化；30℃以上、5℃以下不能分化花芽，当年秋季能第二次开花结果，秋季分化的花芽，翌年 4~6 月开花结果。花芽分化期长，花芽优良，易获丰产。同纬度高海拔的山地比平原气温低，花芽分化期早。在冷凉地区、冷凉季节育苗或采取其他降温措施，均可促进提早分化花芽。也有些侧枝分化的花芽，当年分化未完成，到翌年春季继续进行。但当年春季分化的花芽质量差，产量低。草莓在秋季花芽形成后，随着气温下降，叶片制造的营养物质开始转移到茎和叶中积累，为下一年春季生长利用。

6. 休眠期

草莓生长至深秋，花芽分化之后，气温降至5℃以下及短日照条件下，便进入休眠状态。草莓一旦进入休眠期，就必须满足其要求的足够的低温时间。如果在休眠期扣棚保温，并给予适宜的生长条件，草莓也不会正常地生长和结果，表现为叶片、花、果实变小，叶柄和花枝缩短，整个植株呈矮化状态，会造成严重减产。品种不同，休眠要求的低温时间（用5℃以下的累积时间表示）有很大差异，可分为：休眠浅的早熟品种如春香、宁玉、红贵妃等，5℃以下低温需50~100h；休眠中等的，多属中熟品种，如宝交早生、秋香、丰香、红岩、章妃、点雪、玉用、甜查理等，需400~500h；休眠深的耐寒性晚熟品种，如全明星、哈尼、达赛莱克特等，需600~700h。掌握草莓休眠特性，对指导其设施栽培有重要意义。日光温室栽培中，切勿在休眠期扣棚保温，而是在其休眠前（促成栽培）或解除休眠后（半促成栽培）保温才能正常生长和结果。人工防止植株进入休眠或提前打破休眠时，可采用给予高温、长日照、赤霉素处理等措施。草莓通过休眠的有效温度范围为−2~10℃，以2~6℃最为适宜。

（三）对环境条件的要求

1. 温度

草莓对温度的适应性较强，喜欢温暖、冷凉，耐寒不耐热。其地上部5℃即可开始萌芽生长，生长适宜温度为15~25℃，开花适宜温度为15~24℃，果实发育适宜温度为18~22℃，10℃以下和30℃以上生长均受抑制。生长期间遇−7℃低温易受冻，−10℃植株会被冻死。但在冬季休眠期，根系能耐−8℃低温，休眠芽能耐−10℃左右的低温。草莓的根系在10cm地温2℃即开始活动，10℃时生理活动开始活跃，生长适宜温度为15~23℃，最高温度为36℃。据研究，土壤温度与草莓的成熟期和产量有密切关系。

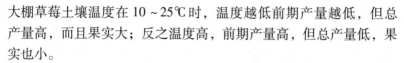

大棚草莓土壤温度在 10 ~ 25℃ 时，温度越低前期产量越低，但总产量高，而且果实大；反之温度高，前期产量高，但总产量低，果实也小。

2. 光照

草莓喜光，又比较耐阴，故适于设施栽培。就光照强度而言，比一般喜光蔬菜要低得多，因此，草莓可在幼年果园中间作。草莓不同生育时期对日照长度要求不同。旺盛生长期和开花结果期，适宜的日照长度为 12 ~ 15h。花芽分化则需 10 ~ 12h 以下的短日照。诱导草莓休眠也要 10h 以下短日照，而长日照是打破草莓休眠的条件之一，这在设施栽培中有重要指导意义。

3. 水分

草莓的根属须根系，而且在土壤中分布极浅，主要根群在 20cm 表层土内，吸收能力较差。草莓叶面积大，质地柔软，果实又为浆果，故需水量大。草莓在水分管理上要掌握"小水勤浇"和"切忌大水漫灌"的原则，否则极易造成"沤根"死秧，或诱发病害而烂果，一般应掌握土壤经常处于湿润状态。草莓定植以后随生长需水量不断增加，由开花至果实膨大期需水量多，必须保证及时供水，使土壤含水量至 80% 为宜。但采收期又要适当控水，以提高果实质量。日光温室内空气湿度很高。特别是早晨未放风前，空气相对湿度可高达 100%。湿度过大，极易诱发病害，因此必须注意排湿。开花期草莓对空气湿度反应最敏感，要求湿度在 40% ~ 60% 为宜，最大不超过 85%，以有利于开花后的授粉受精。

4. 土壤及营养

草莓根系浅，吸收能力弱，同时又是喜水、喜肥作物，建园时要选择土层深厚，土质疏松通气，保水保肥力强的壤土或沙质壤土，过沙、过黏的土壤均不适宜。土壤 pH 值以 5.5 ~ 6.5 为宜，有机质含量在 2% 以上为好。研究表明，草莓吸收氮、钾肥最多，磷、钙和镁次之。开花结果期是需养分最多的时期，果实膨大前营养生长为主，以吸收氮、钾为主；随着果实的膨大和采收，则以吸收磷、钾为主，并极易出现缺乏状态。因此，开花结果期一定要保证养分的及时供应，否则极易造成植株早衰和结果不正常。据测定，每生产1 000kg草莓吸收的 N、P、K、Ca、Mg 的量分别为：8.28、0.98、6.11、5.17、1.79kg；草莓根系耐肥力弱，施用化学肥料过多或不当，易造成生理障碍或"烧根"，故应以施用有机肥为主。从草莓生长规律来看，大量的营养生长和花芽分化都在秋季，冬前生长的好坏，直接影响温棚栽培的产量和品质。因此，草莓定植时，施用足量优质的有机肥，是获得丰产的关键之一。

二、拱棚草莓多层覆盖越冬一大茬优质高效栽培技术

大棚草莓多层覆盖栽培优势明显：草莓定植时间早、结果早，生长周期短，见效快。8月下旬定植，11月下旬结果，到第二年5月结束。不仅丰富了冬春果品市场的花色品种，而且时逢元旦、春节等传统节日，市场需求旺，产品售价高。

（一）品种选择

草莓多层覆盖栽培易选择休眠浅、上市早、产量高，产量在1 500kg/亩以上的早熟或中早熟品种，如红颜、宁玉、红贵妃、丰香等。供应外地市场的可选择耐储存、产量高的甜查理等。

（二）培育壮苗

为了获得草莓丰产，培育优质壮苗，可采取以下措施。

1. 建立母本园

作为专门的草莓母本园，要选择排灌方便、土壤疏松肥沃和背风向阳的田块。如果是连作地，则应提前进行土壤消毒。繁殖园在作畦前每亩施腐熟饼肥100kg，尿素5kg，过磷酸钙25kg。选品种纯正、无病虫害的优质秧苗作母株，在日均温12℃以上时定植，

有利于成活。定植时摘除母株上的枯叶和花蕾，同时应带土定植以防伤根。行距 1.3~1.5m，株距 50cm，亩栽植 1 000 株左右。母株定植后立即浇透水，以后要不断浇水保持土壤湿润，母株成活后，还要配合浇水追施 5kg/亩复合肥，并及时中耕、松土、除草及防治病虫害。当匍匐茎抽生 30~40cm 长后，要及时压茎，促使其发根成苗。每一株一般只保持 4~5 条匍匐茎及靠近母株的 2 株营养苗，其余的匍匐茎和匍匐茎苗全部除去，匍匐茎苗移栽前 10 天切断匍匐茎，使养分集中供应给母株。

2. 营养钵压茎育苗

繁殖优良品种时，若母株数量较少，可在匍匐茎大量发生时期，将口径为 15~20cm 的花盆放在母株周围，盆内装好营养土，将匍匐茎的叶丛压入盆土内，保持适宜的湿度促使生根。

3. 壮苗标准

壮苗标准为：顶花芽已开始分化，具有 5 片以上展开叶，根茎粗 1.2cm 以上，苗重 30g 以上，根系发达，没有明显的病虫害与机械伤。

（三）整地定植

1. 施足基肥

选择含有机质丰富、肥沃、疏松、土层深厚、排灌水性能良好的田块，施入生物有机肥 150~200kg/亩，过磷酸钙 50kg，复合肥（含硫）50kg，尿素 10kg。施肥后精耕细作，把肥料充分拌入土壤整地作畦。

2. 起垄定植

多层覆盖草莓栽培一般是高垄栽培，起垄时，垄与垄之间距 80cm，垄顶部宽 40cm，垄底部宽 60cm，垄高 25cm，沟底部宽 25cm，高垄栽培有利于提高地温和采果，减少泥水对果实的污染，提高果实质量。

大棚定植的时间，一般在 8 月下旬。6m 宽标准大棚，栽种 6

垄 12 行，株距 15cm。大棚的走向一般为南北向，这样有利于预防冬春季的北风和大雪对棚室的危害，同时，棚内受光均匀。棚内南北向双行栽植，亩定值 8 000～10 000 株。种植时将苗根颈弓背朝向沟边，并要求将根系剪去一半，否则会引起苗木本身旺长，开花数量增多，导致果形变小。种植深度要求苗木芯茎部与土壤表面齐平，做到"浅不露根，深不埋心"。及时铺设滴灌管，并浇一次定植水，以后根据土壤干湿情况适时浇水，确保土壤含水量保持在 60% 左右，以利成活返青。

（四）适时扣棚及管理

1. 适时扣棚

当外界夜间气温降到 8～10℃ 时（黄淮流域一般在 10 月中下旬）应及时扣棚保温。保温过早，室内温度高，不利于草莓花芽分化；保温时间过晚，植株进入休眠状态，表现矮化，不能正常生长结果。一般温度在 5℃ 以下，草莓进入休眠。夜间 6～7℃ 为保温的临界温度。在黄淮流域一般在 12 月上、中旬增加二道幕，元旦前后，要使用小拱棚，即形成地膜、小拱棚、二道幕、采光膜四层覆盖，在外界气温零下 6～8℃ 的情况下，草莓在这里可以安全越冬并正常开花结果。

2. 覆地膜

扣棚 15～20 天开始覆地膜。选择幅宽 70cm，厚 0.01～0.03mm 的黑色地膜覆盖，每幅盖一行，一畦用两幅，中间部分重叠，盖膜时，在膜上面打孔，将草莓苗掏出，根部用土压严，以利保持土壤水分。

3. 温度管理

草莓生长最适温度是 20～28℃，36℃ 以上高温与 5℃ 以下低温对草莓生长都不利。扣棚后，上午 10 时以后（晴天时）温度在 35℃ 以上，应及时打开风口通风降温，使白天棚内温度控制在 28～30℃，夜间温度 12～15℃，最低不能低于 8℃。开花前白天棚

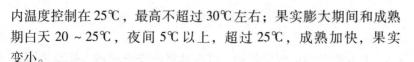

内温度控制在25℃，最高不超过30℃左右；果实膨大期间和成熟期白天20～25℃，夜间5℃以上，超过25℃，成熟加快，果实变小。

4. 湿度管理

棚内湿度开花前控制在80%以下，开花至果实膨大期控制在60%为宜。为防止高温高湿发病，利用中午前后进行通风换气。到翌年4月，气温明显回升可拆除大棚两边的围膜，加大通风量，起到降温降湿作用，延长果实的生产期。

5. 肥水一体化技术的应用

大棚多层覆盖草莓栽培的关键技术是肥水一体化技术的应用，保证了草莓的优质、高产和高效。草莓定值时亩滴灌20～30吨定植水，定植后至开花期每5～7天滴灌一次，每次亩滴灌6～10吨；开花至膨大期每10～15天滴灌一次，每次亩滴灌8～10吨，如墒情好可适当延长滴灌的间隔时间；采收期每6～10天滴灌一次，每次亩滴灌6～8吨，草莓拉秧前10～15天停止灌水。缓苗后开始追肥，每次每亩追施草莓专用水溶性肥料3～5kg，见水见肥，全程追肥15～20次，拉秧前20天停止追肥。草莓对N∶P∶K的需求比例前期是1.2∶0.7∶1.1，中期是1.0∶0.5∶1.4，后期是1.0∶0.3∶1.7。

6. 植株调整

草莓苗木定植到长出花蕾止，一般要求保留5～6片叶并保留一芽，对过多老叶及子芽、腋芽要及时摘除，开花结果后摘除茎部变黄的老叶、枯叶，及时摘除匍匐茎，以减少养分消耗。同时除去小分枝及弱小果。一般每花序梗留果7～9个，以增大果实，提高品质。

7. 花期放蜂

草莓虽然能自花授粉结果，但在大棚内缺少传播昆虫，会因此出现授粉不良和畸形果。采用放蜂辅助异花授粉，对改善品质，增加产量效果明显。放蜂应在初花期进行，花期不喷洒药剂，以免影响授粉产生畸形果。并适当疏花疏果，做到去高留低，去弱留强。

8. CO_2 气肥使用

大力推广 CO_2 气肥使用，可有效提高光合作用，使草莓提前 8～10 天采收，提高草莓果实品质，产量可增加 10% 以上，达到增产增收增效。

9. 适时采收

大棚草莓果实以鲜食为主，必须在 70% 以上果面呈红色时方可采收。冬季和早春温度低，要在果实八九成熟时采收。早春过后温度回升，采收期可适当提前。采摘应在上午 8～10 时或下午 4～6 时进行。不摘露水果和晒热果，以免腐烂变质。采摘时要轻拿、轻摘、轻放，不要损伤花萼，同时要分级盛放并包装。

三、日光温室草莓越冬一大茬优质高效栽培技术

高效节能型日光温室栽培草莓的形式，基本有两种，即促成栽培和半促成栽培。

（一）促成栽培

促成栽培是在自然条件下，草莓已分化花芽，但尚未进入休眠以前开始扣棚保温的一种栽培形式。即选用休眠浅的品种，在其尚未进入休眠以前，尽早保温，并采取给予高温、赤霉素处理或人工补光等措施，以防止植株进入休眠，便可在适宜的室温下正常生长、开花和结果。这种栽培形式，在周年供应中，结果上市最早，故人称特早熟栽培，其第一茬采果期为 12 月至翌年 2 月，第二茬采果期为 3～5 月。与上节的塑料大棚多层覆盖基本相近，区别就是日光温室栽培保温效果更好，棚室管理更省工。

（二）半促成栽培

这种栽培形式是植株在秋季自然条件下，完成花芽分化以后，

使其继续接受5℃以下的低温影响进入休眠，当植株基本通过休眠期，便开始扣棚保温，并采取给予高温、赤霉素处理或人工补光等打破休眠的措施，草莓便可以正常生长、开花和结果。这种栽培形式需用休眠深的耐低温晚熟或中熟品种。由于其花芽分化充分，又满足了低温要求，故保温以后植株生长健壮，产量较高，一般采果期在3~5月或更长些。这种栽培模式目前在黄淮海地区应用较少，已被促成栽培技术取代。

日光温室覆盖薄膜，即为升温的开始。升温过早不利于花芽分化，升温过晚草莓一旦进入休眠期则很难打破，会导致植株严重矮化。升温期的确定，要掌握在顶花芽分化之后，第一腋花芽也开始分化，将要进入休眠期以前。判断花芽是否已分化，可剥去苗的外叶，用针剥去内叶直至生长点，用40倍放大镜观察，生长点由尖变圆而肥厚，即已花芽分化。

（三）栽培管理

1. 温度管理

（1）花芽分化期。此期给予较高的温度。白天28~30℃，最高不超过35℃，夜间12~15℃，最低不低于8℃。这样可以防止植株进入休眠，促进正常分化的花芽发育。

（2）现蕾期。已现花蕾时，白天25~28℃，夜间10℃。夜温超过13℃，会使腋花芽退化，雌蕊和雄蕊的形成受阻。

（3）开花期。开花期对温度最敏感，因此开花期白天控制在20~25℃，夜间8~10℃。

（4）果实膨大期。温度对果实成熟期、品质都有影响，温度较低时成熟晚、果实大，温度偏高时成熟快、果实小。以白天20~25℃，夜间6~8℃最为适宜。

（5）采收期。草莓是连续采收的作物，采收期较长，进入采收期后，白天20~25℃，夜间5~7℃以上的温度指标。采光、保温设计合理的温室是可以保证的，关键在于利用放风和揭盖草苦来调节。

2. 湿度管理

草莓对空气湿度要求较严格，一般在相对湿度 80% 以下，开花期要求 40% ~ 60% 的相对湿度。过高的空气湿度，严重影响草莓的正常生长发育。花期湿度过高或过低影响花蕊的开裂和花粉管的萌发，造成授粉受精不良、畸形果增多，降低经济效益。同时，湿度过高可以诱发各种病害。生长期间湿度过大，植株极易感染灰霉病和白粉病。而日光温室栽培中湿度特点是，扣膜保湿后温室内的相对湿度很高，未放风前密闭温室内相对湿度高达 100%；晴天时也常常出现 90% 左右的相对湿度，而且每天常持续 8 ~ 9h 以上；夜间、阴天特别是温度高时空气湿度高出外界 5 倍以上，常常处于饱合状态。温室中的空气湿度一般低温季节大于高温季节，夜间大于晴天，灌水后湿度最大，灌水前湿度最小，放风后湿度会下降。因此，每次灌水后要适当提高室内温度，然后适当加大放风量，防止室内空气湿度过大导致病害及畸形果产生。放风时间不宜在早晨，棚室内一夜之间形成的高 CO_2 浓度会因早晨放风时遗失。放风时要注意保温，在晴天适当延长放风时间加大排湿量。在冬季阴雨雪天，室内湿度较大时应选择在中午室内温度较高的时间进行放风排湿。

3. 水分管理

草莓大部分根系分布于浅土层中，叶片多生长快，开花结果期长，需要水分较多。日光温室覆盖薄膜以后，由于温度较高，水分蒸发量大，土壤容易缺水。但由于日光温室是封闭或半封闭的环境，又是高垄、高畦地膜覆盖，深层的水分不断通过毛细管上升到表土层，地膜下又布满水珠，土壤表面始终表现潮湿，即使土壤水分已经不足，也容易造成不缺水的假象，从而不能及时补充水分，影响草莓的正常生长发育。因此，日光温室的草莓栽培，应在覆盖地膜前浇 1 次水，在表土见干时，浅松土培垄后覆盖地膜。覆盖地膜后再进行一次膜下暗沟灌水或滴灌。要保持 20cm 深的土层始终湿润。

4. 追肥

日光温室覆盖薄膜升温以后，由于温度适宜，水分充足，草莓生长较快，此时正处在花芽发育期，很快现蕾、开花、坐果和果实膨大。一般越冬茬草莓12月中旬开始采收，次年2月中旬顶花芽采收结束，腋花芽又抽生开花结果，植株负担较重，如不及时追肥，很容易出现早衰矮化。整个生育周期需要追肥4～5次：即覆盖地膜前、果实开始膨大期、采收初期、采收盛期，共追4次肥，第5次追肥是在采收后植株恢复期，根据情况进行。一般前期20天左右追1次肥，后期1个月左右追1次。草莓开花结果期需要磷、钾肥较多，以追施氮、磷、钾复合肥最好，每次追肥量不宜过多，以每次追肥8～10kg/亩为宜。每次追肥都要结合灌水。肥水一体化效果最好。草莓在开花前还可进行叶面喷肥，用0.3%尿素水溶液、0.4%磷酸二氢钾水溶液、0.3%硼砂水溶液，喷2～3次，可以显著提高坐果率和浆果的质量。另外，叶面喷0.2%硫酸钙和0.03%硫酸锰水溶液，可提高草莓浆果的耐贮性。

5. 增施CO_2气肥

在深冬和早春季节，日光温室内外温差大，一般不能放风，温室内气体交换少，CO_2浓度严重亏缺。冬季密闭不放风的情况下，温室内CO_2浓度在200μL/L以下。远远低于光合作用所需的正常水平。据报道，保护地内上午8时左右CO_2浓度已降到CO_2补偿点，只能靠土壤分解有机质来补充。但远远满足不了草莓生长和形成较高产量的需要。保护地栽培CO_2的浓度达到900μL/L时增产效果明显可达20%左右，促进草莓的生长发育、植株地上部及根部鲜重增加，叶色浓绿，成熟期提前1～2周。生产上可采用化学反应法即用硫酸与碳酸氢铵反应产生CO_2气体，用管道施入棚室内。也可以直接使用CO_2气肥，施肥时应掌握幼苗期少施用，结果期需要加大供应量的原则，满足增产所需要大量的碳水化合物。CO_2气肥最合适的施用时间是一天中光照和温度有利于光合作用时，即室内温度在 20 ~ 25℃，一般上午 8 时 ~ 10 时。使用时掌握"晴天多施、阴天少施、雨天不施"原则。晴天上午施用最好选中午放风前 2 ~ 3h 的时间。阴天选择中午前后施，施用 2 ~ 3 小时使温室内 CO_2 浓度提高到 900μL/L 为宜。

6. 赤霉素的应用

赤霉素具有促进生长打破休眠诱导开花和提早成熟的作用。如遇低温时，植株生长迟缓要出现休眠时喷布 10mg/kg（即先将 1g 赤霉素溶于少量的白酒，再对水 100kg 配制成的赤霉素溶液），可以促进草莓恢复生长。在草莓花蕾出现 30% 以上时喷 10mg/kg 的赤霉素溶液 1 次，间隔 1 周后喷第 2 次，浓度为 5mg/kg（即 1g 赤霉素对水 200kg）。喷施时要求对准草莓的心叶，雾滴均匀细致。喷布赤霉素可以促使草莓植株顶花芽提前开花。赤霉素喷施的时期和浓度尤为重要，一定要准确把握。赤霉素的效果在较高的温度下能充分发挥，要选择一天中高温时间喷布，喷后把棚室内的温度控制在 30℃ 左右。喷施的浓度要严格把握，不能随意增减倍数。喷施时间过早会把腋花芽促成匍匐茎；喷施时间过晚只能促进叶柄伸长，达不到促花的效果。

7. 疏花疏果

草莓一般每株有 2 ~ 3 个花序，最多的品种可达 5 ~ 6 个。花序上高级次的花大多不能形成果实。即使形成果实，果实个小、品质低劣、无经济价值。花量过多，将消耗大量营养，使果实变小。在草莓现蕾期最迟在第一朵花开放之前，把高级次的花序以及株丛下抽生的细弱花序及时摘除。每株留果量与品种的结果能力及植株的长势有关。长势健壮、叶片大而多、花序粗壮、结果能力强的品种适当多留，反之则少留。一般第一序留果 10 个，第二序保留 8 ~ 10 个果为宜。并且随时摘除小果、病果、畸形果，清除到室外。减少了花果量，使养分集中供应给留下的花果。保证果实个大，整齐度好、成熟期集中，可以提高果实品质和经济价值。

8. 辅助授粉

草莓属自花授粉植物，但是由于温室内花期往往处于温度低、光照时间短、湿度较大等不利条件下，自然授粉效果差。人工授粉和蜜蜂传粉可以增大果个，明显减少畸形果，利于产量和品质的提高。人工辅助授粉，用细软的毛笔在花中心轻轻地涂抹即可。利用蜜蜂授粉，每亩用 5 000 ~ 6 000 只蜜蜂即可以满足授粉受精的要求，如果蜂量充足可采用每株一蜂的放蜂量。喷药时注意保护蜜蜂的安全，将蜂箱搬到外面。同时注意在保护地内放风口要罩一层沙布，防止蜜蜂通过放风口飞走。

9. 整枝摘叶

草莓在一生中新老叶不断更新。为了促进花芽分化、改善通风透光条件、提高光合效能、减少病虫害的发生，应及时摘除下部遮盖果实的老叶、病叶，并将病叶集中于室外销毁，每株保留 12 片功能叶片即可。

匍匐茎的生长完全依靠母株的养分供给，瘦弱的新茎也不能正常开花结实。为了减少养分消耗，每天应在温室内巡回查看，及时摘除瘦弱的新茎和匍匐茎。从而集中营养供给，使植株健壮生长、开花结实。

（四）采收

草莓鲜果在棚室内陆续成熟，应根据成熟情况陆续采收，且每次必须将达到采收标准的果实采收完，防止成熟过度感染病害。采收一般在上午或温度较低时进行，采收后按不同的品种、大小、颜色、形状分级、包装、销售。

四、无公害草莓病虫害综合防治技术

草莓主要病虫害：病毒病、灰霉病、白粉病、立枯病、叶斑病；虫害有蚜虫、叶螨、红蜘蛛、盲蝽象、地下害虫等。防治草莓病虫害要以农业防治为主，兼用物理防治、生物防治和生态防治，按照病虫害的发生规律，科学使用化学防治技术。

（一）农业防治

1. 选用抗病品种

选用抗病虫性强的品种是最经济、最有效的防治措施，可选石莓5号，甜查理等品种。

2. 采用优质脱毒壮苗

采用优质无毒苗可以有效防治草莓病毒病，提高草莓的产量和质量。

3. 采用轮作倒茬技术

进行2～3年合理轮作，如与水稻轮作。

4. 及时清除、烧毁或深埋病株、病叶、病果及田间杂草

集中到室外深埋或烧掉，消灭菌源。人工捕捉、毒饵诱杀地下害虫。

5. 土壤消毒

秋季生产田定植前，土壤深耕并利用太阳能和紫外线消毒。有条件的可以深耕后覆盖塑料膜提高地温。在栽培管理上，合理控制氮肥用量，多施磷钾肥、合理密植，防止密度过大、植株徒长，提高植株抗病虫害的能力。

6. 施充分腐熟的有机肥

可以改善土壤的团粒结构，减少土传病害的发生。

7. 中耕

春季育苗田应在前茬作物收获后深耕40cm，借助冬季自然低温杀死部分土传病菌和线虫等。

（二）物理防治

（1）黄板诱杀白粉虱和蚜虫。先在黄板上涂1层机油，每亩挂30～40块100cm×20cm的黄板，当板上沾满白粉虱和蚜虫时，

再涂 1 层机油。放置黑光灯诱杀多种地下害虫的成虫。酒、水、糖、醋按照 1∶2∶3∶4 的比例，加入适当敌敌畏，放入盆中，每 5 天添加半量诱液，10 天换全量，诱杀蛾类和地老虎成虫等害虫。

（2）保护地草莓可以在棚室的放风口处设防虫网防治蚜虫进入；也可以放置银灰色地膜条趋避蚜虫。扣棚后当白粉虱成虫在 0.2 头/株以下时，每 5 天释放丽蚜小蜂成虫 3 头/株，共释放 3 次，使丽蚜小蜂建立种群有效控制白粉虱为害。

（3）发生灰霉病时，可以将棚内温度提高到 35℃，闷棚 2h，然后放风降温，连续闷棚 2～3 次。

（4）冬季棚内加挂补光灯，每 3m 加挂一盏，在雨雪天夜间打开，可补光增温，降低棚内空气湿度，减少病害发生。

（三）生物防治

1. 灰霉病、白粉病的防治

可用依天得（1 000/亿克枯草芽孢杆菌可湿性粉剂）用 50～75g/亩（病害初期或发病前用药效果最佳），于现蕾期、开花前各喷 1 次。

2. 红蜘蛛的防治

可用 1.8% 阿维菌素每亩 20mL，对水 30kg 喷雾，采果前 2 周禁止使用。在保护地内，一般可将保温开始后作为重点防治期。同时还可以采用其他生物药剂如酵素菌、木霉菌特、武夷菌素等防治草莓芽枯病、灰霉病、炭疽病等。

（四）化学防治

药剂防治要采取"预防为主，综合防治"的措施。注意开花前后不用药，以免影响授粉，使畸形果增多。采果期要尽量少用药，必须用药时应选择低毒、低残留的药剂，并且喷药后 2～3 天内停止采果，防止影响人体健康。

灰霉病在高温高湿以及草莓生长旺盛期最易发生，可用 50%

速克灵800倍液防治，效果很好。药剂选择上用70%甲基托布津可湿性粉剂1 000倍液、多霉清600倍液、百菌清等交替使用，平均每7~10天喷1次，连喷3~4次预防病害的发生。发病时可以用福星800倍液、3.5%瑞毒霉1 000倍液、25%的粉锈宁可湿性粉剂4 000倍液、50%辟蚜雾2 000倍液、90%敌百虫500~600倍液、20%三氯杀螨醇乳油1 000倍液防治病虫害。以上药剂交替使用从而抑制病虫害的发生蔓延。花期和果实发育期采用速克灵烟剂或采用硫磺熏蒸等方法进行防治效果较好。

棚内高温多湿，易为病虫害发生创造极有利的环境条件。加强对病虫害的综合防治，"治早、治小、治了"尤为重要。